一流规划教材

实验系列教材

国家级生命科学实验教学示范中心　实验教材

CELL BIOLOGY EXPERIMENT

细胞生物学实验

第2版

郭　振　梅一德　杨振业　编著

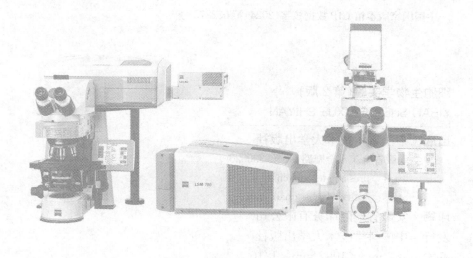

中国科学技术大学出版社

内 容 简 介

细胞生物学是现代生命科学的主干学科之一,主要研究细胞生命活动的基本规律。细胞生物学的研究和发展离不开细胞生物学实验技术的创新和发展。本书为细胞生物学理论课配套的实验课教材。主要内容为光学显微镜的系统性介绍、细胞生物学研究相关的验证性和综合性实验,涵盖细胞的形态结构、细胞化学、染色体技术、细胞和组织培养技术、细胞工程技术五个方面的实验。本书在第1版的基础上增加了光片显微镜、荧光寿命成像技术、细胞迁移实验、类器官的培养、细胞自噬的诱导和检测等内容,并根据最新的细胞生物学前沿成果修订了相关实验内容。本书能巩固和加深学生对细胞生物学理论知识的理解、帮助学生初步掌握细胞生物学研究所必需的基本实验技术,为后续的实验学习及科学研究打下坚实的基础。

本书可作为生物学专业及相关学科本科生、研究生的细胞生物学实验教材,也可作为相关技术工作者学习和实验的参考用书。

图书在版编目(CIP)数据

细胞生物学实验/郭振,梅一德,杨振业编著. —2版. --合肥:中国科学技术大学出版社,2024.4

ISBN 978-7-312-05901-8

Ⅰ. 细… Ⅱ. ① 郭… ② 梅… ③ 杨… Ⅲ. 细胞生物学—实验—高等学校—教材 Ⅳ. Q2-33

中国国家版本馆 CIP 数据核字(2024)第 052273 号

细胞生物学实验(第2版)
XIBAO SHENGWUXUE SHIYAN

出版	中国科学技术大学出版社
	安徽省合肥市金寨路 96 号,230026
	http://press.ustc.edu.cn
	https://zgkxjsdxcbs.tmall.com
印刷	安徽省瑞隆印务有限公司
发行	中国科学技术大学出版社
开本	787 mm×1092 mm　1/16
印张	12.75
插页	6
字数	344 千
版次	2012 年 7 月第 1 版　2024 年 4 月第 2 版
印次	2024 年 4 月第 3 次印刷
定价	40.00 元

前　言

细胞是生物体结构与功能的基本单位。细胞生物学是现代生命科学的主干学科之一,主要是从细胞的不同结构层次来研究细胞生命活动的基本规律。作为一门实验科学,细胞生物学的发展离不开细胞生物学实验技术的创新,因此学习和掌握细胞生物学研究的实验技术和方法,对于细胞生物学研究非常重要。

细胞生物学实验课程是生命学院专业基础课程,是为了配合细胞生物学的教学而开设的一门实验课程。课程实验由原理型、验证型和综合型等多层次实验内容构成,目的在于巩固和加深学生对细胞生物学知识的理解,使其了解并掌握细胞生物学研究的基本实验技术和新兴实验方法,为学生将来在科研实验室中的独立研究打下坚实的基础。

本书是在中国科学技术大学细胞生物学实验课程多年教学的基础上,参考其他相关教材和科研进展编写而成的,适合大专院校生物及相关专业的本科生或低年级的研究生使用。本书包含六章。光学显微镜是细胞生物学最重要的研究工具,第 1 章主要对光学显微镜的基础知识和应用进行系统的介绍,包括超高分辨率显微镜、膨胀显微成像技术等,帮助学生了解最新的显微镜技术和应用。第 2 章到第 6 章为实验部分,包括细胞的形态结构、细胞化学、染色体技术与核型分析、细胞及组织培养技术和细胞工程技术五个方面的实验。既有一些传统的实验,如叶绿体和线粒体的活体染色、植物细胞骨架的光学显微镜观察等,也有一些经典的实验,如免疫荧光技术、动物细胞原代培养、动物细胞传代培养等,还有一些较新的前沿实验,如类器官的培养、细胞自噬的检测等。附录主要介绍了光学显微镜使用和细胞培养等所涉及的一些知识,可以给相关实验的操作提供一些帮助。本书可以帮助学生掌握细胞生物学实验的基本原理和操作过程,锻炼和培养学生从细胞生物学的角度考虑问题,为后续的实验课程和进一步的科学研究打下一定的基础。

本书的出版得到中国科学技术大学"国家理科基础科学研究与教学人才培养基地"建设基金、中国科学技术大学"国家级基础生物学教学团队"建设基金、中国科学技术大学实验教学改革项目基金资助,在此表示感谢。

最后感谢中国科学技术大学生命科学与医学部实验教学中心的吴慧慧老师为本书的校订做了很多工作!

由于编者水平有限,书中难免有不足之处,恳请广大读者批评指正。

编　者

2023 年 12 月

目 录

第 1 章　光学显微镜

　　光学显微镜是利用一系列光学组件，按照特定的光学原理，将人眼不能分辨的微小物体放大成像并对细微结构进行分析的光学仪器。

　　早在公元前 1 世纪，人们就已经发现通过球形透明物体去观察微小物体时，可以观察到放大的像，后来逐渐对球形玻璃表面能使物体放大成像的规律有了认识。英国的狄更斯（Digges）和荷兰的詹森父子（Hans and Zachrias Janssen）是显微镜早期最著名的开创者；1610 年意大利物理学家伽利略（Galileo）制造出了具有物镜、目镜和镜筒的简单复式显微镜；1611 年开普勒（Kepler）阐述了显微镜的基本原理；1628 年前后舒纳（Scheiner）在开普勒设计的基础上制造出近代显微镜的原型。1665 年英国物理学家罗伯特·胡克（Robert Hooke）用自己制造的能够放大 140 倍的显微镜（图 1-1），在观察软木塞时发现了许多小的蜂房状结构，称之为"细胞"；在罗伯特·胡克发现细胞后不久，荷兰的安东尼·范·列文虎克（Antonie van Leeuwenhoek）制造出放大率达到 270 倍的显微镜，实现了历史性的飞跃，他利用自己的显微镜广泛地观察研究微生物及血细胞等样品。显微镜的发明使人们对生物的认识进入了新的历史阶段。

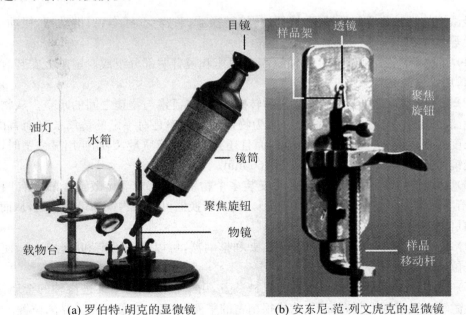

(a) 罗伯特·胡克的显微镜　　　　(b) 安东尼·范·列文虎克的显微镜

图 1-1　早期的显微镜

　　1864 年前后，荷兰科学家惠更斯（Huygens）设计并制造出了结构简单效果较好的双透镜目镜,惠更斯目镜现在仍广泛应用于各类普通显微镜上;1870 年,德国物理学家恩斯特·阿贝(Ernst Abbe)系统地提出了显微镜的光学理论,并在显微镜的设计及光学玻璃制造等方面做了大量改进,发明了油浸物镜;1902 年,艾夫斯(E. E. Ives)进一步对成像光路进行了改进,开发了现代双目显微镜的基本系统;1932 年,泽尼克(Zernike)发现相差原理并成功运用于显微镜上;1941 年,德国蔡司(Zeiss)公司制造出第一台相差显微镜;1952 年,诺玛斯基(Nomarski)发明微分干涉差光学系统。

古典的光学显微镜只是光学元件和精密机械元件的组合,它以人眼作为检测器来观察放大的像,后来在显微镜中加入了摄影装置,以感光胶片作为可以记录和存储图像的检测器。现代显微镜普遍采用摄像机、CCD 和光电倍增管元件等作为检测器,结合特定的控制软件,和电子计算机构成完整的图像信息采集和处理系统。随着科学技术的不断发展,光学显微镜的性能更加强大,成为细胞生物学研究中最重要的工具。

1.1　显微镜的构造

普通光学显微镜分为机械装置和光学系统两大部分,通过这两部分的配合才能发挥显微镜的功能。

1.1.1　显微镜的机械装置

显微镜的机械装置包括镜座、镜筒、物镜转换器、载物台、标本夹、推动器、粗动/微动调节螺旋等部件。

(1) 镜座:镜座是显微镜的基本支架,由底座和镜臂两部分组成。镜座上安装有载物台和镜筒,用来安装光学系统。

(2) 镜筒:镜筒两端分别装有目镜和转换器,形成目镜与物镜之间的暗室。从物镜的后缘到镜筒尾端的距离称为机械筒长。因为物镜的放大率是对一定的镜筒长度而言的,所以镜筒长度的变化,不仅会改变放大倍率,而且还会影响成像质量,因此使用显微镜时,不能任意改变镜筒长度,显微镜的标准筒长为 160 mm。

(3) 物镜转换器:物镜转换器上可安装多个物镜,普通光学显微镜一般装有四个物镜(放大倍率通常为 $4\times$,$10\times$,$40\times$,$100\times$)。转动转换器可以将物镜和镜筒接通,从而与镜筒上部的目镜构成一个放大系统。

(4) 载物台:载物台上装有弹簧标本夹和推动器,可以用来固定和移动标本,使研究对象恰好位于目镜的视野中心。

(5) 推动器:推动器是移动标本的机械装置,由一横一纵两个推进齿轴的金属架构成。有的显微镜在纵横杆上刻有标尺,构成很精密的平面坐标系,方便标记样品的位置。

(6) 粗动/微动调节螺旋:调节螺旋可以调节物镜和标本间的距离。粗动螺旋只能粗略地调节焦距,要得到清晰的物像,需要用微动螺旋做精细调节。

1.1.2　显微镜的光学系统

显微镜的光学系统由反光镜、聚光器、物镜和目镜等组成,光学系统对样品起放大作用,可以在眼睛或者检测系统中形成清晰放大的标本图像。

(1) 反光镜:较早的普通光学显微镜是用自然光检视物体,在镜座上装有反光镜。反光镜由一个平面镜和一个凹面镜组成,可以将投射在它上面的光线反射到聚光器透镜的中央,照明标本。新型的显微镜镜座上装有光源,并有亮度调节螺旋,可通过调节电流大小来调节光照强度。

(2) 聚光器:聚光器由聚光透镜、光圈和升降螺旋组成,安装在载物台下,其作用是将反光镜反射的光线聚焦于样品上,从而得到最佳的照明效果。聚光器的高低可以调节,使反射光线的焦点落在被检物体上,以得到最大亮度。一般聚光器的焦点在其上方 1.25 mm 处,而其上升限度为载物台平面下方 0.1 mm。因此,要求使用的载玻片厚度应在 0.8～1.2 mm 之间,否则焦点没法聚焦在样品上。

聚光器光圈也叫可变光阑(图 1-2),用来调节光强度并使聚光镜的数值孔径与物镜的数值孔径相适应,聚光器开口的大小影响成像的分辨率和反差效果,光圈开放过大会产生光斑;若光圈开放过小会降低分辨率。聚光器可分为明视场聚光器和暗视场聚光器。普通光学显微镜配置的都是明视场聚光器,常用的有阿贝聚光器、消色差聚光器和摇出聚光器三种。阿贝聚光器在物镜数值孔径高于 0.6 时会产生色差和球差;消色差聚光器对色差、球差和慧差的校正程度很高,非常适合明视场观察,但是不能用于 4× 以下的物镜;摇出聚光器能将聚光器透镜从光路中移出以满足低倍物镜照明的需要。

图 1-2　聚光器光圈(可变光阑)

(3) 物镜:物镜是显微镜最重要的光学部件,决定了显微镜的分辨率和成像清晰度,是衡量一台显微镜质量的首要标准。物镜都是由若干个透镜依次排列而成的一个透镜组,可以克服单个透镜带来的像差和色差,提高成像的光学质量。物镜的数值孔径(numerical apeature,NA)大小决定了物镜的分辨能力及有效放大倍数,数值孔径越大,物镜的性能越好。

数值孔径的计算公式为

$$NA = N \cdot \sin \alpha$$

其中,N 为物镜和标本之间填充介质的折射率,α 为物镜孔径角。

孔径角:由标本上一点发出的进入物镜最边缘光线和进入物镜中心光线之间的夹角(图 1-3 中的 α)。

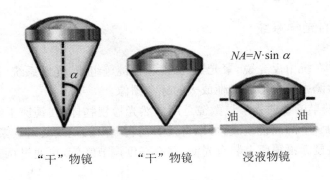

$NA = N \cdot \sin \alpha$

"干"物镜　　　　"干"物镜　　　　浸液物镜

图 1-3　数值孔径与孔径角

当用普通的中央照明(使光线均匀地透过标本的明视照明)时,物镜分辨率的计算公式为

$$D = 0.61\lambda/NA$$

其中,D 为物镜的分辨率,λ 为照明光线的波长,NA 为物镜的数值孔径。根据公式可以发现,λ 越短,NA 越大,物镜的分辨率越高。通常镜头的 NA 最大值约为 1.5,可见光的平均波长约为 500 nm,根据公式可以得出普通光学显微镜的分辨率为 200 nm。

物镜有很多种分类方法,按像差校正程度不同,物镜可以分为:

① 消色差物镜:这种物镜可以校正轴点上红、蓝两色光的色差和黄、绿两色光的球差并消除近轴点的慧差,不能校正其他光的色差和球差,并且场曲很大。一般镜头上标有"Ach"字样。

② 半复消色差物镜:这种物镜可以校正红、蓝两色光的色差和球差,成像质量介于消色差物镜与复消色差物镜之间,一般镜头上标有"FL"字样。

③ 复消色差物镜:这种物镜可以校正红、绿、蓝三色光的色差及红、蓝两色光的球差,并且有很高的数值孔径,成像的清晰度、色彩纯度、对比度及图像平直度都很高,是观察和显微照相用的一流物镜,一般镜头上标有"APO"字样。

④ 平场物镜:这种物镜中有一块半月形的厚透镜,可以校正场曲,因为视场平坦,所以非常适合观察和显微照相,一般镜头上标有"PLAN"字样。通常会在各种消色差物镜的透镜组中加入校正场曲的透镜,称为相应的平场消色差物镜。

按功能不同,物镜可以分为:

① 相差物镜:适用于观察无色透明的标本或活细胞,倒置显微镜上使用广泛,一般镜头上标有"Ph"字样。

② DIC 物镜:适用于观察无色透明的标本或活细胞,观察效果有一定的立体感,一般镜头上标有"DIC"字样。

③ HMC 物镜:适用于观察无色透明的标本或活细胞,观察效果立体感很强,但不能用于荧光观察,一般镜头上标有"HMC"字样。

④ 偏光物镜:这种物镜装配了专门克服应力的设备,适用于偏光观察,一般镜头上标有"POL"字样。

⑤ TIRF 专用物镜:这种物镜数值孔径相对较大,一般为 1.45～1.65,专门用于全内反射显微镜。

⑥ 多功能物镜:这种物镜有多种功能,可以满足相差、DIC 和荧光观察的需要。

按工作距离不同,物镜可以分为:

① 普通物镜:工作距离短,仅适用于载玻片的观察。

② 长工作距离物镜:工作距离可以达到 20 mm 或者更多,除了可以用于载玻片的观察,还可以用于培养皿、培养瓶等容器的观察,一般镜头上标有"LD"字样。

按物镜前透镜与被检物体之间的填充介质不同,物镜可分为:

① 干燥物镜:这种物镜只能以空气为介质,放大倍数一般低于40,数值孔径小于等于1。

② 油浸物镜:这种物镜以香柏油或甘油为介质,放大倍数一般高于40,数值孔径大于1,一般镜头上标有"OIL"字样。

③ 水浸物镜:这种物镜以水或者水溶液为介质,多用于生理学(如脑片等)研究中较厚样品的观察,一般镜头上标有"W"字样。

(4) 目镜:目镜的主要作用是将由物镜放大所得的实像再次放大,从而在明视距离处形成一个清晰的虚像。普通光学显微镜的目镜由两部分组成:位于上端的透镜称目透镜,起放大作用;位于下端的透镜称场透镜,主要使成像亮度均匀。在上下透镜的中间或下透镜下端有一个环状光阑,物镜放大后的像就落在该环状光阑平面处,因此可以在这个位置安装测微计、指针等附件。

根据结构差别,目镜分为很多种,如惠更斯目镜、补偿目镜、平场目镜等,需要按照具体研究选择相应的目镜以达到最佳的成像效果。

目镜在使用时需要注意调整瞳距和屈光度:

双目显微镜的瞳距调节:在显微镜下找到样品并聚焦后,用左右眼同时观察,两只目镜向中间收缩或者向两边分开,直到两只眼睛同时看见且只看见一个圆形视野即可。如果目镜筒下方有刻度(通常是50~70的刻数),记下这个读数,下次观察或者用别的有刻度的显微镜观察时,可以直接调至这个刻度完成瞳距调节。

屈光度调节:有的显微镜的目镜是可以通过旋转来改变屈光度的,以适应不同视力的观察者。如果需要调节屈光度,一般先将其目镜的0刻线对在白线位置,然后用左眼观察右眼紧闭,调节屈光度直到标本清晰,接着再闭着左眼用右眼观察,调节目镜的旋转装置改变屈光度,直到标本清晰,记下屈光度位置。有的显微镜不能调节屈光度,眼睛屈光度不正的使用者必须戴上眼镜,矫正后来观察样品,有的显微镜只有一个目镜可调节屈光度,有的两个目镜都可以调节。

1.2　常用的光学显微镜

1.2.1　相差显微镜

荷兰科学家 Zernike 于 1932 年发明相差显微镜(phase contrast microscope),并因此获得 1953 年诺贝尔物理学奖。相差显微镜的最大特点是可以观察未经染色的标本和活细胞。

1．相差显微镜的原理和结构特点

光波有振幅(亮度)、波长(颜色)及相位(指在某一时间上光的波动所能达到的位置)的不同。当光通过物体时,只有波长和振幅发生变化,人们的眼睛才能观察到,所以在普通显微镜下能够清晰地观察染色标本。而活细胞和未经染色的生物标本,因细胞各部微细结构的折射率和厚度略有不同,光波通过时,波长和振幅并不发生变化,仅相位有变化(相位的差异即相差),而这种微小的变化,人眼是无法加以鉴别的,故在普通显微镜下难以观察无色透明的标本。相差显微镜能够改变直射光或衍射光的相位,把透过标本的可见光的相位差变成振幅差,从而提高了各种结构间的对比度,使各种结构变得清晰可见。图 1-4 为相差显微镜光路示意图,光线透过标本后发生折射,偏离了原来的光路,同时被延迟了 1/4λ(波长),如果再增加或减少 1/4λ,则光程差变为 1/2λ,两束光合轴后干涉加强,振幅增大或减小,提高反差。通过调整相位差可以改变成像的效果,得到正负相差的像(图 1-5)。

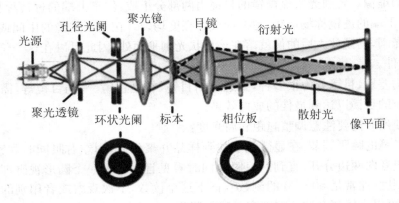

图 1-4　相差显微镜的光路示意图

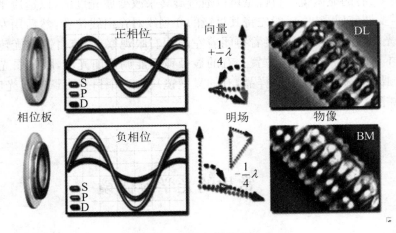

图 1-5　正负相差成像

相差显微镜与普通显微镜的主要不同之处是:用环状光阑代替可变光阑,用带相板的物镜代替普通物镜,并带有一个调整合轴用的望远镜。环状光阑是由大小不同的环状孔形成的光阑,它们的直径和孔宽与不同的物镜相匹配。其作用是将直射光所形成的像从一些衍射像中分出来。相板安装在物镜的后焦面处,相板装有吸收光线的吸收膜和推迟相位的相位膜。除了能推迟直射光线或衍射光的相位以外,还有吸收光使亮度发生变化的作用。调轴望远镜是用来进行合轴调节的。相差显微镜在使用时,聚光镜下面环状光阑的中心与物镜光轴要完全在一直线上,必须调节光阑的亮环和相板的环状圈重合对齐,才能发挥相差显微镜的效能。否则直射光或衍射光的光路紊乱,应被吸收的光不能被吸收,该被推迟相位的光波不能被推迟,就失去了相差显微镜的作用。

相差装置为多功能系列显微镜中的附属装置,与普通显微镜配合使用。组织细胞培养研究通常需要用到倒置相差显微镜(inverted phase contrast microscope),它的光源和聚光器在载物台的上方,物镜在载物台的下方,便于观察生长在培养器皿里的活细胞。

2. 相差显微镜使用时可能出现的问题

(1) 相差显微镜每个镜头都有需要对应的相差环,有的显微镜使用转盘来放置不同的相差环,有的显微镜使用相差环板(图 1-6),相差转盘或者相差环板上不同的相差环上会标有放大倍数或者 Ph0、Ph1 等。镜头和相差环不匹配,会导致视野太暗或者太亮,造成对比度低,清晰度差,可以通过切换相差环来改变成像效果。

图 1-6　相差显微镜的相差环板

(2) 晕轮和渐暗效应:在相差显微镜成像过程中,某一结构由于相位的延迟而变暗时,并不是光的损失,而是光在像平面上重新分配的结果。因此在黑暗区域明显消失的光会在较暗物体的周围出现一个明亮的晕轮。这是相差显微镜的缺点,它妨碍了精细结构的观察,当环状光阑很窄时晕轮现象更为严重。相差显微镜的另一个特点是有渐暗效应,指相差观察相位延迟相同的较大区域时,该区域边缘会出现反差下降。

(3) 样品厚度的影响:当进行相差观察时,样品的厚度应小于 5 μm,较厚样品的上层是很清楚的,深层则会模糊不清并且会产生相位干扰及光的散射干扰。

(4) 载玻片和盖玻片及玻璃质量:样品一定要盖上盖玻片,否则环状光阑的亮环和相板的暗环很难重合。当玻片有划痕、厚薄不均或凹凸不平时会产生亮环歪斜及相位干扰。另外玻片过厚或过薄时会使环状光阑亮环变大或变小。

1.2.2　微分干涉显微镜

1952 年,Nomarski 在相差显微镜原理的基础上发明了微分干涉差显微镜(differential interference contrast microscope,DIC 显微镜)。DIC 显微镜又称 Nomarski 相差显微镜,是利用光的偏振原理工作的双光束干涉显微镜,其优点是能显示显微结构的立体图像。和相差显微镜相比,其标本可略厚一点,折射率差别更大,图像的边缘清晰、轮廓突出、立体感更强,因此广泛应用于生物医学、材料科学等领域。

DIC 显微镜的物理原理完全不同于相差显微镜,技术设计要复杂得多,其光路如图 1-7

所示。DIC 显微镜主要利用的是偏振光成像,有四个特殊的光学组件:偏振器(polarizer)、DIC 棱镜、DIC 滑行器和检偏器(analyzer)。偏振器直接装在聚光系统的前面,使光变成45°的偏振光。在聚光器中则安装了石英 Wollaston 棱镜,即 DIC 棱镜,此棱镜可将光分解成两个垂直偏振光,一个为 0°偏振,另一个为 90°偏振。聚光器将两束光调整成与显微镜光轴平行的方向。最初两束光相位一致(没有光程差),在穿过标本相邻的区域后,由于标本的厚度和折射率不同,引起了两束光相位移动(产生光程差)。在物镜的后焦面处安装了第二个 Wollaston 棱镜,即 DIC 滑行器,DIC 滑行器可以把两束光重新组合成 135°偏振光。光路最后的检偏器会将未发生任何相移的直接透射光滤除,只允许 135°偏振光通过。根据光程差的不同,这两束光线会产生建设性(增亮)或破坏性(变暗)干扰,使得原本用明场显微镜观察不清楚的透明结构现在可通过 DIC 显微镜观察到。在灰色的背景上,标本结构呈现出明暗差别。为了使图像的反差达到最佳状态,可通过调节 DIC 滑行器的纵行微调来改变光程差,光程差的变化可改变影像的亮度。调节 DIC 滑行器可使标本的细微结构呈现出正或负的投影形象,通常是一侧亮,而另一侧暗,可以形成三维立体感,类似大理石上的浮雕,光程差的改变可以使明暗投影相互转换,于是标本类似大理石浮雕的凸凹投影也可以互相转换,所以微分干涉显微镜下标本的高低差别不一定是真实的。

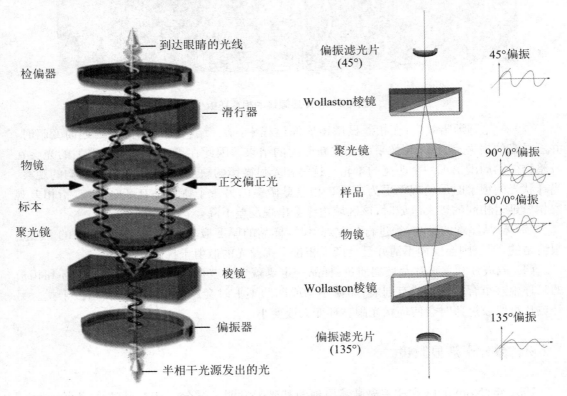

图 1-7 微分干涉显微镜的光路示意图

DIC 显微镜对未染色的细胞结构,特别是一些较大的细胞器,如细胞核、线粒体等,成像的立体感特别强,细胞核移植、基因转入等实验的显微操作常在这种显微镜下进行。

相差显微镜下标本较厚的区域(光程长)在视野中呈现比周围暗的效果,较薄的区域或折射率低于周围介质的样品在视野下则要亮些(图 1-7)。

　　DIC 显微镜下光波传播方向上变化大的区域在视野下对比度高,并呈现出"伪立体",变化小的区域,如细胞的边缘处,则不会有很明显的对比度,而且灰度值也非常接近背景的灰度值(图 1-8)。

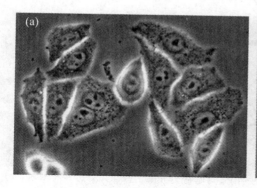

图 1-8　HeLa 细胞在相差显微镜(a)与微分干涉显微镜(b)下的照片

微分干涉显微镜使用时可能出现的问题:

(1) 微分干涉显微镜每个镜头都需要专门的光学元件,不能混用。

(2) 双折射标本和塑料标本不适用微分干涉显微镜成像。

(3) 非常薄或者容易散射的标本更适合用相差显微镜成像。

(4) 微分干涉的光学染色需要用滤光片调整为正确的颜色。

1.2.3　暗视野显微镜

　　暗视野显微镜(dark-field microscope)是根据丁达尔效应在普通光学显微镜的基础上改造而成的,主要用于观察因反差或分辨力不足而难以看清的微小颗粒。暗视野显微镜有一个暗视野聚光器,使光源的中央光束被阻挡,不能由下而上地通过标本进入物镜,因为视野中的亮度很暗,所以称为暗视野显微镜(图 1-9)。暗视野显微镜的光线是倾斜地照射在标本上,标本的像主要是由标本内的小颗粒产生的衍射光或散射光形成的,因为标本的背景是黑暗的,所以标本的像呈现明亮小点,如同丁达尔效应中,在暗室可见一束光线中的微小尘粒一般,极大地增加了反差。

　　暗视野显微镜常用来观察未染色的透明样品,利用暗视野来提高样品本身与背景之间的对比,可以观察到 4 nm 大小的微粒,但是暗视野显微镜所观察到的是被检物体的衍射光图像,并非物体的本身,所以只能用于观察物体的存在、运动和表面特征,不能辨清物体的细微结构。暗视野显微镜常用于微生物和胶体化学研究。

　　普通显微镜只要聚光器是可以拆卸的,支架的口径适于安装暗视野聚光器,就可改装成暗视野显微镜。在无暗场聚光器时,可用厚黑纸片制作一个中央遮光板,放在普通显微镜的聚光器下方的滤光片框上,也能得到暗视野效果。

自制暗视野显微镜的使用方法:

(1) 将显微镜聚光器调到最高位置,用低倍镜对好焦距。

(2) 取下目镜,从镜筒中观察并调节光阑的大小,使其与镜筒中所见物镜的视野相等。

(3) 用厚黑纸剪制中央挡光板。外圈直径与滤光片框架相同,中央部分的大小与调节

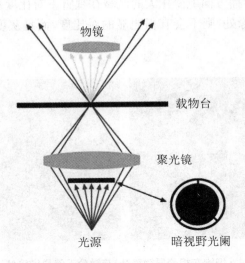

图 1-9　暗视野显微镜光路示意图

好的光阑孔径一样（可用半透明的小纸片，放在通光孔处聚光镜镜面上，纸上显示的光斑即为光阑的孔径，再用圆规量取大小）。

（4）将中央挡光板放在滤光片框架上，开大光阑进行样品观察。

（5）如需使用高倍镜作暗视野观察，应按高倍镜对焦后的视野大小重新制作中央挡光板。

暗视野显微镜使用时可能出现的问题及注意事项：

（1）进行暗视野观察时，聚光镜与载玻片之间要加满香柏油，以免照明光线在界面处发生全内反射，无法照明视野。

（2）在进行暗视野观察标本前，一定要进行聚光镜的中心调节和调焦，使焦点与被检物体一致。

（3）样品过厚会导致无法聚焦。

（4）载玻片、盖玻片需要非常清洁，杂质和划痕都会严重影响成像效果。

1.2.4　生物荧光显微镜

Wood 在 1903 年设计了一种能吸收可见光和允许紫外光通过的滤片，1911 年 Reichert 在此基础上设计了第一台荧光显微镜。随后由于荧光染色方法和显微镜的改进，特别是荧光抗体技术的建立以及光源和滤片系统的发展，荧光显微镜技术在细胞生物学、微生物学、免疫学等方面得到了广泛的应用。

20 世纪 90 年代末以来，荧光显微镜的设计和制作有了很大的发展，更加注重实用性和多功能性，在装配设计上趋于采用模块化方式，集相差、荧光、暗视野、DIC 和数码图像采集系统于一体（图 1-10），功能更全，适用范围更广。

荧光（fluorescence）是指当某种化学物质经特定波长的光（激发光，多为紫外光或者 X 射线）照射后（或直接吸收特定的能量后），该化学物质分子由低能级的基态进入高能级的激发态，之后立即退出激发态并发出比激发光的波长稍长的发射光（发射光的能量小于吸收的激发光的能量,所以发射光的波长变长,通常在可见光波段),而且停止激发光的照射后发光现象也随之消失,具有这种性质的发射光就称为荧光。能够观察到荧光的显微镜就称为荧光显微镜。生物荧光显微镜与普通显微镜不同,它不仅能进行普通透射光的明场观察,还能进行落射光的荧光观察,具体区别有以下几个方面:

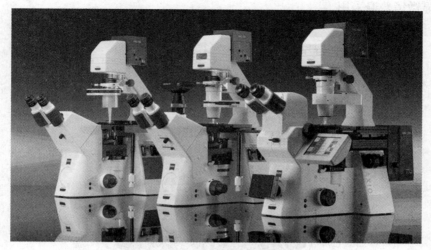

图 1-10　倒置荧光显微镜

(1) 生物荧光显微镜的物镜数值孔径大于普通光学显微镜的物镜,因为荧光信号一般都很弱,需要高数值孔径的物镜才能观察到,并且高数值孔径的物镜分辨率高。

(2) 生物荧光显微镜的照明方式通常为落射式,光源一般穿过物镜后投射于样品上。

(3) 荧光光源为汞灯、氙灯或者激光器等,可以提供全波段或者特定波长的激发光。

(4) 生物荧光显微镜配置有特殊的滤光片模块,可以提供特定波长的激发光激发标本并保证相应的发射光可以到达检测器。

1．生物荧光显微镜的分类

(1) 按照明方式分为落射(反射)式荧光显微镜和透射式荧光显微镜。

(2) 按结构形式分为正置荧光显微镜和倒置荧光显微镜。

① 正置荧光显微镜:正置荧光显微镜的物镜在载物台之上,可用于切片的观察,也可以把镜头浸入生长有活体组织的培养皿中进行观察。

② 倒置荧光显微镜:倒置荧光显微镜的物镜在载物台之下,可用于切片的观察,也可用于观察培养皿中的活细胞。

2．荧光显微镜的结构

荧光显微镜主要由照明系统、滤光片系统和光学系统构成。

(1) 照明系统

照明系统包括荧光光源和透射光光源两部分,其中透射光光源多为卤素灯。

荧光光源主要有汞灯、氙灯、金属卤素灯、LED 和激光器等。

汞灯由石英玻璃制作(图 1-11),中间呈球形并填充一定数量的汞,放置在专用的灯室中(图 1-12),工作时汞灯两

图 1-11　OSRAM 100 W 汞灯

个电极间放电,引起汞蒸发,球内气压迅速升高,经过 5~15 min,当水银完全蒸发时,可达 50~70 个标准大气压,此时达到最高亮度形成稳定工作状态。高压汞灯的发光是电极间放电使水银分子不断解离和还原过程中发射光量子的结果。汞灯发射光谱的波长范围在 200~600 nm。在 365 nm、405 nm 和 436 nm 有三个主峰(图 1-13),足以激发各类荧光物质,因此被荧光显微镜普遍采用。

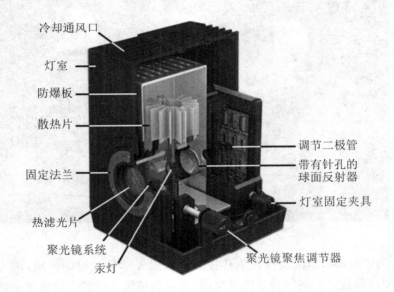

图 1-12 OSRAM 100 W 汞灯灯室的结构示意图

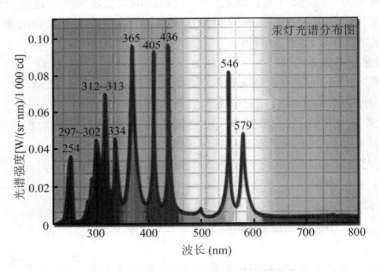

图 1-13 OSRAM 100 W 汞灯的发射光谱

高压汞灯启动时需要高压,启动后的维持工作电压一般为 50~60 V,工作电流约 4 A,汞灯打开后一般要 30 min 后才能达到最佳状态。汞灯的平均寿命约为 300 h,灯泡在使用过程中,其光效是逐渐降低的。汞灯启动后不能立即关闭,以免水银蒸发不完全而损坏电极,具体使用时的开关间隙一般为 30 min,需要完全冷却后才能再次打开。

（2）滤光片系统

滤光片系统是荧光显微镜的重要组成部分,由激发光滤片、分光镜和阻断滤光片按不同的波长设置,组合成滤色镜系统模块。各厂家的荧光显微镜使用的滤片型号和名称都不一样。荧光显微镜的滤片转盘如图 1-14 所示。滤片结构示意图如图 1-15 所示。

激发光滤片(excitation filter):用于选择性地透过可以激发样品中荧光染料的特定波长的光线,同时阻挡其他无关波长的光线。

阻断滤光片(barrier filter):用于选择性地透过样品荧光染料的特定波长的发射光,同时阻挡激发光和其他波长的荧光。

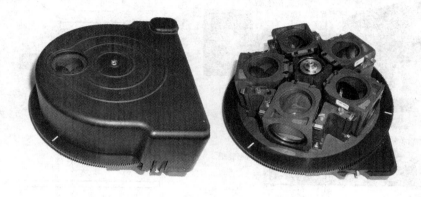

图 1-14　荧光显微镜的滤片转盘

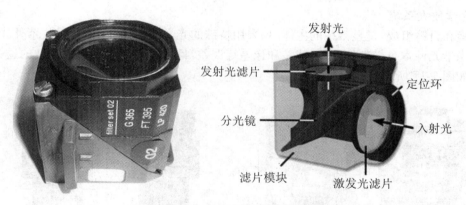

图 1-15　滤片结构示意图

分光镜(dichromatic mirror):分光镜上镀有特殊的金属膜,作为一种干涉滤光镜,当分光镜和入射光成 45°时,对波长为激发波长的光有很高的反射率,而对波长为发射波长的光有很高的透过率。

隔热滤片:能吸收热量,保护光路中其他的光学元件。

中性滤光片:可以吸收可见光,减弱光强度。

落射光照明:由高压汞灯发出的全波段光通过激发光滤片形成特定波长的激发光,再由分光镜反射到物镜上,物镜将其汇聚照射到标本上,标本受其照射(激发)产生荧光。标本发出的部分荧光和未被标本吸收的激发光通过物镜回到分光镜,分光镜反射掉大部分剩余激发光,而让荧光和少许激发光通过,并到达阻断滤光片上。阻断滤光片透过所需波长的荧光,阻挡掉激发光和其他波段的荧光。这时分光镜对短波长的激发光来说是一块反射镜,对标本上被激发出来的荧光来说是一块透光镜。由于标本发出的荧光在可见光波长范围内,可透过阻断滤光片到达目镜,从而被观察到。落射光照明适用于不透明及半透明标本(如厚片、滤膜、菌落、组织培养标本等)的直接观察。装备有落射光装置的生物荧光显微镜也称为落射荧光显微镜。落射荧光显微镜及其照明光路示意图如图 1-16 所示。

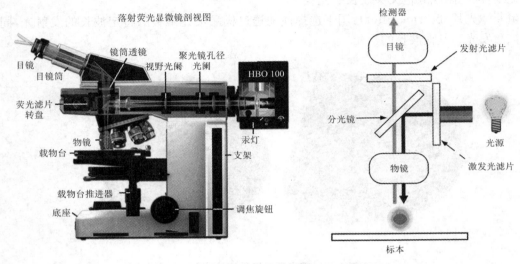

图 1-16　落射荧光显微镜及其照明光路示意图

(3) 光学放大系统

由物镜和目镜组成,是显微镜的主体,均采用特殊的光学材料制作,不会吸收紫外光线。为了消除光学元件本身带来的色差、球差和像差等误差,目镜和物镜都由多块复杂的透镜元件组成。如图 1-17 所示。

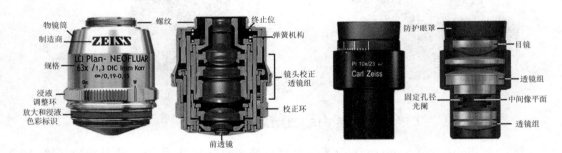

图 1-17　蔡司公司的物镜和目镜示意图

目镜:常用的研究型荧光显微镜多用双筒目镜,放大倍数一般为 10 倍。

物镜:常用的研究型荧光显微镜均使用消色差的物镜,这种物镜可以校正光轴上焦平面位置的色差和球差及近轴点的像差,透光性能非常适合于荧光,一般都有较高的数值孔径。

聚光镜:荧光显微镜专用的聚光器是用石英玻璃或其他透紫外光的材料制成的,常用的有明视野聚光器、暗视野聚光器和相差荧光聚光器。

① 明视野聚光器:聚光力强、使用方便,适用于低、中倍放大的标本观察。

② 暗视野聚光器:暗视野照明时激发光不直接进入物镜,可以使用薄的激发滤板以增

强激发光的强度,压制滤板也可以很薄来保证黑暗的背景,从而增加了荧光图像的亮度和对比度,进一步提高了图像的质量,可以发现亮视野观察时难以分辨的细微荧光颗粒。

③ 相差荧光聚光器:相差聚光器与相差物镜配合使用,可同时进行相差和荧光联合观察,既能看到荧光图像,又能看到相差图像,有助于荧光的定位准确。

(4) 机械装置

包括镜架、载物台、滤光片转盘等,主要用于固定材料和操作方便。

实际使用的荧光显微镜,还有许多附加机构(如马达驱动的载物台和成像光路切换拉杆等),以帮助更加便利地观察荧光标本。

3. 生物荧光显微镜使用时可能出现的问题

(1) 样品背景信号太强

可能的解决方法为:① 增加免疫荧光实验的洗涤次数和时间;② 在湿盒中孵育抗体,避免干燥;③ 减少抗体的孵育时间;④ 在四度进行抗体过夜孵育;⑤ 检测所有使用到的材料的自发荧光;⑥ 检查是否打开了明场的卤素灯光源。

(2) 样品荧光信号太弱

可能的解决方法为:① 确保使用的荧光通道与染料的荧光光谱相匹配;② 调整固定剂或通透剂的种类或处理方法;③ 根据阳性对照的荧光强度,减少抗体配制时的稀释比或者延长抗体的孵育时间;④ 如果使用的是回收的一抗或者配制时间太久的抗体,可以考虑更换为新配制的抗体。如果使用的是保存时间太久的抗体,可以购置新的抗体;⑤ 封片时加入抗淬灭剂;⑥ 移动载物台换到新的视野;⑦ 调整焦距。

(3) 目镜筒里看不到荧光信号

可能的解决方法为:① 打开显微镜的荧光通道快门;② 把荧光通道的视野光阑开到最大;③ 把成像拉杆切换到目视。

(4) CCD 成像时看不到荧光信号

可能的解决方法为:① 打开显微镜的荧光通道快门;② 把荧光通道的视野光阑开到最大;③ 把成像拉杆切换到 CCD 成像。

1.2.5　激光共聚焦显微镜

激光扫描共聚焦显微镜(confocal laser scanning mircroscope,CLSM)是 20 世纪 80 年代发展起来的分子细胞生物学分析仪器,它是随着激光、视频、计算机等技术的飞速发展而诞生的新一代显微镜。较传统显微镜有着不可比拟的优势,如高空间分辨率,非介入无损伤连续光学切片,三维图像,实时动态等细胞结构和功能的分析检测,这项技术自问世至今一直处于不断发展进步中。

1957 年,Malwin Minsky 首次阐明了激光扫描共聚焦显微镜技术的基本原理。10 年后,Egger 第一次成功地用共聚焦显微镜产生了一个光学横断面,所用的共聚焦显微镜的核心是 Nipkon Disks,这个转盘位于光源和针孔之后,从光盘射出的光束以连续光点的形式旋转照射到物体上,但该技术尚不完善。

1970 年,Sheppard 和 Wilson 共同发明了一种新型的扫描共聚焦显微镜。首次描述了光与被照物体的原子之间的非线性关系和激光扫描器的拉曼光谱学。

1985 年,Wiijanedts 第一次成功地用激光扫描共聚焦显微镜演示了荧光探针标记的生物材料的光学横断面,激光扫描共聚焦显微镜的关键技术已基本成熟。1984 年 Bio-Rad 公司推出了世界第一台商品化的激光共聚焦显微镜。1987 年,White 和 Amos 在 *Nature* 杂志发表了"共聚焦显微镜时代的到来"一文,标志着 LSCM 已成为科学研究的重要工具。

共聚焦的原理如图 1-18 所示,从一个点光源发射的光通过透镜聚焦到被观测物体上,如果物体恰在焦点上,那么反射光通过原光路返回汇聚到光源处。共聚焦显微镜是在反射光的光路上加上一块分光镜,将已经通过透镜的反射光折向其他方向,在其焦平面上有一个带有针孔(pinhole)的挡板,针孔位于反射光的焦点处,挡板后面是一个检测器,非聚焦平面的反射光通过这一套共焦系统后不能聚焦到针孔处,而被挡板挡住,检测器收集到的只有焦点处的反射光。

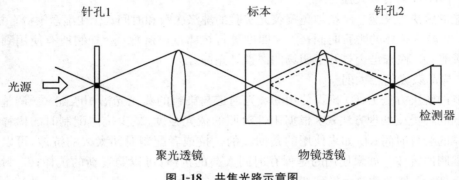

图 1-18 共焦光路示意图

传统的光学显微镜使用的是场光源,入射光的照射会激发整个标本一定厚度内的荧光基因,标本上每一点的图像都会受到邻近点的衍射光或散射光的干扰,使图像的信噪比降低,影响了图像的清晰度和分辨率。激光扫描共聚焦显微镜以单色激光作为光源,并用光路中的照明针孔使光源成为点光源,通过对标本焦平面上的每一点进行扫描,标本的激发光穿过探测针孔到达光电倍增管或 CCD,经过计算机处理最终可以生成荧光图像。照明针孔与探测针孔相对于物镜焦平面是共轭的,焦平面上的点同时聚焦于照明针孔和探测针孔,焦平面以外的点不会在探测针孔成像,这样得到的共聚焦图像等于是标本的光学横断面。由于具有光源方向性强、发散小、亮度高、高度的空间和时间相干性以及平面偏振激发等独特的优点,因此激光共聚焦显微镜克服了普通广视野显微镜图像模糊的缺点。图 1-19 为激光共聚焦显微镜的光路示意图:光源经聚光器调整后均匀分布,经主分光镜把激发光反射到样品上,样品随后被激发发射出发射光,用红色和蓝色的虚线代表非焦平面处的发射光,绿色实线代表焦平面处的发射光。发射光可以穿过主分光镜后在显微镜成像平面中间位置的立体交叉点处汇聚。通常情况显微镜目镜聚焦在这个平面上,形成我们最终观察到的放大图像。沿显微镜垂直轴的这一立体交叉面位置对于不同的光线是不同的,取决于在物镜前方样品中对应点所处的位置。图中所示非焦平面光线的立体交叉点在焦平面光线交叉点的上方或者下方,因为只有焦平面的会聚光线可以穿过针孔到达检测器,而高或低于焦平面位置的其他光线几乎都被阻挡,所以非焦平面的信号就不会影响最终的成像,从而保证最终成像的保真度。普通的广视野显微镜就会同时收集到焦平面和非焦平面的信号,导致成像细节上出现模糊(图 1-20)。

因为针孔样品成像点外所有的区域都是无法看到的,因此无需照明,只需在任一时刻照亮所需观察的区域(即从针孔看到的区域)即可。这种照明方式有三个有利的因素:第一,避

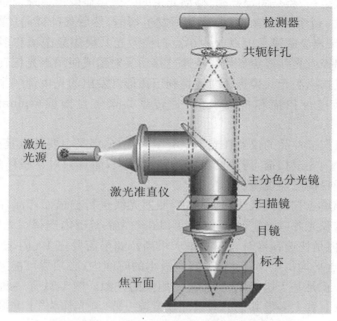

检测器

共轭针孔

激光
光源

激光准直仪

主分色分光镜

扫描镜

目镜

标本

焦平面

图1-19 激光共聚焦显微镜光路示意图(参见彩图)

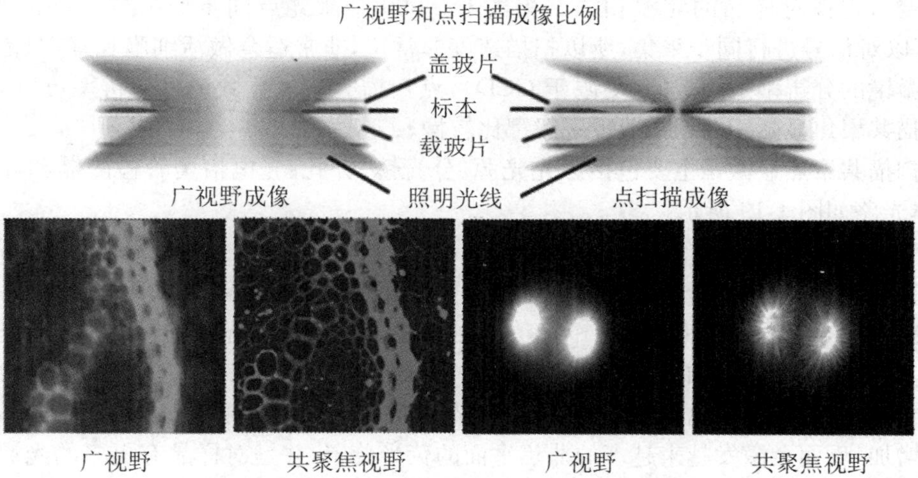

广视野和点扫描成像比例

盖玻片

标本

载玻片

广视野成像 照明光线 点扫描成像

广视野 共聚焦视野 广视野 共聚焦视野

图1-20 广视野显微镜和共聚焦显微镜成像效果示意图(参见彩图)

免了样品其他部分受到光照后光线发生散射导致的图像对比度的降低;第二,避免了非焦点平面的光漂白;第三,照明限制在单一的焦平面,可显著提高焦平面与其他平面的景深分辨能力,即增加了垂直清晰度。这两点改进(用检测器限制了所"看到"的区域以及用光源限制了照明的区域)是共聚焦显微技术的两个关键要素。

由于针孔效应排除了非焦平面的光,同时也把横向视野限制在很小的点上,因此就不能直接获得较大区域的图像,必须通过依次扫描样品更多的点以构成较大区域的共聚焦图像。

1. 激光共聚焦显微镜的结构

根据共聚焦点相对于样品的移动方式,有两大类共聚焦显微镜:一类是固定光束、移动样品的共聚焦显微镜;一类是固定样品、移动光束的共聚焦显微镜。最简单的就是在透镜系统的光轴上固定住一个衍射限制点,控制其不发生衍射,然后移动样品(样品扫描);固定样品、移动光束的共聚焦显微镜又可以分为单点扫描激光共聚焦显微镜和多点扫描激光共聚焦显微镜。单点扫描激光共聚焦显微镜是通过移动反射镜或使用声光偏转仪使激光通过光栅进行偏转。多点扫描激光共聚焦显微镜是利用弧形灯发出的光束经一个转动孔板精细定位,平行地对样品进行扫描和检测,也就是转盘共聚焦显微镜(spinning-disc confocal microscopy)。

使用固定光束扫描样品的仪器在光学上有很多优势,但是主要缺点是必须移动样品,如果要求在一定时间内完成扫描,需要的机械加速度很大,而且只对某些样品是适合的,因为这种方法速度太慢目前已经被淘汰。

在多点扫描和单点扫描共聚焦显微镜中,照射光线进行扫描而样品保持不动。多点扫描使用常见的宽波长光源(如氙气灯),这样可以在较大的范围内选择荧光探针,并且扫描和成像速度都很快,但是快速扫描对光源的要求很高。如果需要在 1 s 内采集 512×512 像素的图像,则扫描光点平均每点仅有 4 μs。在这极小的时间内,必须尽可能采集光子以使图像的统计噪声最小。正是基于这个原因,需要使用强的光源。图 1-21 是一种典型的转盘共聚焦显微镜的示意图。和大多数其他的共聚焦显微镜一样,激光作为"上光源",物镜可以起到聚光镜的作用,以 Yokogawa 的转盘扫描头为例,转盘上分布有 20 000 个螺旋排列的针孔,激光光源照射面积覆盖了约 2 000 个针孔的范围(即扫描区域),借助转盘的转动(针孔位置随之改变),实现对样品的完整扫描。相当于 2 000 个激光点同步照射样品并同步激发,CCD 可以对信号进行同步采集,所以扫描速度非常快,非常适合做活细胞观察,但是转盘共聚焦显微镜的分辨率是固定的(受限于 CCD),点扫描共聚焦显微镜的分辨率可以调整,但是点扫描共聚焦显微镜的扫描速度一般都比较慢。

点扫描共聚焦显微镜主要包括激光光源、分光镜、针孔、光电倍增管检测器和计算机系统,具体光路如图 1-19 所示。

2. 激光和荧光标志

与通常的激光光源相比,用于标本成像的光强要求非常低(0.1 mW 数量级),一般可在照明光路中插入一个透过率为 1%～5% 的中密度滤片达到降低光强的目的。在激光功率非常低时,激发光强度的增加将与照明强度的增加成比例。当光强足以激发视野中的每一个荧光素分子时,发射光将达到恒定值,如果激光功率超过这一上限,荧光分子在焦平面的激发不再增加,反而会激发越来越多的非焦平面的荧光分子,并且对样品有更多的光漂白。每一种激光都有一定的特征激发波长,所以激光器的类型决定了成像能选用的荧光基团。

3. 多标记同时成像

在研究样品中两种或两种以上的小分子物质时,选择适当的荧光标志物就特别重要。如果两个荧光基团的发射光谱明显重叠,总有一个荧光基团的激发效果相对最强,于是就会在一个荧光通道中观察到其他的荧光基团的信号,也就是通常所说的串色(cross talk)。因为激光共聚焦显微镜检测通道的波长范围一般可以微调,所以可以通过设置分开的检测波长范围把串色通道信号尽可能分开,如果调节检测波长也无法解决串色干扰的话,则只能更换荧光基团。

4. 样品制备

激光共聚焦显微镜样品的制备可沿用传统光学显微镜技术的制备方法,包括未经预处理的活细胞(活体组织)和经过固定的样品。因为激光的穿透力很强,所以激光共聚焦显微镜非常适用于普通光源(如汞灯)无法清晰成像的超厚组织样品(如大脑切片)的观察。

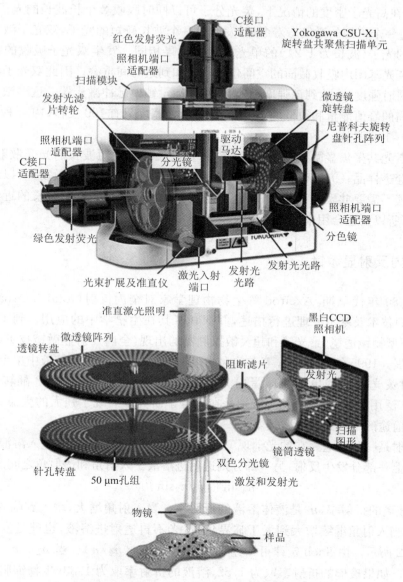

图 1-21　转盘共聚焦显微镜的结构及光路示意图

5. 三维重构

激光共聚焦显微镜的成像等于是一个光学切片,通过对一个样品不同 Z 轴的所有光学切片进行计算分析处理,最终可以形成样品的三维结构,也就是所谓的三维重构。改变三维重构时的投影显示方式,可以从不同的角度分析样品并完成三维尺度上对样品的几何测量。

6. 光漂白

对较厚样品进行三维重构或者长时间扫描时,样品的光漂白会比较严重,可以通过减少扫描时间或者在样品中加入脱氧剂来减少光漂白的影响(如常用于厌氧代谢研究酶系统 OxylraseTM)。

7. 双(多)光子激光共聚焦显微镜

双光子荧光显微镜是结合激光扫描共聚焦显微镜和双光子激发技术的一种新技术。其基本原理是：在高光子密度的情况下，荧光分子可以同时吸收 2 个长波长的光子(假定波长为 λ)，在经过一个很短的激发态寿命后，发射出一个波长较短的光子，双光子激发效果和一个 1/2 波长的光子(波长为 $1/2\lambda$)的单光子激发效果相同。发生双光子吸收的概率依赖于两个光子在荧光基团内吸收截面的空间位置重叠和到达时间重叠。因此双光子激发需要非常高的局部瞬时强度，为达到该强度，必须使用高能量锁模脉冲激光器。这种激光器发出的激光具有很高的峰值能量和很低的平均能量，其脉冲宽度只有 100 飞秒(10^{-15}秒)，而其周期可以达到 80～100 兆赫。

双光子激光共聚焦显微镜有很多优点：① 长波长的光比短波长的光受散射影响较小，所以更容易穿透样品；② 只有焦平面处的荧光基团才可以被双光子激发，所以双光子激光共聚焦显微镜不需要共聚焦针孔，从而提高了荧光检测的效率；③ 长波长的近红外光对细胞的毒性小，所以更适合用来观察活细胞。

1.2.6 全内反射显微镜

20 世纪 80 年代早期，Axelrod 等生物物理学家对全内反射(total internal reflection fluorescence)技术及基本原理进行描述，并探索了其在生物学中的应用。到了 20 世纪 90 年代，随着新型物镜透镜、聚光镜和超灵敏探测器的出现，全内反射显微镜技术(TIRFM)才得到充分发展。1995 年，Funatsu 等人首次使用 TIRFM 直接观察到溶液中单个的荧光染料分子，通过对荧光标记的单个肌球蛋白分子成像成功探测了单个 ATP 翻转反应。至今 TIRFM 已广泛用于生命科学研究，特别是在单分子研究中展现了强大的生命力，成为当今世界上最具前途的生物光学显微技术之一。

全内反射是一种普遍存在的光学现象。一束平面光波从玻璃表面进入溶液中。入射光在玻璃表面上一部分发生反射，另一部分则透射进溶液。入射角和透射角之间满足关系式：

$$n_1 \sin \alpha = n_2 \sin \beta$$

式中，n_1 是玻璃的折射率，n_2 是液体溶液的折射率。当入射角增大，增大到临界角 α_g 时，透射角为 90°；当入射角继续增大到大于临界角时，光不再透射进溶液，也就是发生了全内反射，如图 1-22 所示。由 Snell 定律可知：$\beta = 90°$，$\alpha_g = \sin^{-1}(n_2/n)$。当 $n_2 < n_1$ 时，全内反射就可能发生。如果玻璃的折射率取为 1.52，溶液的折射率取为 1.33(生物细胞的折射率范围是1.33～1.38)，则玻璃界面处的临界角为 61.74°。从几何光学的角度来看，当光发生全内反射时，光会在玻璃界面上完全内反射而不进入液体溶液中。实际上由于波动效应，还是有一部分光的能量会穿过界面渗透到溶液中，并且平行于界面传播。这部分光就是所谓的隐失波(图 1-23)。

隐失波的频率与入射光线的频率相同，其强度随临界面的垂直距离呈指数衰减：

$$I_z = I_0 e^{-z/d}$$

其中，I_z 表示距离界面 Z 处的强度；I_0 表示临界面处的强度。隐失波穿透样品的深度 d 与入射光线的波长和角度有关，公式中 d 表示隐失波穿透深度，λ_0 表示入射光线波长；α 表示入射角。

$$d = \frac{\lambda_0}{4\pi \sqrt{n_1^2 \cdot \sin \alpha^2 - n_2^2}}$$

由于隐失波仅沿着临界面极薄的一层范围内传播,所以利用隐失波照明样本,可以仅激发紧贴近盖玻片的一个薄层范围内(对于可见光来说约为 100 nm)的荧光基团,而更深层溶液中的荧光基团不被激发,因此极大地提高了显微成像的信噪比和对比度。使得 Z 轴方向的分辨率得到了显著改善。

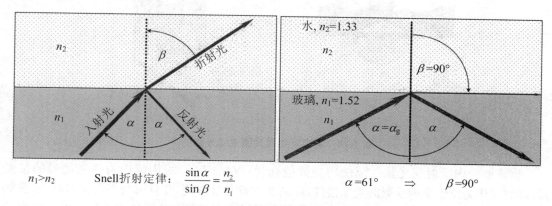

图 1-22　全内反射现象的原理示意图

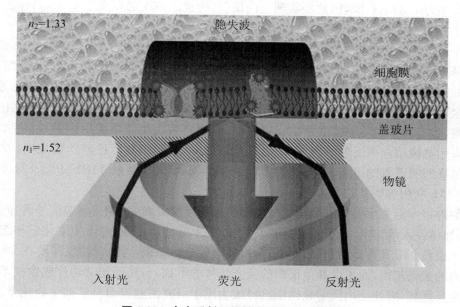

图 1-23　全内反射显微镜成像光学原理图

到目前为止,科学家们已经研制出了多种全内反射荧光显微成像系统,其中最为常用的是两种类型:棱镜型和物镜型(图 1-24)。棱镜型成像系统的隐失波是通过入射光经棱镜发生全内反射产生的,而物镜型的是通过入射光经物镜本身全内反射产生的。隐失波激发生物样品的荧光分子,荧光分子所发射的荧光经过物镜成像到 CCD 上,实现对生物样品的记录。

在棱镜型全内反射荧光显微镜系统中,入射光通过棱镜进入玻璃/水溶液界面,在另一侧的显微镜物镜收集荧光团发射的荧光。根据使用者的需要,可以选择配备正置或倒置显微镜。建立该系统价格便宜,由于要达到较高的光学分辨率,要求接收荧光的物镜工作距离较短,这样留给生物样品和物镜之间的空间较小,而且由于荧光的接收必须经过被观察样品的上部,这样荧光必然会有散射、衰减及其他光信号的干扰,使观察的效果下降,所以不利于研究活细胞、组织切片等较厚的样品。

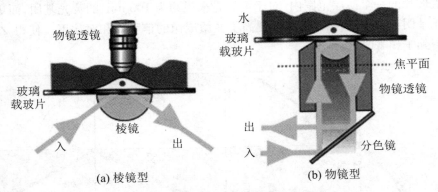

图 1-24　全内反射显微镜成像光路图

物镜型全内反射荧光显微镜使用高数值孔径($NA \geqslant 1.4$)的物镜作为荧光信号的接受器,同时又作为发生全内反射的光学器件,样品的放置非常方便,并且可与多种技术联用,例如纳米操纵、光镊技术、原子力显微镜等。该系统的关键是高数值孔径物镜的使用。由于细胞的典型折射率为 $1.33 \sim 1.38$,因此要实现全内反射,物镜的 NA 必须大于 1.38,具体公式为

$$NA = n \cdot \sin \alpha$$
$$n \cdot \sin \alpha > n \cdot \sin \alpha_g$$

式中,NA 为物镜的数值孔径,n、α 分别为物镜的折射率(浸没油)和孔径角,α_g 为发生全内反射时的临界角。物镜的数值孔径越高,则有更多的孔径范围可被利用,且容易校准光束。物镜型全内反射荧光显微镜解决了棱镜型系统中样品空间限制的问题,不仅更适用于活细胞的观察,也有利于与其他技术相结合,所以具有更广阔的生物学应用前景,目前大多数生物学家采用物镜型全内反射荧光显微镜。目前 TIRFM 实验技术已经比较成熟,发展出包括拥有紧凑照明装置的可变角 TIRFM、双色 TIRFM、双光子激发 TIRFM 以及与荧光寿命成像(FLIM)联用等实验技术。

细胞内很多至关重要的生命活动过程都是在细胞膜表面完成的,例如信号转导、蛋白质转运、病原体侵入等。所以直接观察细胞膜表面的生命活动过程,对于生物化学和细胞生物学研究来说具有极其重要的意义。利用全内反射荧光显微镜,可以仅激发深度在 100 nm 薄层范围内的荧光基团,而不受其他层面的荧光信号的干扰,与其他光学切片成像技术相比其分辨率独具优势,因此全内反射显微镜已经成为用于研究细胞表面科学如生物化学动力学、单分子动力学的最有前途的光学成像技术之一,其在生物化学和细胞生物学中的应用主要体现在以下几个方面:选择性观察细胞与基底面接触区域;对贴近支持物表面的单分子荧光的观察和光谱分析;观察活细胞分泌过程中分泌颗粒的运动轨迹;胞外或胞内蛋白与细胞表面受体或人工合成膜结合的动态观察;对活细胞的微形态学结构和动力学分析;对培养细胞发育过程进行长时间荧光观察等。鉴于全内反射荧光显微术的特点,该技术在单分子研究方面的贡献尤为突出。在过去十几年内,该技术已被科学家们广泛应用于分子马达的运动、活细胞中单分子成像、生物大分子的相互作用、生物大分子的构象变化、ATP 酶反应、单分子的电子转移反应等研究领域。

随着生命科学的发展、全内反射荧光显微镜技术的日趋完善以及商品化的专用仪器的问世,全内反射荧光显微镜在单分子检测中的应用也会越来越广泛。荧光共振能量转移、原子力显微镜、扫描电化学显微镜、纳米技术和全内反射荧光显微镜技术的联用将更进一步推动该技术的发展。

1.2.7　去卷积显微镜

去卷积显微镜是一种新的显微技术,出现于 20 世纪 80 年代。该技术以普通光学显微镜为基础,结合图像检测器、高精密电动载物台、高性能计算机以及去卷积处理软件,一起构成去卷积显微镜系统。

点光源发出来的光经过显微镜的光路时,由于镜片对光线的衍射和散射,最终呈现在检测器里的是一个模糊的点,所以点光源变成模糊的点的过程即为卷积,去卷积就是通过特殊的计算,把模糊的点还原成点光源的过程。去卷积技术采用数学的方法对从普通光学显微镜中获取的图像中去除散焦模糊信息,最终获得清晰的显微图像(图 1-25)。去卷积显微镜具有普通光学显微镜结构简单、使用简易、价格低廉的特点,并且可以快速获取高清晰的序列切片图像,克服了激光共聚焦扫描显微镜所用的激光光源造成的光漂白现象和光毒害现象。目前去卷积显微镜正在发展成为一种新型的显微分析系统,并在生物医学、医疗卫生等领域得到广泛应用。

图 1-25　去卷积显微镜的原理及图像去卷积运算前后的对比

去卷积显微镜的核心是去卷积分析技术,它将算术应用到沿 Z 轴获得的各个焦距处的叠加图片上,用以提高叠加图像中给定某个面的光信号或几个焦平面的光信号。显微镜必须配备一个高精度步进马达,连接在调焦的齿轮上,确保在样品的各个焦平面之间以精确定义的间隔进行采图。常见的应用就是利用去卷积分析除去焦平面以外的光从而使感兴趣的焦平面信号变得清晰。去卷积分析还可以应用到一个样品的序列叠加图片上形成投影视图或三维模型。

去卷积的步骤是利用关于样品和光学系统的所有已知信息(特别是对于非聚焦作用的量化理解),从观察到的部分聚焦图像来预测样品在聚焦状态下的"形貌"。通常采用的方法是先对所观察样品的真实状态给出一个预测的模式,再对这个模式反复改进,直到这个预测模式经过实际去焦作用后形成的图像,与真正观察到的图像一致为止。与共焦显微镜所采用的方法的不同,数字去卷积技术不使用共焦针孔,因此能将所有物镜搜集到的荧光信号全部送到高灵敏度的 CCD 相机中形成图像。它利用图像系统的点扩散函数(point spread function,PSF),通过去卷积运算可将来自于非聚焦平面的杂散光对图像的影响从焦面图像中扣除。如果将显微镜的光学系统定义为一个线性和无偏移的数学模型,那么点扩散函数就可以用来描述显微镜的成像机理。一个典型的荧光显微镜图像可表达为

$$[测量到的图像] = [PSF] \sharp [理想图像]$$

这里"♯"代表数学的卷积操作,那么去卷积操作可表示为

$$[理想图像] = [测量到的图像] \sharp [PSF]^{-1}$$

即去卷积的过程就是求解[理想图像]的过程。反转滤波器(inverse)是基于反函数的原理一步到位的解决方案。图像的模糊可以被数学模型化为理想图像与点扩散函数的卷积。在频域中,卷积操作变为样品的傅立叶变换(Fourier transform)与光学变换函数(OTF)的乘积。光学变换函数即是点扩散函数的傅立叶变换。反转滤波器使用测量到的图像的傅立叶变换除以系统的 OTF 而完成图像的还原。最近相邻切面法(nearest neighbor)一次仅对一张图像进行去卷积。它使用来自于被处理面上下相邻切面的信息来进行处理。用户可选择需处理的相邻切面的数量。如果选择适当,这种方法能生成接近于反转滤波器的图像质量但速度大大加快。无相邻切面法(no neighbor)只考虑同一平面中临近像素点之间的相互影响,即二维的点扩散函数(2D PSF)。这一方法速度最快,但处理结果可能不如另两种方法准确,图 1-26 为普通荧光显微镜和去卷积显微镜的成像照片。

(a) 普通荧光显微镜　　　　　　　　(b) 去卷积显微镜

图 1-26　显微镜成像照片(参见彩图)

图中绿色标记的是微管,蓝色标记的是染色体,红色标记的是动点蛋白

去卷积(deconvolution)和共聚焦(confocal)是光学显微镜领域获得单一焦平面光线的两大主流技术。这两种技术通过消除非聚焦平面的光信号,大大提高了样品信号的强度以及图像的信噪比。但是激光共聚焦显微镜与去卷积显微镜的工作原理有很大差异(表 1-1):

(1)激光共聚焦显微镜是通过安装在物镜和检测器之间的针孔光阑,来阻止非焦平面上的信号进入检测器的,只收集焦平面上的光信号。

(2)去卷积显微镜是普通宽场显微镜,同时收集焦平面及非焦平面的光信号。

(3)激光共聚焦显微镜可以利用激光光源的穿透力处理较厚的组织样品。而去卷积显微镜使用普通的荧光光源(如氙灯等),一般只适合较薄的细胞样品。

(4)激光共聚焦显微镜成像时需要样品有较高的荧光强度,要提高荧光信号的强度,只能增强激发光的强度,但通常会造成样品更快的光漂白和更强的光毒害。

(5)去卷积显微镜结合高灵敏的 EM-CCD,可以直接对很弱的荧光成像。

除了和普通的宽场显微镜结合成为去卷积显微镜外,去卷积技术也可以和其他类型的显微镜结合,进一步优化图像。

表 1-1　宽场去卷积显微镜和激光共聚焦显微镜的简单比较

成像技术	宽场去卷积	单点扫描共聚焦	多点扫描共聚焦
灵敏度(相对)	100	5	20
成像速度(512×512)	25~30 帧/秒	5 帧/秒	25~30 帧/秒
激发光强度	弱	强	较强
光漂白(淬灭)	弱	强	较强
信噪比	高	低	低
样品厚度	小于 30 微米	小于 70 微米(单光子)	小于 70 微米

1.2.8　光片荧光显微镜

光片荧光显微镜(light sheet fluorescence microscopy,LSFM)起源于 1902 年由化学家和实验物理学家 Zsigmondy 和光学物理学家 Siedentopf 率先发明的"超显微技术"。原始的超显微镜将太阳光聚焦在胶体金溶液的侧面照明中,并在与照明平面正交的方向上检测到由此产生的散射。超显微技术显著提高了信噪比,使观察单个金分子成为可能。法国科学家 Perrin 通过应用超显微技术绘制颗粒运动图进一步推动了 Zsigmondy 的工作,并为布朗运动提供了宝贵的证据。Zsigmondy 因其在超显微技术和胶体溶液方面的工作而获得 1925 年的诺贝尔化学奖。因为超显微技术只适合观察透明的生物组织样本,受限于当时的技术条件,光片荧光显微镜一直没有实质性进展。

1993 年 Voie 发明了垂直平面荧光光学层切成像技术(orthogonal plane fluorescence optical sectioning,OPFOS),该系统也以激光器为光源,用薄片光照明豚鼠耳蜗,用垂直于照明光方向的物镜收集荧光信号,得到了 X 轴分辨率 10 μm,Y 轴分辨率 26 μm 的光学图像。此时样本透明化的工作已经开始发展,豚鼠耳蜗经过特殊处理,通过加入多种有机物来匹配折射率,达到样本透明的效果,这是首次将光片光路应用于荧光成像。

21 世纪以来,光片荧光显微镜发展非常迅速,传统的落射式荧光显微镜探测光路和照明光路处于同轴位置,垂直照射样品,垂直收集样品信号,所以成像质量会受到非焦平面荧光的影响。光片荧光显微镜的探测光路与照明光路是分开的。照明光路用激光产生照明光片,探测光路负责收集样品产生的荧光信号。如图 1-27 所示,照明光沿 X 轴水平照射样品,X 轴与 Y 轴组成的平面为光片平面,只有光片平面处的样品被照亮,而光片平面上下的样品不受影响。同时激光每次只照亮了一个平面,有效减少了样本的照射时间,光片荧光显微镜能够快速获得高分辨率的三维层析结构成像,也降低了光毒性和光漂白对样品的影响。2004 年,Stelzer 发明了选择薄片光显微镜(selective-plane illumination microscopy,SPIM)。2008 年,Stelzer 改进了 SPIM,改进版的 SPIM 可以对斑马鱼胚胎进行 24 小时成像并追踪胚胎发育过程中的细胞位移和分裂。2010 年,在第一届光片荧光显微镜研讨会上,研究者们决定将 LSFM 作为这一类显微镜的统一名称。后续又出现了很多种类的光片荧光显微镜,如扫描光片显微镜、双光子扫描光片显微镜、贝塞尔光束平面照明显微镜、晶格光片显微镜等,优化了光片荧光显微镜的成像分辨率、穿透深度和成像视野,使光片显微镜应用于多个生命研究领域,获得了很好的成像效果。

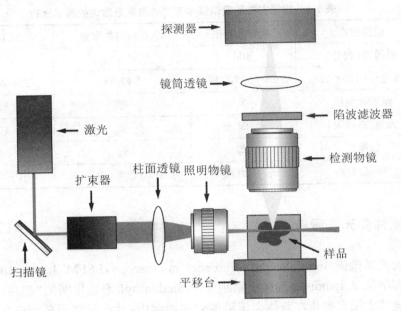

图 1-27　光片显微镜 LSFM 的光路示意图

光片荧光显微镜由于其特殊的成像方式和构造,能够对超厚样品进行三维成像。这类样品通常需要进行荧光染色,如对生物体进行基因编辑或者对样品进行染料染色处理。经过多年的发展,荧光蛋白和荧光染料的波长遍布紫外光、可见光和近红外光,可以根据实际情况进行选择。除了荧光标记以外,对离体样本通常要进行透明化处理,以获得更好的成像效果,对活体样本则要注意样品室的构建,以延长其存活时间(图 1-28)。

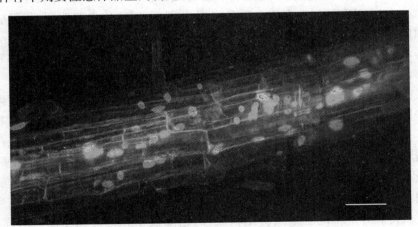

图 1-28　7 天大的拟南芥(参见彩图)

图中绿色的为 GFP 融合的质膜(Wave131Y)和 GFP 融合的侧根细胞核,红色为细胞核(H2B-RFP);比例尺为 50 μm(引自 Wangenheim C. Quantifying Fluvial and Glacial Erosion Using (detrital) Thermochronology, Cosmogenic Nuclides and Numerical Modelling:A Case Study in the European Alps[D]. Gottfried Wilhelm Leibniz Universität Hannover,2016.)

目前国际上光片荧光显微镜的研究和开发有以下几大热点方向：

（1）将光片荧光显微镜同光遗传学技术结合起来，利用光片荧光显微镜对组织的光照穿透力等特性实现光操控特定荧光标记细胞进行细胞生物学过程的研究。

（2）将光片荧光显微镜与当前热门基因组学、转录组学以及蛋白质组学等多组学研究相结合，为多维度认知细胞发育、行为和互作关系等提供了有力的技术支持。

（3）将光片荧光显微镜与深度学习技术结合，运用去卷积算法有效解决宽场成像质量低的痛点，计算科学的加入是未来光片荧光显微镜发展的大势所趋。

（4）将光片荧光显微镜成本降低进而普及化，就像荧光显微镜一样，成为每一个生物医学实验室的标配。

作为一项新型的成像技术，光片荧光显微镜具有的较低的光毒性、高时空分辨率、宽视场、大型样本成像，以及能与其他现有成像技术和组学分析相结合的技术优势，未来将进一步满足科研领域日益增长的对整个生物体、组织和细胞快速、温和条件成像的需求。

1.2.9　超高分辨率显微镜

随着生命科学的研究由整个物种发展到分子水平，显微镜的空间分辨率及鉴别精微细节的能力已经成为一个非常关键的技术问题。光学显微镜的发展史就是人类不断挑战分辨率极限的历史。在 400～760 nm 的可见光范围内，显微镜的分辨极限大约是光波波长的一半，约为 200 nm。近二十年来显微镜技术的发展非常迅猛，出现了多种突破光学显微镜理论空间分辨率极限的技术，基于这些技术搭建的显微镜统称为超高分辨率显微镜（super resolution microscopy，SRM），常见的超高分辨率显微镜包括 SIM、STED、PALM、STORM 等。

1. 干涉成像显微术

当荧光显微镜以高数值孔径的物镜对较厚生物样品成像时，采用光学切片是一种获得高分辨 3D 数据的理想方法，包括共聚焦显微镜、3D 去卷积显微镜和 Nipkow 盘显微镜等。1997 年由 Neil 等报道的基于结构照明的显微术，是一种利用常规荧光显微镜实现光学切片的新技术，可获得与共聚焦显微镜一样的轴向分辨率。干涉成像技术在光学显微镜方面的应用最早于 1993 年由 Lanni 等提出，随着 I⁵M、HELM 和 4Pi 显微镜技术的应用得到了进一步发展。与常规荧光显微镜所观察的荧光相比，干涉成像技术所记录的发射荧光携带了更高分辨率的信息。

（1）结构照明技术

结构照明技术主要通过在样品上叠加一个高分辨率的正弦照明花样来提高显微镜的分辨率极限。这种花样产生包含在样品中的高分辨信息的云纹干涉条纹。这些云纹图案发生在比样品中原来高分辨率信息更低的频率中。通过在数字光圈周围翻译和旋转这个照明花样，获得不含非聚焦平面杂散荧光的清晰图像，可以有效地提高 2 倍分辨率，从而得到 2 倍的空间信息，图像的反差和锐利度得到了明显改善（图 1-28）。利用结构照明的光学切片技术，解决了 2D 和 3D 荧光成像中获得光学切片的非焦平面杂散荧光的干扰、费时的重建以及长时间的计算等问题。轴向分辨率较普通荧光显微镜提高 2 倍，3D 成像速度比普通共聚焦显微镜提高 3 倍。

（2）4Pi 显微镜

基于干涉原理的 4Pi 显微镜是共聚焦/双光子显微镜技术的扩展。4Pi 显微镜在标本的

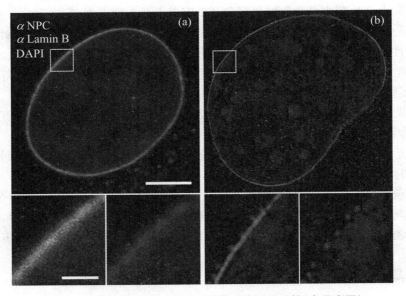

图 1-29　CLSM 和 3D-SIM 显微镜的成像结果比较（参见彩图）

（a）CLSM 的结果，（b）3D-SIM 的结果，其中红色标记的为 NPC，绿色标记的为
Lamin B，蓝色为 DAPI，上面两幅图的标尺为 5 μm，下面四幅图的标尺为 1 μm

图 1-30　3D-SIM 的小鼠细胞核三维重建图像（参见彩图）

图中为早期的细胞核，红色标记的为染色质（已经开始凝集），绿色标记的为核膜

前方和后方各设置 1 个具有公共焦点的物镜，通过 3 种方式获得高分辨率的成像：① 样品由两个波前产生的干涉光照明；② 探测器探测 2 个发射波前产生的干涉光；③ 照明和探测波前均为干涉光。4Pi 显微镜利用激光作为共聚焦模式中的照明光源，可以给出小于 100 nm 的空间横向分辨率，轴向分辨率比共聚焦显微镜技术提高 4～7 倍（图 1-32）。利用 4Pi 显微镜技术，能够实现活细胞的超高分辨率成像。Egner 等利用多束平行光束和 1 个双光子装置，观测活细胞体内的线粒体和高尔基体等细胞器的精微细节。Carl 应用 4Pi 显微镜对哺乳动物 HEK293 细胞的细胞膜上 Kir2.1 离子通道类别进行了测量。已有研究表明 4Pi 显微镜可用于细胞膜结构纳米级分辨率的形态学研究。

（3）成像干涉显微镜（image interference microscopy，I^2M）

使用 2 个高数值孔径的物镜以及光束分离器，收集相同焦平面上的荧光图像，并使它们在 CCD 平面上产生干涉。1996 年 Gustaffson 等用这样的双物镜从两个侧面用非相干光源（如汞灯）照明样品，发明了 I^3M 显微镜技术（incoherent interference illumination microscopy，I^3M），并将它与 I^2M 联合构成了 I^5M 显微镜技术。I^5M 显微镜通过逐层扫描共聚焦

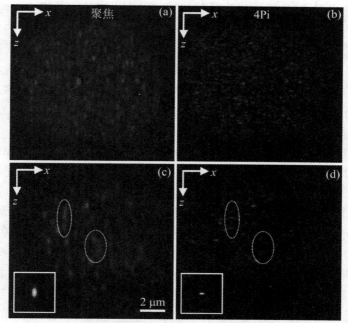

图 1-31 CLSM 和 4Pi 显微镜的成像结果比较(参见彩图)
图中绿色标记的为 HeLa 细胞中的内源性组蛋白 H2AX,(a)和(b)
分别为 CLSM 和 4Pi 三维投影的图像。(c)和(d)分别为 X、Z 轴的
光学切片,左下角为 CLSM 和 4Pi 的 PSF 的比较

平面的样品获得一系列图像,再对数据适当去卷积,即可得到高分辨率的三维信息,I^5M 的分辨率小于 100 nm(图 1-32)。

图 1-32 为 I^5M 显微镜三维重建的图像。图中为从右下角的中间体发散出的密集微管束。图像中每个点的不透明度和亮度是由该点的荧光强度和相对于光源的强度梯度方向决定的,每个点的色调是由该点距离盖玻片的厚度来确定的。

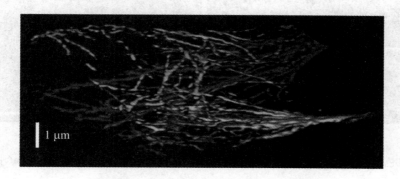

图 1-32 I^5M 显微镜的成像结果(参见彩图)

2. 非线性显微术

非线性现象可用于检测极微弱的荧光甚至是无标志物的样品。虽然有的技术还处在物理实验室阶段,但与现有的三维显微镜技术融合具有极大的发展空间。

(1)多光子激发显微镜

多光子激发显微镜(multi-photon excitation microscopy,MPEM)是一种结合了共聚焦

显微镜与多光子激发荧光技术的显微术,不但能够产生样品的高分辨率三维图像,而且基本解决了光漂白和光毒性问题。在多光子激发过程中,吸收概率是非线性的。荧光由同时吸收的两个甚至三个光子产生,荧光强度与激发光强度的平方成比例。对于聚焦光束产生的对角锥形激光分布,只有在标本的焦平面处,多光子激发才能进行,明显地降低对周围细胞和组织的损害,这一特点使得 MPEM 成为厚生物样品成像的有力手段。多光子激发显微镜的轴向分辨率高于共聚焦显微镜和 3D 去卷积荧光显微镜。

(2)受激发射损耗显微术

Westphal 实现了 Hell 等在 1994 年提出的受激发射损耗成像(stimulated emission depletion,STED)的有关概念。STED 成像利用了荧光饱和与激发态荧光受激损耗的非线性关系,其基本的实现过程就是用一束激发光使荧光物质(既可以是化学合成的染料,也可以是荧光蛋白)发光的同时,用另外的高能量脉冲激光器发射一束紧挨着的、环形的、波长较长的激光将第一束光斑中大部分的荧光物质通过受激发射损耗过程猝灭,剩下的可发射荧光区被限制在小于衍射极限区域内,于是获得了一个小于衍射极限的光点。Hell 等已获得了 28 nm 的横向分辨率和 33 nm 的轴向分辨率,并且完全分开相距 62 nm 的 2 个同类的分子。近来研究者将 STED 和 4Pi 显微镜互补性地结合,已获得最低为 28 nm 的轴向分辨率,还首次证明了免疫荧光蛋白图像的轴向分辨率可以达到 50 nm。STED 成像技术的最大优点是可以快速地观察活细胞内实时变化的过程,因此在生命科学中应用更加广泛。Hell 等又进一步发展了这种方法,使之可以用于 EGFP 标记的信号和多种颜色的超分辨率检测。目前,STED 作为一种成熟的方法已经可以高速地(每秒 28 帧)监测活细胞内高分辨率图像(图 1-33)。而 STED 成像的主要缺陷在于光路复杂,设备昂贵,对系统的稳定性要求很高。

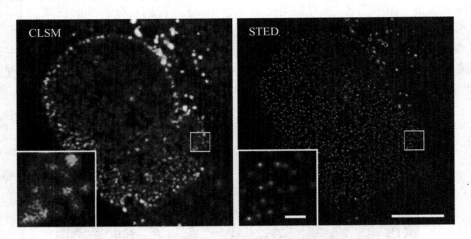

图 1-33 CLSM 和 STED 显微镜的成像结果比较(参见彩图)
图中红色标记的为 HeLa 细胞中核孔复合体蛋白 Nup153,标尺为 5 μm 和 0.5 μm(小图)

(3)饱和结构照明显微术

早在 1963 年,Lukosz 和 Marchand 就提出了特定模式侧向入射的光线可以用来增强显微镜分辨率的理论。2005 年,加州大学旧金山分校的 Gustafsson 博士首先将非线性结构性光学照明部件引入到传统的显微镜上,得到了分辨率达到 50nm 的图像。饱和结构照明显微镜(saturated structure illumination microscopy,SSIM)的原理是当一个未知结构的物体被一个结构规则的照射模式的光所照射时,会产生云纹条纹,在显微镜下直接观察,就可以看到云纹条纹放大了原先不能够分辨出来的样本结构,通过计算机进一步分析所有条纹中包含的信息,可以重组出样本的高分辨率图像。将多重相互衍射的光束照射到样本上,然后从收集到的发射光模式中提取高分辨率的信息(图1-34)。

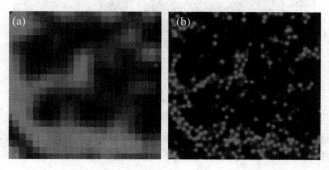

图 1-34　普通荧光显微镜和 SSIM 显微镜的成像结果比较(参见彩图)

图中标记的为 50 nm 的荧光小球;(a)为普通荧光显微镜;
(b)为 SSIM 显微镜成像结果

（4）二次谐波成像

1961 年红宝石激光器发明不久,Franken 等人用红宝石激光器输出波长为 694 nm 的激光穿过一个石英晶体时,产生 347 nm 的紫外光,这是最早观察到的光学二次谐波(second harmonic generation,SHG)现象,标志着非线性光学的诞生。从此 SHG 被用于倍频激光器以得到短波长激光。近年随着激光技术、检测技术和计算机技术的快速发展,利用二次谐波进行生物组织的三维成像成为生物医学成像领域中的热门课题,引起广泛关注。SHG 是一个二阶非线性过程,利用超快激光脉冲与介质相互作用产生的倍频相干辐射作为图像信号来源。二次谐波成像还具有与双光子激发荧光显微成像类似的特性,它仅在焦点附近才有足够的光子能量来激发,非线性效应的强局域性减少了成像时非焦点处发光产生的背景干扰,提高了信噪比和三维空间分辨率;同时使得非焦平面上的光漂白和光毒性大大降低,因此能长时间对样品进行成像而不影响其活性。由于二次谐波显微成像使用近红外的激发光,组织吸收和散射效应最小,激发光能深入组织内部,可以用于超厚样品更深层次的成像。SHG 一般为非共振过程,光子在生物样品中只发生非线性散射不被吸收,故不会产生伴随的光化学过程,可减小对生物样品的损伤。SHG 成像不需要进行染色,可避免使用染料带来的光毒性。因其对活生物样品无损测量或长时间动态观察显示出独特的应用价值,越来越受到生命科学研究领域的重视(图1-35)。

（5）基于探针的超高分辨率显微镜技术

包括光敏定位显微镜(photoactivated localization microscopy,PALM)和随机光学重构显微镜(stochastic optical reconstruction microscopy,STORM)。2002 年,Patterson 和 Lippincott-Schwartz 首次利用一种绿色荧光蛋白的变种 PA-GFP 来观察特定蛋白质在细胞内的运动轨迹。PA-GFP 在未激活之前不发光,用 405 nm 的激光激活一段时间后可以观察到 488 nm 激光激发出来的绿色荧光。德国科学家 Eric Betzig 敏锐地认识到,应用单分子荧光成像的定位精度,结合这种荧光蛋白的发光特性,可以来突破光学分辨率的极限。2006 年 9 月,Betzig 和 Lippincott-Schwartz 等首次在 *Science* 上提出了光激活定位显微技术 PALM 的概念。其基本原理是用 PA-GFP 来标记蛋白质,通过调节 405 nm 激光器的能

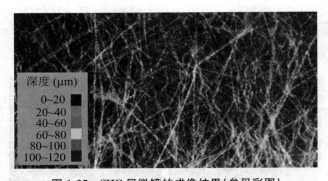

深度 (μm)
- 0~20
- 20~40
- 40~60
- 60~80
- 80~100
- 100~120

图 1-35　SHG 显微镜的成像结果（参见彩图）
图中为小鼠真皮中的横纹肌和单根胶原纤维的活体成像的结果，
图中用不同的颜色代表扫描时不同的穿透深度

量，低能量照射细胞表面，一次仅激活出视野下稀疏分布的几个荧光分子，然后用 488 nm 激光照射，通过高斯拟合来精确定位这些荧光单分子。确定这些分子的位置后，再长时间使用 488 nm 激光照射来漂白这些已经被正确定位的荧光分子，使它们不能够被下一轮的激光再次激活出来。之后再分别用 405 nm 和 488 nm 激光来激活、定位和漂白其他的荧光分子，进入下一次循环。这个循环持续上百次后，我们将得到细胞内所有荧光分子的精确定位。将这些分子的图像合成到一张图上可以得到分辨率比传统光学显微镜至少高 10 倍以上分辨率的显微图像（图 1-36）。PALM 显微镜的分辨率仅仅受限于单分子成像的定位精度，理论上来说可以达到 1 nm 的数量级。2007 年，Betzig 的研究小组更进一步将 PALM 技术应用在记录两种蛋白质的相对位置，并于 2008 年开发出可应用于活细胞上的 PALM 成像技术来记录细胞黏附蛋白的动力学过程。PALM 成像方法只能用来观察外源表达的蛋白质，而对于分辨细胞内源蛋白质的定位无能为力。2006 年底，美国霍华德·休斯研究所的华裔科学家庄小威实验组开发出来一种类似于 PALM 的方法，可以用来研究细胞内源蛋白的超分辨率定位（图 1-37）。他们发现不同的波长可以控制化学荧光分子 Cy5 在荧光激发态和暗态之间切换，例如红色 561 nm 的激光可以激活 Cy5 发射荧光，同时长时间照射可以将 Cy5 分子转换成暗态不发光。之后用绿色的 488 nm 激光照射 Cy5 分子时，可以将其从暗态转换成荧光态，而此过程的长短依赖于第二个荧光分子 Cy3 与 Cy5 之间的距离。因此，当 Cy3 和 Cy5 交联成分子对时，具备了特定的激发光转换荧光分子发射波长的特性。将 Cy3 和 Cy5 分子对耦联到特异的蛋白质抗体上，就可以用抗体来标记细胞的内源蛋白。应用特定波长的激光来激活探针，然后应用另一个波长激光来观察、精确定位以及漂白荧光分子，此过程循环上百次后就可以得到最后的内源蛋白的高分辨率影像，他们用 STORM 来命名这种技术。2007 年他们进一步改进 STORM 技术，发展了不同颜色的变色荧光分子对，可以同时记录两种甚至多种蛋白质的空间相对定位，阐明了笼形蛋白 clathrin 形成的内吞小泡与细胞骨架蛋白之间的精确空间位置关系，两种颜色的分辨率都可以达到 20～30 nm。但是 STORM 方法也存在缺陷，由于用抗体来标记内源蛋白并非一对一的关系，所以 STORM 无法量化细胞内蛋白质分子的数量，同时也不能用于活细胞测量。

　　PALM 和 SOTRM 显微镜的问世使得那些以前由于荧光点太密以至于无法成像的结构的分辨率达到纳米级水平，而且成像的分子密度可以达到 10^5 个分子/μm^2。这种分辨率对于生物学家来说，意味着现在可以在分子水平上观察细胞内的结构及其动态过程了（图 1-36、图 1-37）。

图 1-36　PALM 和 STORM 显微镜的成像结果（参见彩图）

（a）为 PALM 显微镜观察到的哺乳动物细胞内的黏附复合物；（b）为利用 STORM 显微镜观察到的哺乳动物细胞内的线粒体网状系统，其中左边为传统荧光成像，中间为重建过的三维 STORM 图像，右边是三维 STORM 图像中的 X、Y 轴部分

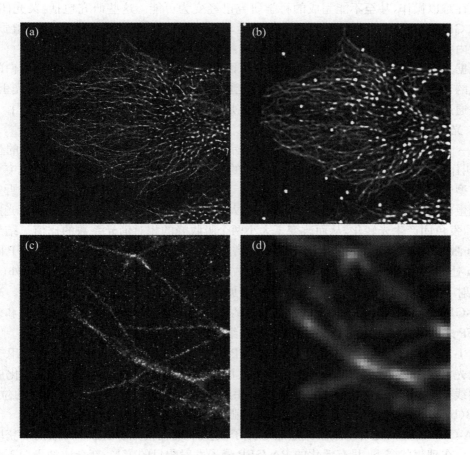

图 1-37　PALM 和 TIRF 显微镜的成像结果（参见彩图）

（a）为 PALM 显微镜观察到的哺乳动物细胞内的微管；（b）为利用 TIRF 显微镜观察到的哺乳动物细胞内的微管；（c）为部分区域放大的 PALM 显微镜成像结果；（d）为部分区域放大的 TIRF 显微镜成像结果

1.3　光学显微镜相关技术

1.3.1　光诱导荧光蛋白

近年来随着结构生物学研究的进展,研究人员相继发现和克隆了一些特殊的蛋白质。这些蛋白具备和绿色荧光蛋白(green fluorescence protein,GFP)类似的遗传学特征,能够以质粒方式转染或共转染到细胞中,随后可以独立表达或与其融合的蛋白一起表达,并几乎对其标记蛋白的功能和定位没有任何影响。这些蛋白的另外一个显著的特点是其在特殊的激发光刺激下会产生一些特异性的变化,如亮度变化、颜色变化等。随着这些蛋白的产生,一些以往难以操作,甚至不能完成的科学研究已经变为可能。这些研究包括:荧光团、荧光抗体和 GFP 融合蛋白等标记的膜成分扩散运动;膜蛋白及脂质成分;亚细胞膜;脂质重建;细胞质内扩散运动;胞间信息交换;内质网、细胞核和细胞质等区室边界等。

根据其引发变化不同,光诱导荧光蛋白可以分为两类:一类是通过改变荧光蛋白的亮度来实现的,包括 PA-GFP 为代表的光活化荧光蛋白和 Dronpa 为代表的光开关荧光蛋白;另一类是通过改变荧光蛋白的颜色实现的,主要是以 Keade 为代表的光转换荧光蛋白。

1.　光活化荧光蛋白(PA-GFP)

第一个被设计用于光活化研究的光学指示剂是一种 Aequorea victoria 水母的蛋白突变体,叫作 PA-GFP(取 photo 和 activatable 的首字母)。这种 GFP 蛋白的光活化突变体是将野生型中性蛋白质改造为阴离子态得来的。在稳定状态(unperturbed state)时,野生型绿色荧光蛋白在 395 nm 和 475 nm 处分别有一大一小两个吸收峰。当用强紫外或紫光照射该蛋白时,发色团产生光转化,从而改变了大小两个吸收峰的相对消光系数的比值。结果是在 488 nm 激发下,发射荧光的强度比未刺激前增加了 3 倍。通过突变技术的 PA-GFP 降低了 475 nm 处的吸收峰,在 450～550 nm 处的吸收几乎可以忽略不计,同时增强近紫外(约 400 nm)照射下野生型光转化效率。因此极大增加了非活化和活化状态之间的反差。光活化后,PA-GFP 在 504 nm 处的最大吸收增加了约 100 倍。这一现象极大增强了转化和未转化 PA-GFP 之间的差异,以此可以最终观察其在细胞内的动态变化。

图 1-38(a)显示了光活化前后的 PA-GFP 吸收和发射峰曲线。图中标明了用于光活化的激光波长(箭头所示)和宽场弧光灯激发波段(黄色框)。图 1-38(a)中的活化后荧光发射曲线是在 488 nm 激光激发下得到的。用 405 nm 固体激光器可以激发目的位点,如图 1-38(b)所示。光活化后,绿色发射荧光的强度会明显上升,如图 1-38(c)所示。

PA-GFP 的光活化可以用来标记选定分子或整个细胞,并利用延时图像技术获取动力学特征。在理想状态下,只有活化的 PA-GFP 分子发射醒目的荧光,新合成的蛋白不会对实验造成影响。PA-GFP 的光活化会比利用 GFP 进行光漂白研究的速度更快、现象更明显,而且用于光活化的激光强度要远小于 FRAP 的漂白激光,对细胞的杀伤相对较低。因此该项技术非常适合活细胞中蛋白质的动态研究。

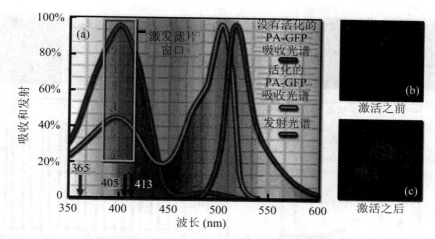

图 1-38　PA-GFP 谱线和光活化特性(参见彩图)

但需要注意的是在光转化后,PA-GFP 和野生型 GFP 荧光在 488 nm 激发下都会表现同样水平的增强。但从另一方面讲,在未被光诱导(如 405 nm 激发)前很难区分细胞是否表达 PA-GFP,所以用显微镜很难提前确定精确的表达区域。

2. 光开关荧光蛋白(Dronpa)

从 Pectiniidae(一种石化珊瑚虫)中提取的单体荧光蛋白 Dronpa 预示了新一代的可开关特殊荧光蛋白的诞生。Dronpa 表现出了与众不同的光变色性能,它可以用两种不同的激发光控制荧光的开和关。Dronpa 荧光蛋白惊人的特点是可以在 488 nm 下快速漂白,并且随后又可以在 405 nm 激发光刺激下完全恢复。这种模式的光漂白和活化可以反复进行。

图 1-39 显示了细胞中 Dronpa 蛋白在光漂白和光活化之间的可逆转换。该细胞被转染了只含有 Dronpa 蛋白基因(没有其他融合基因)的质粒并在细胞培养瓶中培养。最初在 488 nm 下标本显示很明亮的绿色荧光(图 1-39,0 s),50～60 s 后亮度逐渐衰减(图 1-39,0～55 s)至检测不到。荧光衰减曲线如图 1-39(a)中绿色曲线所示。用 405 nm 近紫外激光活化后,Dronpa 蛋白的荧光强度恢复(图 1-39(a),紫色曲线)。同样方法反复光漂白和活化 10 次以上的图形(图 1-39(b))显示,多次反复后 Dronpa 荧光的恢复会有一定的衰减。10 次循环后,Dronpa 荧光减少为原来的 88% 左右。

3. 光转换荧光蛋白(Kaede)

目前已经从珊瑚虫和海葵中提取和开发出了许多有应用潜力的光学指示剂,其中一个非常重要的是 Kaede 蛋白,受紫外激发后这种蛋白会产生从绿色到红色的光转换。光转换后,红/绿比会显著增加约 2000 倍(红增、绿减)。这一类具有独特颜色转换特性的光学指示剂会成为亚细胞器乃至整个细胞光学标记的最佳选择。

图 1-40 显示的是光转化前后 Kaede 蛋白的吸收、发射光谱曲线和细胞中两种颜色荧光融合的动态图像。分别用绿色的虚/实线代表转化前 Kaede 蛋白的吸收/发射曲线,用红色虚/实线代表转化后 Kaede 蛋白的吸收/发射曲线。由图可以看出,经过光诱导后,红色和绿色两个荧光发射峰之间的差异非常明显,发射峰值距离约为 60 nm。图 1-40(a)至图 1-40(d)数码图像为我们展示了光转化前 Kaede 的绿色荧光,见图 1-40(a),用 405 nm 激光对选择区域进行短时间激发,如图 1-40(b)中红色部分所示,转化后 Kaede 蛋白逐渐扩散到整个细胞但没有进入细胞核的动态图像,见图 1-40(c)和图 1-40(d)。

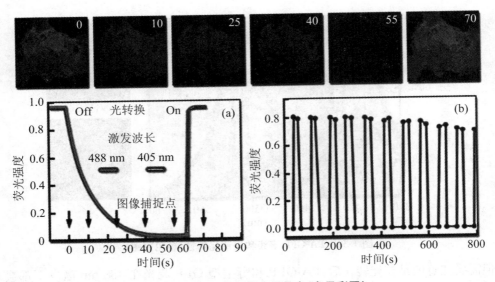

图 1-39　**Dranpa 蛋白的光学特点**（参见彩图）

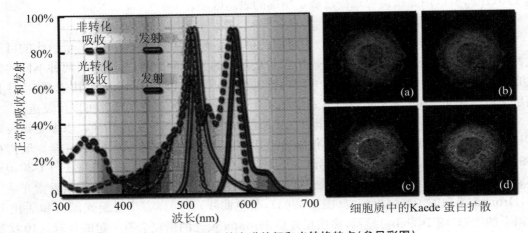

图 1-40　**Keade 蛋白的光谱特征和光转换特点**（参见彩图）

利用 Keade 蛋白在光转化前后的明显颜色变化,研究者可以持续追踪红色荧光的动态变化,进而描述出其标记的动力学特征。利用这种显著的颜色差异,这种蛋白还更多地被用于区分特异细胞和周围类似细胞的实验中。

目前已经有很多种光诱导蛋白(表 1-2),这些光诱导蛋白都是相似的三维圆柱形结构,多肽骨架的大部分折叠成 11 条氢键链接的 β 折叠片,中央为包含发色团的 α 螺旋,短的螺旋片段保护着圆柱的两端。这些 β 折叠片由不太有序排列的富含脯氨酸的环链接在一起,每个折叠片的氨基酸支链或者凹入蛋白质内部或者凸向表面。与多数可溶性蛋白相似,荧光蛋白表面的残基常常带有电荷或极性,也包含部分疏水残基,该蛋白内部折叠很紧密,即使水分子也被疏水键固定在氨基酸上,而且离子或其他小分子的扩散空间极小。目前光诱导蛋白的分子机理已经研究清楚(图 1-41),将来,随着更先进的光学诱导蛋白工程的发展,其光转化波长将漂移到蓝色和绿色光谱区域,比现在常用的紫外波长对活细胞毒性更小,发射波长漂移到穿过远红外区域的黄色区域,这些都将极大地扩展这类探针的应用潜力。

表 1-2　光诱导蛋白简表

蛋白 （Acronym）	激发光 波长 （nm）	发射光 波长 （nm）	摩尔消光 系数 （×10^{-3}）	量子产率	光稳定性	寡聚状态	相对 EGFP 的亮度 （EGFP 亮度 为 100）
光活化荧光蛋白							
PA-GFP（N）	400	515	20.7	0.13	+ +	单体	8
PA-GFP（G）	504	517	17.4	0.79	+ +	单体	41
PS-CFP2（C）	400	468	43.0	0.20	+ +	单体	26
PS-CFP2（G）	490	511	47.0	0.23	+ +	单体	32
PA-mRFP1（R）	578	605	10.0	0.08	+	单体	3
PA-mCherry1（R）	564	595	18.0	0.46	+ +	单体	25
Phamret（C）	458	475	32.5	0.40	+ +	单体	39
Phamret（G）	458	517	17.4	0.79	+ +	单体	41
光转换荧光蛋白							
Kaede（G）	508	518	98.8	0.88	+ +	四聚体	259
Kaede（R）	572	580	60.4	0.33	+ + +	四聚体	59
wtKikGR（G）	507	517	53.7	0.70	+ +	四聚体	112
wtKikGR（R）	583	593	35.1	0.65	+ + +	四聚体	68
mKikGR（G）	505	515	49.0	0.69	+	单体	101
mKikGR（R）	580	591	28.0	0.63	+ +	单体	53
wtEosFP（G）	506	516	72.0	0.70	+ +	四聚体	150
wtEosFP（R）	571	581	41.0	0.55	+ + +	四聚体	67
dEos（G）	506	516	84.0	0.66	+ +	二聚体	165
dEos（R）	569	581	33.0	0.60	+ + +	二聚体	59
tdEos（G）	506	516	34.0	0.66	+ +	并列体二聚体	165
tdEos（R）	569	581	33.0	0.60	+ + +	并列体二聚体	59
mEos2（G）	506	519	56.0	0.74	+ +	单体	140
mEos2（R）	573	584	46.0	0.66	+ + +	单体	90
Dendra2（G）	490	507	45.0	0.50	+ +	单体	67
Dendra2（R）	553	573	35.0	0.55	+ + +	单体	57
光开关荧光蛋白							
Dronpa	503	517	95.0	0.85	+ + +	单体	240
Dronpa-3	487	514	58.0	0.33	+ +	单体	56
rsFastLime	496	518	39.1	0.77	+ +	单体	89
Padron	503	522	43.0	0.64	+ +	单体	82
bsDronpa	460	504	45.0	0.50	+ +	单体	67
KFP1	580	600	59.0	0.07	+ + +	四聚体	12
mTFP0.7	453	488	60.0	0.50	+	单体	89

续表

蛋白 （Acronym）	激发光 波长 （nm）	发射光 波长 （nm）	摩尔消光 系数 （×10⁻³）	量子产率	光稳定性	寡聚状态	相对 EGFP 的亮度 （EGFP 亮度 为 100）
E2GFP	515	523	29.3	0.91	＋＋	单体	79
rsCherry	572	610	80.0	0.02	＋＋	单体	5
rsCherryRev	572	608	84.0	0.005	＋＋	单体	1
荧光蛋白二聚体							
DsRed-E5（G）	483	500	ND*	ND*	＋＋＋	四聚体	ND*
DsRed-E5（R）	558	583	ND*	ND*	＋＋＋	四聚体	ND*
Fast-FT（B）	403	466	49.7	0.30	＋＋	单体	44
Fast-FT（R）	583	606	75.3	0.09	＋＋	单体	20
Medium-FT（B）	401	464	44.8	0.41	＋＋	单体	55
Medium-FT（R）	579	600	73.1	0.08	＋＋	单体	17
Slow-FT（B）	402	465	33.4	0.35	＋＋	单体	35
Slow-FT（R）	583	604	84.2	0.05	＋＋	单体	13

注 * ND（not detected）指没有检测。

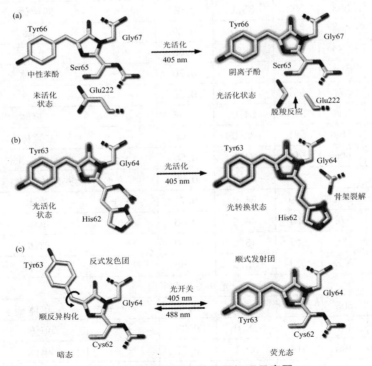

图 1-41　光诱导蛋白的分子机理示意图

（a）为 PA-GFP 光活化的分子机理示意图，光活化是基于 222 位的 Glu 脱羧；（b）为 Kaede、KikGR、Dendra2 和 Eos 光转化的分子机理示意图，光转化是基于 62 位 His 的酰胺氮和碳原子之间裂解导致的共轭双咪唑环系统的形成；（c）为 Dronpa 光开关的分子机理示意图，光开关是基于 405 nm 和 488 nm 诱导的顺反异构化除了选择性地标记融合蛋白亚群用来研究动力学外,光诱导蛋白在超分辨率显微镜技术中也是很有价值的工具,它打破了传统的 Abbe 衍射屏障。基于探针的超高分辨率显微镜技术光敏定位显微技术(photo activated localization microscopy,PALM)就是利用 PA-GFP 来突破传统光学显微镜的分辨率极限。目前针对光活化蛋白的进一步优化还在积极进行中,光活化蛋白研究的进展必将为生物大分子的时空定位研究,尤其是生物大分子的动力学研究带来更为显著的推动作用。

1.3.2　荧光漂白后恢复和荧光漂白消失

荧光漂白后恢复(fluorescence recovery after photobleach,FRAP)是使用亲脂性或亲水性的荧光分子,如荧光素、绿色荧光蛋白等与蛋白质或脂质耦联,用于检测所标记分子在活体细胞表面或细胞内部的运动,经常用于分析多种生物膜系统。FRAP 通常是用高能量激光持续照射细胞表面或内部微米大小区域,使该区域内的荧光分子发生不可逆的淬灭,即为完全漂白,在被漂白区和未漂白区之间会形成明显的荧光亮度反差。随后,研究者可以持续观察两个区域之间的荧光变化(图 1-42)。只有漂白区和未漂白区荧光分子之间存在交互扩散运动,光漂白区才能重新出现荧光,通过分析漂白区域的荧光变化可以推测出细胞内脂质或蛋白质的动力学特性,如扩散系数、流动分数和荧光标记分子的传输速率等,也可以用来研究生物大分子之间的相互作用、相分离和相变等。FRAP 结果表明,多数膜蛋白并不是在胞质或质膜上的随意扩散,生物膜上蛋白质的扩散存在许多限制条件,主要包括:膜分子之间、细胞膜分子与胞质及胞外基质分子之间的相互作用。对于特定蛋白分子来说,其运动状态和组分体现了细胞骨架、细胞质、脂双层的黏度和其他膜蛋白对它的综合限制作用。利用 FRAP 技术定量研究分子运动的物理性限制作用,将有助于我们更深入地了解细胞内蛋白质和脂类分子的特性、相互作用甚至生理功能。

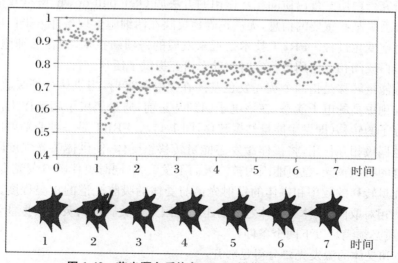

图 1-42　荧光漂白后恢复 FRAP 的荧光变化示意图

荧光漂白消失(fluorescence lose in photobleach,FLIP)与 FRAP 类似,同样是在细胞上选取局部刺激区域,用高能量的激光反复刺激,不同之处是 FRAP 记录的是被漂白区域的荧光恢复过程,而 FLIP 记录的是未被漂白区域的荧光损失过程(图 1-43),一些标本或标本的不同部位,如细胞核膜、内质网和细胞质等,荧光恢复的速度非常快,荧光漂白与恢复几乎同时发生。如果使用 FRAP 来研究这些部分的生物大分子,必须分为漂白和漂白后两个过程,两个过程之间的转换存在时间延迟,所以 FRAP 实验无法实现这些快速变化的生物大分子的动力学研究。FLIP 技术为研究内质网、细胞核和细胞质等提供了强有力的工具。FLIP 技术要求提供尽量同步的激发来保证图像的获取,需要超快 CCD 或者独立激光照明系统,其中独立的激光照明系统可以在取图的同时对标本特定部位进行刺激,无须切换 XY扫描模式,可以真正实现同时刺激,同时观察变化。避免了传统使用共聚焦显微镜必须在局部刺激扫描和整体动态图像获取之间的反复切换带来的时间延迟和低刺激效率。

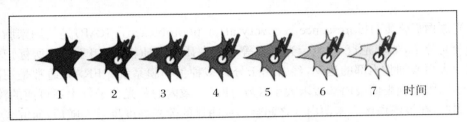

图 1.43　荧光漂白消失 FLIP 的荧光变化示意图

1.3.3　荧光共振能量转移

　　荧光共振能量转移(fluorescence resonance energy transfer,FRET)作为一种高效的光学"分子标尺",在生物大分子相互作用、免疫分析、核酸检测等方面有广泛的应用。在分子生物学领域,该技术可在研究活细胞生理条件下研究蛋白质-蛋白质间相互作用。蛋白质-蛋白质间相互作用在整个细胞生命过程中占有重要地位,由于细胞内各种组分极其复杂,因此一些传统研究蛋白质-蛋白质间相互作用的方法如 GST pull-down、酵母双杂交、免疫共沉淀等可能会丢失某些重要的信息,无法正确地反映在活细胞生理条件下蛋白质-蛋白质间相互作用的时空变化过程。FRET 技术是近来发展的一项新技术,为在活细胞生理条件下对蛋白质-蛋白质间相互作用进行实时的动态研究提供了便利。

　　荧光共振能量转移是指两个荧光发色基团在足够靠近时,当供体分子吸收一定频率的光子后被激发到更高的电子能态,在该电子回到基态前,通过偶极子相互作用,实现了能量向邻近受体分子的转移(即发生能量共振转移,图 1-44)。FRET 是一种非辐射能量跃迁,通过分子间的电偶极相互作用,将供体激发态能量转移给受体,使供体荧光强度降低,而受体可以发射本身的特征荧光,也可能因为被淬灭而不发荧光,同时也伴随着荧光寿命的相应缩短或延长。能量转移的效率和供体的发射光谱与受体的吸收光谱的重叠程度、供体与受体的跃迁偶极的相对取向、供体与受体之间的距离等因素有关。作为荧光共振能量转移供、受体对,荧光物质必须满足以下两个条件:

　　(1) 供体和受体的激发光要分得足够开。

　　(2) 供体的发射光谱与受体的激发光谱要有重叠。

　　人们已经利用生物体自身的荧光或者将有机荧光染料标记到所研究的对象上,成功地将 FRET 应用于核酸检测、蛋白质结构、功能分析、免疫分析及细胞器结构功能检测等诸多方面。传统有机荧光染料吸收光谱窄,发射光谱常常伴有拖尾,这样会影响供体发射光谱与受体吸收光谱的重叠程度,而且供、受体发射光谱产生相互干扰。最新的一些报道中发光量子点被用于共振能量转移研究,克服了有机荧光染料的不足之处。相对于传统有机荧光染料分子,量子点的发射光谱很窄而且不拖尾,减少了供体与受体发射光谱的重叠,避免了相互间的干扰;由于量子点具有较宽的光谱激发范围,当它作为能量供体时,可以更自由地选择激发波长,可以最大限度地避免对能量受体的直接激发;通过改变量子点的组成或尺寸,可以使其发射可见光区任一波长的光,也就是说它可以为吸收光谱在可见区的任一生色团作能量供体,并且保证了供体发射波长与受体吸收波长的良好重叠,增加了共振能量转移效率。

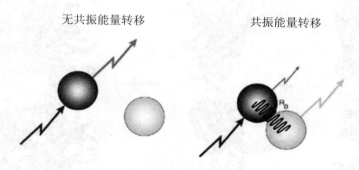

无共振能量转移   共振能量转移

图 1-44 FRET 的原理图

目前常用的有十种 FRET 荧光基团对(表 1-3),以 GFP 的两个突变体 CFP(cyan fluorescent protein)、YFP(yellow fluorescent protein)为例简要说明其原理:CFP 的发射光谱与 YFP 的吸收光谱有相当的重叠(图 1-45),当它们足够接近时,用 CFP 的吸收波长激发,CFP 的发色基团将会把能量高效率地共振转移至 YFP 的发色基团上,所以 CFP 的发射荧光将减弱或消失,主要的发射光将是 YFP 的荧光。两个发色基团之间的能量转换效率与它们之间的空间距离的 6 次方成反比,因而对空间位置的改变非常灵敏。例如要研究两种蛋白质 A 和 B 间的相互作用,可以根据 FRET 原理构建融合蛋白:CFP-蛋白质 A、YFP-蛋白质 B。用 CFP 吸收波长 433 nm 作为激发波长。当蛋白质 A 与 B 没有发生相互作用时,CFP 与 YFP 相距很远不能发生荧光共振能量转移,因而检测到的是 CFP 的发射波长(476 nm 的

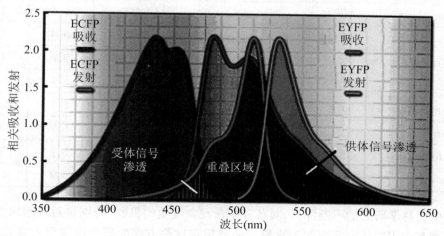

图 1-45 CFP 与 YFP 的波谱特征图

荧光)。但当蛋白质 A 与 B 发生相互作用时，CFP 与 YFP 在空间上充分靠近发生荧光共振能量转移，此时检测到的就是 YFP 的发射波长（527 nm 的荧光）。将编码这两种融合蛋白的基因转染到细胞内表达，就可以在活细胞生理条件下研究蛋白质－蛋白质间的相互作用（图 1-46）。

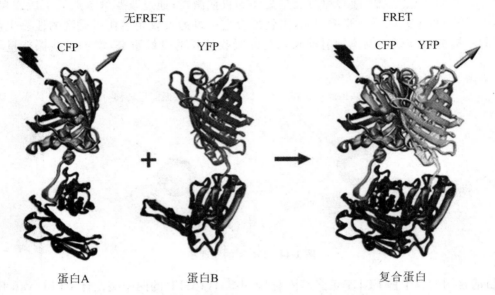

图 1-46　利用 FRET 研究蛋白质 A 和 B 之间相互作用的原理图

表 1-3　常用的 FRET 供体和受体对

荧光蛋白对	供体最大激发波长（nm）	受体最大发射波长（nm）	供体量子产率	受体消光系数	共振距离（nm）	亮度比例
EBFP2-mEGFP	383	507	0.56	57500	4.8	1:2
ECFP-EYFP	440	527	0.40	83400	4.9	1:4
Cerulean-Venus	440	528	0.62	92200	5.4	1:2
MiCy-mKO	472	559	0.90	51600	5.3	1:2
TFP1-mVenus	492	528	0.85	92200	5.1	1:1
CyPet-YPet	477	530	0.51	104000	5.1	1:4.5
EGFP-mCherry	507	510	0.60	72000	5.1	2.5:1
Venus-mCherry	528	610	0.57	72000	5.7	3:1
Venus-tdTomato	528	581	0.57	138000	5.9	1:2
Venus-mPlum	528	649	0.57	41000	5.2	13:1

　　随着生命科学研究的不断深入，对各种生命现象发生的机制，特别是对细胞内蛋白质－蛋白质间相互作用的研究变得尤为重要。而要想在这些方面的研究取得重大突破，技术进步又是必不可少的。一些传统的研究方法不断发展，为蛋白质-蛋白质间相互作用的研究提

供了极为有利的条件,但同时这些研究手段也存在不少缺陷,如酵母双杂交、GST Pull-Down 免疫荧光、放射性标记等方法应用的前提都是要破碎细胞或对细胞造成损伤,无法做到在活细胞生理条件下实时地对细胞内蛋白质-蛋白质间相互作用进行动态研究。结合基因工程等技术,FRET 技术的应用正好弥补了这一缺陷,图 1-47 是一些常用的 FRET 检测方法的原理图。

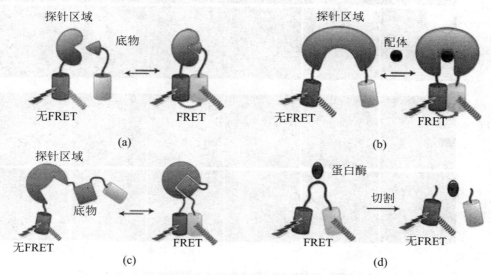

图 1-47　常用的 FRET 检测方法原理

（a)为探针和底物的结合产生 FRET；(b)为探针和配体的结合产生 FRET；(c)为探针结构的变化产生 FRET；(d)为探针被蛋白酶切割导致 FRET 消失

1. 检测酶活性变化

（1）活细胞内检测蛋白激酶活性

蛋白质磷酸化是细胞信号转导过程中的重要标志,研究其中的酶活性是信号通路研究的一个重要方面。以前酶活性测定主要是利用放射性以及免疫化学发光等方法,但前提都是要破碎细胞,用细胞提取物测定酶活性,还无法做到活细胞内定时、定量、定位地观测酶活性变化。而利用 FRET 方法就可以很好地解决这个问题(图 1-48),如 Zhang 等人利用 FRET 原理设计了一种新的探针(特殊的融合蛋白);新探针包含一个对已知蛋白激酶特异性的底物结构域,一个与磷酸化底物结构域相结合的磷酸化识别结构域。这个探针蛋白的两端是 GFP 的衍生物 CFP 与 YFP,利用 FRET 原理工作。当底物结构域被磷酸化后,分子内部就会发生磷酸化识别结构域与其结合而引起的内部折叠,两个荧光蛋白相互靠近就会发生能量迁移。如果磷酸酶进行作用将其去磷酸化,分子就会发生可逆性的变化。该研究小组用几组嵌合体来研究四种已知蛋白激酶的活性：PKA（protein kinase A)、Src、Abl、EGFR（epidermal growth factor receptor)。

Zhang 等将构建的报道探针转入细胞,根据 FRET 来检测激酶活性变化。对细胞进行生长因子处理后,几种酪氨酸激酶都在几分钟内被激活,检测到 25%~35% 的活性变化。用 forskolin 激活 PKA 能增强 FRET 效率 25%~50%,激酶在整个细胞质范围内被激活。如果将报道探针加上核定位信号使之定位于核中,则 FRET 变化被极大地延迟了,这也说明了 PKA 作用的区域性。由此可见,利用 FRET 方法可以很好地观察活细胞内酶活性变化,并且能做到定时、定量、定位，是一种非常有效的研究手段。

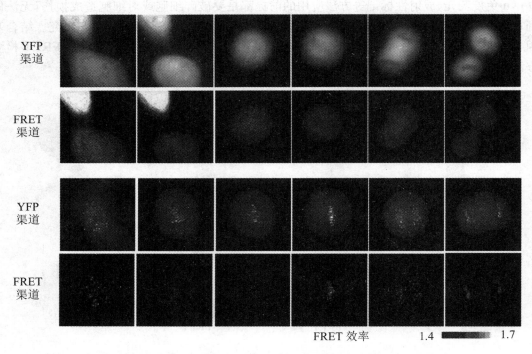

图 1-48　FRET 探针实时监测细胞内激酶活性的动态变化（参见彩图）

把 FRET 探针转入细胞中，FRET 效率的高低对应细胞内激酶活性的高低，结果可以表明在细胞分裂的不同时相，激酶的活性是有变化的

（2）关于细胞凋亡的研究

细胞凋亡过程大致可以分为三个不同的阶段：① 起始期：细胞通过不同途径接受多种与凋亡有关的信号；② 整合期：多种信号在此整合，细胞做出生存或死亡的决定；③ 执行期：一旦做出死亡的决定，即将进入一个不可逆转的程序。天冬氨酸特异的半胱氨酸蛋白酶（cysteinyl aspartate-specific protease，Caspase）在细胞凋亡的执行期发挥关键作用，近年来对其研究成为细胞凋亡领域的一个热点。而 FRET 技术的出现对此的研究提供了更为有利的条件：Reiko Onuki 等人利用 FRET 技术研究了 Caspase8 与 Bid 蛋白之间的相互作用，Caspase8 活化后作用 Bid 蛋白，使其裂解成两个片段，然后羧基片段转移到线粒体使其释放细胞色素 C 诱发细胞凋亡。

研究者将 Bid 蛋白两端分别与 CFP 和 YFP 融合，精心设计使其在没有被裂解前刚好可以发生 FRET，当 Bid 蛋白被裂解后 FRET 效应自然消失。这是一种很好的检测 Caspase8 酶活性的方法，而且当 Bid 蛋白与 CFP 和 YFP 融合之后仍能行使正常的功能。当融合物在细胞内被裂解后，连接 CFP 的片段转移到线粒体，通过 CFP 荧光可以很清楚地观测到其在细胞内的定位。另外 Markus Rehm 与 Kiwamu Takemoto 等人利用 FRET 技术设计了可以反映 Caspase3 酶活性变化的融合报告蛋白，通过此报告蛋白证实了在细胞凋亡过程中 Caspase3 酶活性变化是一个非常迅速的过程。

2．关于膜蛋白的研究

（1）受体激活效应在细胞膜上的横向扩散

膜蛋白的研究一直都是信号通路研究中的重点和难点。当细胞膜局部受外界刺激后，相应受体被激活然后向细胞内传导信号，可是在这之前是否会有细胞膜上的横向效应呢？近来 Peter 等人在 *Science* 上报道：细胞膜局部受刺激后，膜受体活化效应可迅速扩展到整个细胞膜。他们将膜受体 EGFR 与 GFP 融合，抗活化后的 EGFR 抗体用 Cy3 染料标记，刺激因子 EGF 用 Cy5 染料标记，这样可以很明显地看到 EGF 在细胞膜上的局部分布。当 EGF 作用细胞后，EGFR 活化并与其抗体结合，于是 GFP 与 Cy3 染料充分接近发生 FRET，利用此方法可以很明显地观测到细胞膜局部受刺激后，受体活化效应迅速扩散到整个细胞膜。

(2) 膜蛋白的定位修饰

我们知道膜蛋白是定位在细胞膜上不同的亚区域中，例如脂质筏（lipid rafts）和小窝（caveolae），小窝包含着丰富胆固醇、鞘磷脂和信号蛋白。Zacharias 等在 *Science* 上报道，酰基化足以使这些蛋白定位在脂质筏上。他们的研究是通过 FRET 技术，用 GFP 的突变体 CFP 和 YFP 来进行的。因为这些蛋白并没有细胞内定位序列，所以研究者将各种酰基化修饰的敏感序列加在这些蛋白上，研究它们在细胞膜上的分布。因为分布的微结构域非常小，所以当 CFP 和 YFP 共同分布在同一个微结构域时，就可以用 FRET 观测到。研究者最初是用激酶 Lyn 的酰基化序列加在这些荧光蛋白上，使 myristoyl 和 palmitoyl 侧链链接在 CFP 和 YFP 的氨基端。结果发现产生的 FRET 信号非常强，用能去除胆固醇而使小窝和脂质筏消失的 MCD（5-methyl-β-cyclodextrin）处理也不能使荧光消失，所以这说明荧光蛋白已经非常牢固地结合在了一起。然后研究者用亲水的基团代替荧光蛋白上疏水的基团时，发现聚合体形成被抑制了。

3. 细胞膜受体之间相互作用

外界刺激因素向细胞内的信号传递一般认为通过其在胞膜上的受体，当配体与受体结合后，引起受体构象变化或化学修饰，介导信号传递。但是最近关于 Fas 及其同源物 TNFR（均为胞膜上的三聚体受体）的研究发现：它们都可以在无配体存在的情况下自发组装，并介导信号传递，引发细胞凋亡。其中在鉴定 Fas 发生三聚体化的实验中使用了 FRET 技术：将 Fas 分别与 CFP 和 YFP 融合，利用此项技术可以很方便地观测到 Fas 单体是否发生聚合。Yogesh Patel 等人研究两种递质多巴胺与抑生长素，发现 SSTR5（the type 5 somatostatin receptor）与 D2R（type 2 dopamine receptor）共同分布在大鼠脑中的一些神经元中，他们将两者共表达，发现加入多巴胺能激活剂可以增强 SSTR5 与 somatostatin 的亲和性，加入多巴胺拮抗剂能抑制 SSTR5 的信号传递，表达 D2R 能恢复 SSTR5 突变体与腺苷环化酶的偶联。应用 FRET 技术（SSTR5 用红色染料标记，D2R 用绿色染料标记）发现了两者之间的直接相互作用。而且当两受体的配体都存在时才出现 FRET，说明两受体被激活时才发生相互作用。

4. 细胞内分子之间相互作用

Rho 家族的小 G 蛋白通过调节肌动蛋白的多聚化调控着重要的生理功能，像其他信号分子一样，这些 GTPase 的效应在时间和空间上都非常集中，Klaus Hahn 将 PAK1 的能结合并激活 Rac-GTP 的 domain PDB 与荧光染料 Alexa 标记，微注射入表达 GFP 与 Rac 融合蛋白的细胞中。这样，当 Rac 与 PDB 相互作用时，GFP 和 Alexa 就会足够接近以致发生 FRET。这种方法能够实时地检测到在一个活的细胞中 Rac 的定位改变与 Rac 激活之间的关系。

Matsuda 等人在 *Nature* 上报道关于细胞内 Ras 和 Rap1 激活，也是用了 FRET 技术：他们将 Ras 和 Raf 的 Ras 结合结构域（Raf RBD）与 GFP 的变种 YFP 和 CFP 进行融合构建。他们将 Ras 与 YFP 融合，Raf RBD 与 CFP 融合，当两分子靠得足够近时，它们之间就会激发 FRET，设计的蛋白 Raichu-Ras，Raichu 代表和 Ras 结合的嵌合单元。当把 Raichu-Ras 与特异性的 GEFs（guanine-nucleotide exchange factors）和 GAPs（GTPase-activating proteins）共表达时，清楚地显示 FRET 的增加和减少与 Ras 突变体的激活和抑制有关。此外，他们还用同样原理观测了 Rap1 激活。

作为一种重要的光物理技术，FRET 具有灵敏度高、适用范围广、受环境因素干扰少等特点，特别适合于生物体系、超分子体系等复杂系统中相互作用的研究。近年来荧光蛋白和镧系元素配合物的开发使用进一步扩展了 FRET 技术的应用范围。新 FRET 对的设计合成，新 FRET 体系的开拓以及将 FRET 技术与时间分辨荧光检测、激光共聚焦荧光显微、荧光漂白、荧光各向异性等光物理技术结合使用将成为未来 FRET 技术发展的主要方向。

1.3.4　双分子荧光互补技术

蛋白质相互作用和翻译后修饰的研究使人们对生物调控机制的认识取得了巨大的进展，蛋白质相互作用的研究方法也备受重视，出现了许多具有不同原理和应用特点的相关技术和方法。普渡大学 Chang-Deng Hu 教授在 2002 年最先报道了双分子荧光互补技术（bimolecular fluorescence complementation，BiFC），该技术作为一种用于研究活细胞中蛋白质间相互作用的新型方法引起了人们的关注。利用 BiFC 分析能够在活细胞生理环境中原位显示蛋白质相互作用，尤其是能在单细胞中同时显示多个蛋白质间的相互作用。近年来，基于 BiFC 原理的分析方法在蛋白质相互作用和翻译后修饰的研究中逐渐显现出其独特的应用价值。

BiFC 起源于蛋白质片段互补技术。所谓蛋白质片段互补技术（protein fragment complementation），是将某个功能蛋白切成 2 段，分别与另外 2 种目标蛋白相连，形成 2 个融合蛋白。在 1 个反应体系中，2 个目标蛋白的相互作用使得 2 个功能蛋白质片段靠近、互补，并重建功能蛋白质的活性，通过检测功能蛋白质的活性来判断目标蛋白质的相互作用。已经尝试用于该目的的功能蛋白包括泛素蛋白（ubiquitin）、β-半乳糖苷酶（β-galactosidase）、二氢叶酸还原酶（dihydrofolate reductase）、β-内酰胺酶（β-lactamase）以及几种荧光素酶，如萤火虫荧光素酶（firefly luciferase）、海肾萤光素酶（renilla luciferase）等。BiFC 沿袭了蛋白质片段互补的技术原理。所不同的是，蛋白质片段互补技术需要重建断裂蛋白的活性，蛋白活性由底物反应所体现，通过检测底物变化，来判断蛋白质的相互作用。而基于断裂荧光蛋白的 BiFC 技术则是利用荧光蛋白本身的一个特点，即荧光蛋白活性被重建后，能自我催化形成荧光活性中心，重新恢复荧光蛋白的特征光谱，自身作为报告蛋白，直接反映蛋白质之间的相互作用，因此技术过程更加简单，结果更加直观（图 1-49）。

绿色荧光蛋白 GFP 是由 238 个氨基酸残基组成的一个单体蛋白，其三维结构是由 11 个反向平行的 β 折叠环绕成 1 个桶状结构，1 个较长的 α 螺旋从桶的中心穿过，这些 β 折叠和 α 螺旋之间通过 Loop 环链接起来。荧光蛋白的发色团位于桶中心的 α 螺旋上，由荧光蛋白通过自体催化，将 3 个氨基酸残基 Ser652Tyr662Gly67 进行环化，氧化后形成。由于 GFP 结构致密，不易被蛋白酶水解，并且在厌氧细胞以外的任何细胞中都能自我催化发射荧光，

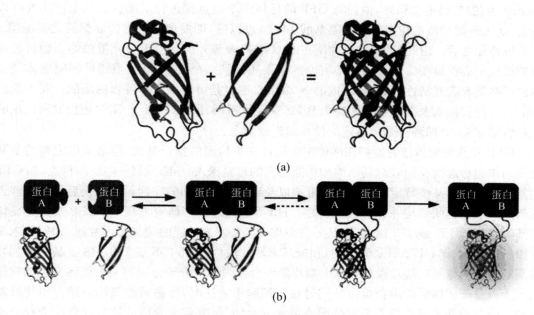

图 1-49 BiFC 的原理示意图

所以很快被应用于生命科学研究,将其融合于形形色色的蛋白上,用来研究蛋白质的功能。最初将 GFP 融合到目标蛋白的方式主要有 3 种,即 N 端融合、C 端融合或将整个荧光蛋白插入到目标蛋白中。这 3 种方式中,GFP 蛋白都是完整的。1998 年,Abedi 等首次尝试了 GFP 的另类使用方式,即将目标短肽插入到 GFP 中。他们从 GFP 的 Loop 区域选择了 10 个位点,将 20 个左右氨基酸组成的短肽分别插入,通过能否重新发射 GFP 的特征光谱,来筛选合适的插入位点。结果发现,在氨基酸 Gln1572Lys158 以及 Glu1722Asp173 之间插入短肽时,GFP 仍然能发射荧光。于是,他们以 GFP 作为支架蛋白,用其 Gln1572Lys158(此位点较 Glu1722Asp173 位点更能适应外源短肽)位点来筛选短肽库。1999 年,Baird 等在对 GFP 的突变体增强型青色荧光蛋白(ECFP)进行半随机突变时,偶尔发现在一个突变体的 Y145 位插入了 6 个新的氨基酸残基 FKTRHN,但是该突变体仍然发射荧光。这个偶然的发现表明,GFP 在某些位点插入外源片段时,仍能自发组装形成 GFP 的完整的三维结构。于是他们设计了一个循环排列实验,来验证 GFP 上还有哪些位点适合插入外源片段。循环排列方法通常被用来评估一个蛋白质的结构元件的功能,比如铰链区、松散的环以及结构域间或亚基间的界面对于蛋白质的折叠和稳定性的作用。循环排列是将蛋白质的 N 端和 C 端通过一个短肽连接起来,形成一个环状的中间态,然后在另外的位置将蛋白质切开,形成新的 N 端和 C 端。重新排列后的某些突变体蛋白质在体内或体外仍能形成类似该蛋白质的天然结构,并具有野生型蛋白质的活性。在对 GFP 及其突变体的循环排列研究中,将 GFP 的 cDNA 通过一个编码 6 个氨基酸短肽(GGTGGS)的核苷酸序列连成一个环状的 cDNA,然后从环状 cDNA 的任何地方切开,形成一个编码新 N 端和 C 端的蛋白质阅读框,插入到质粒中。在大肠杆菌中筛选能发射 GFP 荧光的单菌落。通过这种循环排列,他们发现有 10 个位点重排的 GFP 突变体仍能正确折叠并发射荧光。这 10 个位点既有存在于 Loop 区域的,也有存在 β 折叠片上的。这些位点被认为是可以插入外源片段的,并在部分位点得到验证。比较上述实验可以看出,两个实验室所得出的可插入位点大致相符,但后者

(Baird 等)的实验更加精细,他们将 GFP 的任何一个位点都进行了筛选。从上述实验可以看出,插入外源片段的位点都位于氨基酸 142 位点以后,即发色团所在的 α 螺旋之后的第 3 个 β 折叠片之后。由此可见,发色团所在的 N 端的大部分区域对于荧光蛋白的正确折叠及保护活性中心很重要。从序列重排实验的结果还得到一个启示,既然重排后的突变体荧光蛋白仍然具有荧光活性,那么新形成的 N 端和 C 端也是可以融合外源蛋白质的。荧光蛋白质的外源片段插入及循环排列实验为 BiFC 奠定了基础,BiFC 在拆分 GFP 蛋白时所选用的位点也都在 GFP 循环排列所鉴定的位点附近或其上。

GFP 及其突变体作为能够在活体中表达且易于检测的报告基因,通常是以完整的氨基酸序列作为标志物。随着对其结构和功能研究的日益深入,不断发掘一些新的特点,如 GFP 氨基酸序列中的某些特定位点与氨基末端以及羧基末端之间的序列循环互换后仍然能够正确折叠形成生色团结构并保持荧光特性。Hu 等通过进一步研究发现,在 GFP 及其突变体氨基酸序列的 155 或 173 位点,将其分裂为均不具备发光性能的荧光蛋白片段,即氨基末端片段(含 1-154 或 1-172 氨基酸序列)和羧基末端片段(含 155-238 或 173-238 氨基酸序列),当某些特定的氨基末端片段与羧基末端片段组合作为标记分子分别与两个能够发生相互作用的蛋白质配偶体形成融合蛋白并同时在活细胞中表达时,蛋白质配偶体的结合驱使氨基末端片段与羧基末端片段重新组装形成荧光复合物,恢复荧光效应。这一现象称为双分子荧光互补,能产生 BiFC 效应的氨基末端片段与羧基末端片段称为互补片段。

把荧光蛋白分割为两个功能蛋白质片段,这两个功能蛋白质片段质靠近、互补后可以重建荧光蛋白质的活性;图 1-49 表明把这两个功能蛋白质片段分别接上目标蛋白,如果这两个目标蛋白有相互作用,则空间上靠近的两个功能蛋白质片段可以重建荧光蛋白的活性,显微镜下即可观察到相应的荧光,如果目标蛋白没有相互作用,则功能蛋白质片段不会相互靠近,也就不会重建荧光蛋白,最终也就不会观察到荧光信号。

荧光蛋白片段的互补特性:按照不同的分裂位点,每个荧光蛋白可产生两个氨基末端片段和两个羧基末端片段,分别以 N155、N173 和 C155、C173 表示。BiFC 可发生于同一荧光蛋白的氨基末端片段与羧基末端片段之间,如 EYFP 的 N155 和 C155、N173 和 C173,也能发生于不同荧光蛋白的氨基末端片段与羧基末端片段之间,如 GFP 的 N173 和 EYFP 的 C173、EYFP 的 N173 和 ECFP 的 C155。某些荧光蛋白片段具有多重互补特性,能够与两种以上其他片段互补,如 EYFP 的 N173 能够与 EYFP 的 C173、C155 和 ECFP 的 C155 形成荧光复合物。但并非所有的荧光蛋白的氨基末端片段与羧基末端片段之间都能产生互补,至今尚未观察到 GFP 的氨基末端片段与羧基末端片段能形成荧光复合物。

BiFC 的光谱特性:荧光蛋白的三肽生色团结构(65~67 位氨基酸)位于氨基末端片段内,双分子荧光复合物的光谱特性主要取决于氨基末端片段。来源于同一荧光蛋白的互补片段形成的荧光复合物的激发光谱和发射光谱与对应的完整的荧光蛋白光谱一致,在某些情况下有红移现象发生,这可能与互补片段组装过程中生色团周围的氨基酸排列产生一定改变有关。来源于不同荧光蛋白的互补片段形成的双分子荧光复合物的激发光谱和发射光谱介于其来源的两种荧光蛋白光谱之间,与氨基末端片段来源的荧光蛋白光谱接近。总之,相对于天然荧光蛋白,双分子荧光复合物的荧光强度有不同程度的减弱。

自 BiFC 被发现以来,已经有多种荧光蛋白可以用于 BiFC 实验(表 1-4),最早确认的 12 种互补片段组合来源于 EGFP、EYFP 和 ECFP,分属 7 个不同的光谱类型。这些互补片段标记的融合蛋白载体转染细胞并稳定表达后,必须在低温(30 ℃)下预孵化 0~24 h 以促进互补片段组装形成的生色团成熟。为克服低温引起的应激刺激的影响,科学家们不断寻找新的性能优异的荧光蛋白互补片段(图 1-50)。现已证实 YFP 的两个新的突变体 Citrine 和 Venus 以及 ECFP 的改进型荧光蛋白 Cerulean,其氨基末端片段与羧基末端片段的所有组合均能在 37 ℃生理培养条件下产生荧光互补,这不仅明显缩短了反应时间,使形成的双分子荧光复合物的荧光强度提高 2 倍以上,并且需要转染的质粒数量也大大减少。

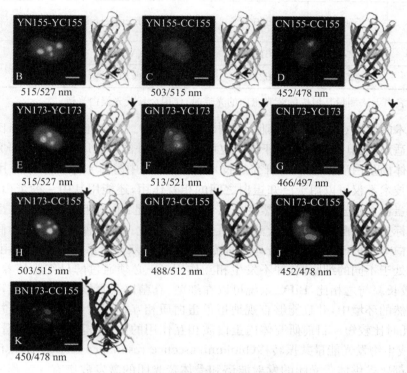

图 1-50　常用的荧光蛋白互补片段示意图

表 1-4　常用于 BiFC 的荧光蛋白

荧光蛋白	激发峰(nm)	发射峰(nm)	首次用的细胞类型或生物体	附加突变
EBFP	382*	448*	Mammalian(COS-1)	无
Cerulean	439	479	Mammalian(COS-1)	无
ECFP	452	478	Mammalian(COS-1)	无
EGFP	488	512	Bacteria(E. coli)	无
GFP-S65T	489*	510	Plant(Onion epidermis)	V163A
frGFP	485*	510*	Bacteria(E. coli)	无
sfGFP	503*	518*	Mammalian(HeLa)	无
Dronpa	503*	518*	Mammalian(HEK293)	无
EYFP	514/515	527	Mammalian(COS-1)	无
Venus	515	528	Mammalian(COS-1)	无

续表

荧光蛋白	激发峰(nm)	发射峰(nm)	首次用的细胞类型或生物体	附加突变
Citrine	516	529	Mammalian(COS-1)	无
mRFP	549*	570*	Plant（Tobacce BY2 and Onion epidermis)	Q66T
DsRed monomer	556*	556*	Plant (Onion epidermis)	无
mCherry	587*	610*	Mammalian(Vero)	无
mKate	587*	621*	Mammalian(COS-7)	S158A

注：* 代表当无法测量其组成的荧光蛋白的光谱时，使用全长荧光蛋白光谱。

一项技术的优缺点体现在和其他不同技术的比较中。和其他多数技术相比，双分子荧光互补技术适用范围广，既可以用于体内也可以用于体外的蛋白质相互作用研究，是其优点之一。用于体内蛋白质相互作用研究的技术有多种，其中酵母双杂交技术应用最为广泛。酵母双杂交技术不仅可以用于已知蛋白之间的相互作用，还能用其中一种蛋白去筛选与之相互作用的蛋白，但是这项技术仍然存在几个固有的不足：① 相互作用必须在酵母中进行，许多外源目标蛋白在酵母中表达天然活性已经发生变化；② 各种原因造成的假阳性，例如一些受试蛋白本身可能激活了报告基因的转录或在酵母双杂交系统中相互作用的蛋白在其天然环境中处于不同的细胞器，并不发生相互作用；③ 必须通过酵母细胞培养才能观察到结果，耗时较长。与之相比，BiFC 系统可以在细菌、真菌以及真核细胞中实施，所研究的蛋白处于其天然的环境中，并且能够直观地报道蛋白质相互作用在细胞中的定位研究，此外，BiFC 技术耗时比较短。目前研究体内蛋白质相互作用的主流方法是荧光能量共振转移技术(FRET)或生物发光能量共振转移(bioluminescence resonance energy transfer, BRET)。这两种方法都要求供体荧光团的发射波谱和受体荧光团的激发波谱有一定程度的重叠，并且距离在 10 nm 以内，以及受体发射的荧光强度是在假定受体没有吸收其他的光能量而只吸收了供体处于激发态时转移的能量，而供体需获取有或无受体时发射的荧光强度，因此，FRET 和 BRET 技术对仪器的要求高，需要复杂的数据分析。同时，这类方法检测的是供体和受体的荧光强度的变化。相比之下，BiFC 系统对仪器要求低、数据处理相对简单，由于只是检测荧光的有无，因而背景干净，检测更加灵敏。其他蛋白质片段互补技术主要通过检测底物的变化来间接地反映蛋白质间的相互作用，不能确定蛋白质相互作用的位置。由于重建后的荧光蛋白结构较稳定，双分子荧光互补技术还可以用于研究蛋白质之间的弱相互作用或瞬间相互作用。

BiFC 技术的最大缺陷是多个 BiFC 系统对温度敏感。温度高时，片段间不易互补形成完整的荧光蛋白。一般在 30 ℃ 以下形成互补效应好，温度越低，越有利于片段之间的互补，这就对研究细胞在生理条件下的蛋白质相互作用带来不利因素。目前，只有基于 Venus、Citrine 和 Cerulean 的 3 个双分子荧光互补系统可以在生理温度条件下实现片段互补。此外，BiFC 系统需要 2 个荧光蛋白片段互补，重新形成完整的活性蛋白以及发生荧光蛋白自体催化过程，不同的 BiFC 系统往往需要几分钟到几小时完成该过程，因此观察到的双分子荧光信号滞后于蛋白质的相互作用过程，不能实时地观察蛋白的相互作用或蛋白复合物的形成过程。

BiFC 系统虽然出现较晚，但应用的推广比较迅速。各种 BiFC 系统已经被成功用于多种蛋白质的相互作用研究，例如病毒、大肠杆菌、酵母细胞、丝状真菌、哺乳动物细胞、植物细胞，甚至个体水平的蛋白质之间相互作用研究。BiFC 也用于细胞内多个蛋白质之间的相互作用。不同颜色的双分子互补系统共用可以检测体内 2 组或多组的蛋白质相互作用，而 BiFC 与 FRET 联用可以检测 3 个蛋白质之间的相互作用。BiFC 还被用于筛选相互作用的目标蛋白质以及研究蛋白质构象的变化。BiFC 的应用简单示例如下：

1. 用于蛋白质相互作用的亚细胞定位

不同蛋白质通常分布在细胞的不同部位，成熟蛋白质必须在特定的细胞部位才能发挥其生物学功能。细胞周期的调控过程、细胞的信号转导和转录调控，都依赖于蛋白质空间位置的变化和运动。利用 BiFC 分析能够获取活细胞中蛋白质相互作用复合物的亚细胞定位信息，从而为我们推断蛋白质的生物学功能提供必要的基础。

利用 BiFC 对多种不同结构的转录因子之间的相互作用及其亚核定位的研究发现，在多数情况下，转录因子相互作用形成的复合物在胞核的分布相对于未发生相互作用时发生明显改变，由此证实了转录因子之间的相互作用对其亚核定位具有调控作用。在蛋白质相互作用复合物亚细胞定位的调控研究方面，BiFC 也显示出强大的优势。Hu 等发现 Jun 与转录激活因子 ATF2 相互作用形成的异源二聚体在应力活化蛋白激酶刺激下从胞质易位到胞核。BiFC 还应用于蛋白质复合物向不同的亚细胞区域募集的可视化研究，如鸟嘌呤核苷酸交换因子 GBF1 与 ADP 核糖基化因子 ARF1 形成的复合物在布雷菲德菌素 A 的刺激下向高尔基体募集；BCL2 家族蛋白 BIF1 和 BAX 相互作用产物在细胞凋亡诱导下重新定位于线粒体。

2. 在单细胞中同时显示多种蛋白质间的相互作用

利用不同的双分子荧光复合物之间的光谱差异，在单细胞中以不同颜色同时显示多种蛋白质间的相互作用产物，称为多色 BiFC 分析。多色 BiFC 分析的主要应用为：

（1）利用不同的互补片段组合显示多个二聚化蛋白复合物在同一个细胞中的分布。

（2）利用某些荧光蛋白片段具有两个以上互补片段的多重互补特性，研究多个功能各异的蛋白质与共同的相互作用配偶体之间竞争结合。

（3）通过比较具有不同光谱特点的荧光复合物之间的相对荧光强度，确定多个蛋白质相互作用复合物形成的相对效率。Fos、Jun 以及转录激活因子 ATF2 三者的所有配对组合均能发生二聚作用，在细胞中调节不同的基因转录。通过多色 BiFC 分析对 Fos、Jun 及 ATF2 之间交互作用相对效率的比较表明，在哺乳动物活细胞中，bFos-bJun 异源二聚体形成的效率比 bFos-bATF2 和 bJun-bATF2 更高。在 Myc/Max/Mad 转录因子调节网络中，Myc 和 Mad 家族蛋白均通过与 Max 蛋白的二聚作用分别实现对细胞生长和增殖的正向和负向调节，Myc 和 Mad 家族蛋白同时与 Max 发生二聚作用的竞争结果最终决定 Myc/Max/Mad 网络对细胞增殖的调控。Grinberg 等利用多色 BiFC 对 Max-bMyc 和 Max-Mad 二聚体形成的相对效率进行分析，发现 Mad3-Max 异源二聚体形成效率低于 bMyc-Max，而 Mad4-Max 异源二聚体形成效率高于 bMyc-Max，从而揭示 Mad3、Mad4 对细胞生长增殖的不同调控机制。

3. 鉴别酶-底物复合物

在酶-底物的相互作用中，底物特异性以及酶作用部位的识别有助于其新功能的发现。Blondel 等利用 BiFC 技术研究泛素 E3 连接酶 Grr1 与胞质分裂调控因子 Hof1 在酿酒酵母有丝分裂期的相互作用,发现 Grr1 诱导的 Hof1 降解是酵母胞质分裂过程中引起肌动球蛋白收缩的重要步骤。BiFC 也成功用于激酶、鸟嘌呤核苷酸交换因子与底物相互作用的鉴定。

4. 翻译后修饰

许多蛋白质之间的相互作用取决于特定的翻译后修饰,如溴区包含蛋白 Bromodomain 家族成员 BRD2 与乙酰化组蛋白 H4 之间的结合必须以 BRD2 含有溴基域,同时组蛋白 H4 具有含乙酰化作用位点的尾部结构为前提。ERGIC53 受体与组织蛋白酶 C 或组织蛋白酶 Z 之间的相互作用必依赖于 ERGIC53 受体的 lectin 结合域以及配体的糖基化。因此,通过荧光互补现象的观察能够直接检测蛋白质相互作用所必需的特定的翻译后修饰是否发生。

5. 泛素与蛋白底物共价结合的可视化研究

泛素及其类似物(ubiquitin-like modifiers,ubls)与各种底物蛋白形成共价结合以后,通过介导蛋白质降解以及改变蛋白质的细胞定位、蛋白质的酶活性、蛋白质之间的相互作用影响这些底物的功能与活性。泛素/ubls 与靶蛋白质之间的共价结合能够促进与其融合的荧光蛋白互补片段结合而形成荧光复合物。尤其是当细胞内存在大量未修饰蛋白质时,利用 BiFC 能够选择性地显示那些发生泛素化修饰的蛋白质小亚群。Jun 蛋白与泛素家族不同成员相互作用的 BiFC 分析显示,Jun 蛋白与泛素的共价结合使 Jun 蛋白从核转移到胞质溶酶体小囊泡,Jun 蛋白与泛素类似物 SUMO1 的结合使 Jun 蛋白从核质和核仁转运到亚核部位,并且 Jun 蛋白与泛素、SUMO1 的共价结合产物在同一细胞内的分布无重叠。利用 BiFC 技术对泛素/ubls 与蛋白底物结合产物进行可视化,将成为研究活细胞生理环境中蛋白底物的泛素化及其对蛋白底物生理功能调节作用的有力工具。

从 2002 年首次报道以来,BiFC 技术在理论基础和应用方面取得了很大进展,但作为一种新近发展的用于蛋白质间相互作用研究的方法,BiFC 技术本身还存在一些局限,如互补片段之间可能发生不依赖蛋白质间相互作用的自发结合而产生背景荧光;互补片段重新组装形成成熟的生色团往往需要数小时,限制了 BiFC 技术对蛋白质相互作用的实时检测;互补片段结合的可逆性尚存在争议等。随着 BiFC 基础理论研究的深入和新的性能优异的互补片段的发掘,BiFC 技术必将在蛋白质相互作用以及翻译后修饰的研究中具有更加广泛的应用前景。

1.3.5 荧光寿命成像技术

荧光寿命成像显微镜(fluorescence lifetime imaging microscopy,FLIM)是一种光学成像技术,实验图像中像素的亮度代表荧光寿命,而非荧光强度。荧光寿命是分子受激发射光子之前保持其激发态的特征时间。荧光寿命不仅取决于特定的荧光团,还受分子间相互作用的影响,因而荧光寿命成像可以用于区分分子相互作用的不同阶段,并且由于荧光寿命不随分子浓度变化而改变,因此荧光寿命成像非常适合分子层次的生化反应的研究。

荧光分子包含多个能态 S_0、S_1、S_2 和三重态 T_1,每个能态都包含多个精细的能级。正常情况下,大部分电子处在最低能态即基态 S_0 的最低能级上,当荧光分子被光束照射,会吸收光子能量,电子被激发到更高的能态 S_1 或 S_2 上,在 S_2 能态上的电子只能存在很短暂的时间,便会通过内转换过程跃迁到 S_1 上,而 S_1 能态上的电子亦会在极短时间内跃迁到 S_1 的最低能级上,而这些电子会存在一段时间后通过振荡弛豫辐射跃迁到基态,这个过程会释放一个光子,即荧光。此外,亦会有电子跃迁至三重态 T_1 上,再由 T_1 跃迁至基态,但是该过程发生概率较荧光辐射概率而言可以被忽略(图 1-51)。

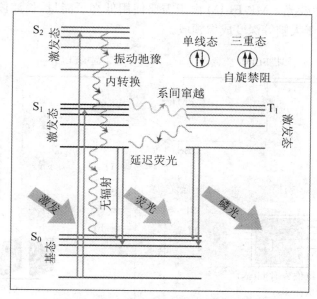

图 1-51　荧光分子能级结构及跃迁示意图

荧光的特性包含有:荧光激发和发射光谱、荧光强度、量子效率、荧光寿命等,其中,荧光寿命是指荧光分子在激发态上存在的平均时间(纳秒量级)。

荧光分子的荧光寿命在几纳秒至几百纳秒之间,因此,测量荧光寿命需要极快响应时间的探测器。如今主要存在两类方案:

一是时域测量,由一束窄脉冲将荧光分子激发至较高能态 S_1,接着测量荧光的发射概率随时间的变化。典型的时域测量方法有 TCSPC 和时间门(TG)两种。TCSPC 利用快速秒表测量激发脉冲与探测荧光之间的时间差。使用高重复脉冲激发光激发样品,在每一个脉冲周期内,最多激发荧光分子发出一个光子,然后记录光子出现的时刻,并在该时刻记录一个光子,在下一个脉冲周期内也是相同的情况,经过多次计数可以得到荧光光子随时间的分布曲线。TG 则探测不同时间窗口内的荧光强度,通过曲线拟合得到荧光寿命。时域测量方法对于荧光强度较弱的样品可以得到更好的时间分辨率和更高的信噪比,并且测量方法更为简单,易于掌握。而当样品荧光强度较高时,由于使用的电子器件处理速率限制,无法准确提取荧光寿命信息。

二是频域测量,对连续激发光进行振幅调制后,分子发出的荧光强度也会受到振幅调制,两个调制信号之间存在与荧光寿命相关的相位差,因此可以测量该相位差计算荧光寿命。频域测量法,采集速度快,可以测量短时间内的生物细胞运动情况,一般用于荧光强度足够强的样品中。

FLIM 已被应用在两种显微技术的装置结构上,分别为激光扫描共聚焦显微技术(LSM)和宽场照明显微技术(WFM)(图 1-52)。

LSM 采用激光作为光源,包括共聚焦荧光寿命显微成像技术(CLSM-FLIM)和多光子荧光寿命显微成像技术(MP-FLIM)。CLSM-FLIM 利用针孔滤去焦平面外的背景噪声,接着通过振镜对样品进行二维平面上的扫描,配合目镜对轴向的扫描,可以实现 3D 成像。

MP-FLIM 则引入了多光子成像，以双光子成像为例，若两个光子能量值之和等于荧光分子基态 S_0 与激发态 S_1 的能级差，则荧光分子能同时吸收两个光子，使电子被激发至 S_1 能态，并发生辐射跃迁产生荧光。MP-FLIM 由于需要使用低光子能量、长波段的光源，所以受散射影响更小，多被用于大脑等深度成像领域。

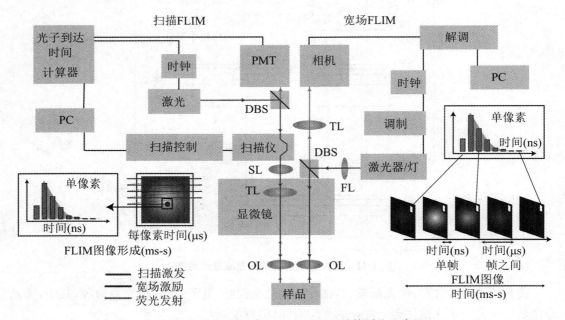

图 1-52 LSM-FLIM 与 WFM-FFLIM 结构对比示意图

WFM 采用平行光照明样品，物镜收集整个视场内样品发出的荧光并利用相机记录。WFM-FLIM 具有更快的成像速度，更小的光损伤，但是由于每个像素值均受其他像素位置的散射光影响，所以信噪比不如 LSM。现今，TCSPC、TG 等时域荧光寿命检测技术和频域解调荧光寿命的技术均已被成功应用于 WFM，实现生物组织的快速成像。

图 1-53 为小鼠肿瘤自发荧光的 FLIM 成像结果。（a）为乳腺小鼠肿瘤的 NAD（P）H FLIM（热图）叠加在胶原蛋白（灰度）的 SHG 图像上；比例尺为 100 μm。（b）为代谢抑制后溶液和大鼠皮层中的平均 NAD（P）H 寿命。

1.3.6　膨胀显微成像技术

目前虽然已有许多可以突破衍射极限的超分辨显微镜问世，但是这些商业化超分辨显微镜的价格昂贵，维修成本高，使用步骤复杂，因此限制了这些高端显微镜在普通实验室的应用。2015 年，麻省理工学院的 Edward Boyden 教授将物理放大技术与普通光学显微镜结合，发明了一种新型成像技术——膨胀显微镜（expansion microscopy，ExM）。膨胀显微镜的原理：首先使用抗体识别样品中的目标细胞成分或蛋白质，并且在该抗体上通过二抗和互补寡核苷酸连接荧光染料以及可参与后续自由基聚合反应的甲基丙烯酰氧"锚点"基团。随后加入单体、交联剂等，再引发单体的聚合形成聚丙烯酸凝胶。然后加入蛋白酶水解样品中那些阻止或者影响凝胶吸水均匀膨胀的蛋白质（不影响目标蛋白质），再加入水使得凝胶吸水膨胀，把样品撑大。由于"锚点"基团的存在，目标蛋白质被固定在聚丙烯酸链上，这就保

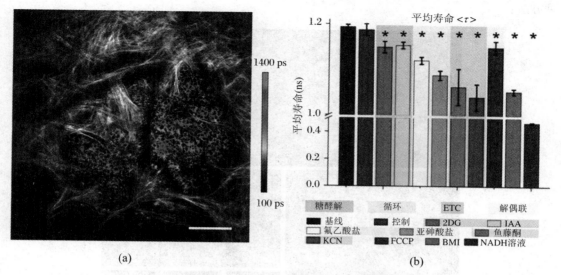

图 1-53　小鼠肿瘤自发荧光的 FLIM 成像结果

引自 Datta R，Heaster T M，Sharick J T，et al. Fluorescence lifetime imaging microscopy：fundamentals and advances in instrumentation，analysis，and applications[J]．J Biomed Opt，2020，25（7）：1-43.

证了凝胶膨胀过程中目标蛋白质相对于组织样品的整体结构来说相对位置保持相同。该技术借助可膨胀水凝胶均匀地物理放大生物样本，凝胶－样本复合物吸水后可实现 4.5 倍的线性膨胀，膨胀后样本成像的长度误差小于 1%。膨胀后样本透明度提高，因为凝胶的折射率与水相近，所以能有效减少激发光在膨胀样本中的多重散射，提升深层次轴向成像效果。在常规光学成像条件下实现超分辨成像（X、Y 轴分辨率能达到 70 nm）。膨胀显微成像技术适用于细胞、组织切片等多种类型生物样本。蛋白质、核酸、脂质等生物大分子也可借助膨胀显微成像技术进行超分辨成像。膨胀显微成像技术无需使用特殊荧光染料，膨胀后的样本适用于大多数显微成像设备，可以直接与激光共聚焦显微镜、去卷积显微镜、光片显微镜、超高分辨显微镜等多种显微镜联合使用，进一步提高成像分辨率，还能够实现 STED 等超分辨技术难以实现的多色超高分辨率成像。

图 1-54 为 Edward Boyden 教授研究组使用传统的共聚焦显微镜，对约 10^7 μm^3 的小鼠海马组织样品进行三色超分辨率成像，以约 70 nm 的分辨率获得了细胞和脑组织的结构图像。

膨胀显微成像技术的基本流程为（图 1-55）：① 经化学固定后的生物样本与特异性一抗以及连接有寡核苷酸链的二抗偶联；② 两端分别连接有甲基丙烯酰基和化学发光基团的寡核苷酸链作为锚定分子，与二抗上的另一条链互补配对，荧光标签被靶向标记到特异性生物分子上，并在后续过程中经甲基丙烯酰基的自由基聚合反应被锚定在凝胶网络中；③ 标记后的生物样本被浸没在丙烯酸钠、丙烯酰胺和甲叉双丙烯酰胺组成的单体溶液中，加入促凝剂四甲基乙二胺和引发剂过硫酸铵后，单体分子与促凝剂连同锚定分子发生自由基聚合反应，形成凝胶－样本复合物；④ 在蛋白酶 K 的作用下，样本蛋白质分子的内源性相互作用被破坏，复合物的力学性能更为均一；⑤ 凝胶-样本复合物吸水膨胀，荧光信号分子在锚定分子的作用下，随着水凝胶网络的展开而相互分离。

在膨胀显微成像技术中，如何将生物分子锚定到凝胶中至关重要。目前主要有下列几种方法：

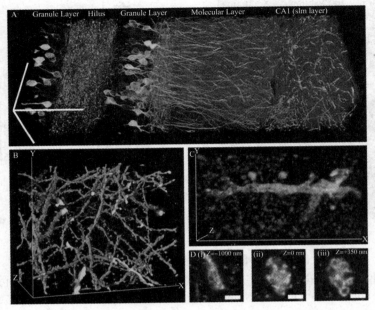

图 1-54 基于膨胀显微镜技术的小鼠脑组织 3D 超分辨率显微图像（参见彩图）

引自 Chen F，Tillberg P W，Boyden E S. Optical imaging. Expansion microscopy[J]. Science，2015，347（6221）：543-548.

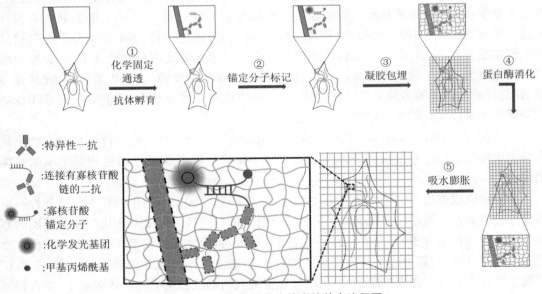

图 1-55 膨胀显微成像技术的基本流程图

（1）合成三功能的 DNA 链或者化学小分子，分别带有锚定基团、报告基团以及识别基团。

（2）利用丙烯酰胺活性酯与生物分子上的氨基酸残基反应，在生物分子上修饰上丙烯酰胺。

（3）利用戊二醛对生物分子上的氨基进行交联，与聚合物凝胶形成互穿聚合物网络，游离的醛基也可以在聚合过程中与凝胶中的游离氨基偶联，从而达到将生物分子锚定到凝胶中的目的。

膨胀显微成像技术可在常规光学成像条件下，实现生物样本的纳米级超分辨成像。近年来开发的各种膨胀显微成像的衍生技术，优化了膨胀显微成像技术的实验方案，扩展了膨胀显微成像技术的应用领域。通过与其他显微成像技术联用，膨胀显微成像技术可进一步将样本的光学分辨率提升至 10～60 nm，以解析更加细微的生物结构。大尺寸动物组织样本、贴壁细胞等多种类型的生物样本，都可运用膨胀显微成像技术获得更高的成像分辨率。但膨胀显微成像技术仍存在一些技术与应用缺陷，例如膨胀后出现样本抗原表位部分缺失、深度成像时由于凝胶折射系数的细微差异而出现球面像差以及膨胀后样本的畸变现象等。未来，随着研究的深入，上述缺陷将进一步被克服，膨胀显微成像技术也将在生物医学领域发挥更大作用。

第 2 章　细胞的形态结构

细胞是生命活动的基本结构单位和功能单位,它的体积很小,大多数细胞的直径为 10~100 μm,细胞内的一些结构的体积更小,如线粒体、高尔基体、中心体、核仁、染色体等,这些细胞器的大小一般为 20 nm~10 μm。人眼的分辨率一般只有 0.2 mm,因此我们必须借助于显微镜来观察细胞的形态特征和内部的细胞器结构。光学显微镜的分辨率为 0.2 μm,电子显微镜分辨率为 0.2 nm,通常在光学显微镜下观察到的结构称为显微结构,而在电子显微镜下能观察到的更加微细的结构,则称为亚显微结构或超微结构。

实验 1　线粒体和叶绿体的活体染色

【实验目的】

掌握动、植物细胞活体染色的原理和相关的技术。

【实验原理】

活体染色是指能对生活有机体的细胞或组织着色,但又无毒害的一种染色方法。目的在于显示生活细胞内的某些天然结构,而不影响细胞的生命活动和产生任何物理、化学变化以致引起细胞的死亡。活体染色技术可用来研究生活状态下的细胞结构和生理、病理状态。

根据所用染色剂的性质和染色方法不同,通常把活体染色分为体内活染和体外活染两类。体内活染是以胶体状的染料溶液注入动、植物体内,染料的胶粒固定、堆积在细胞内某些特殊结构里,达到识别的目的。体外活染又称超活染色,它是由活的动、植物分离出部分细胞或组织小块,以染料溶液浸染,染料被选择固定在活细胞的某种结构上而显色。

活体染色之所以能固定、堆积在细胞内某些特殊的部分,主要是染料的"电化学"特性起作用。碱性染料的胶粒表面带阳离子,酸性染料的胶粒表面带有阴离子,而被染的部分本身也是具有阴离子或阳离子,这样,它们彼此就发生了吸引作用。但不是任何染料都可以作为活体染色剂使用,应选择那些对细胞无毒性或毒性极小的染料配成稀的溶液来使用。一般以碱性染料最为常用,因为碱性染料具有溶解类脂质的特性,易于被细胞吸收,如中性红、詹纳斯绿、次甲基蓝、甲苯胺蓝、亮焦油紫等。其中詹纳斯绿和中性红两种碱性染料是活体染色剂中最常用的染料,分别对线粒体和液泡系有特异性的染色。

　　叶绿体是植物细胞特有的能量转换细胞器,其主要功能是进行光合作用。有些生物体内的物质受激发光照射后可直接发出荧光(称为自发荧光),如叶绿素的火红色荧光(图 2-1)。有的生物材料本身不发荧光,但它吸收荧光染料后同样也能发出荧光(称为间接荧光),如叶绿体吸附吖啶橙后可发出橘红色荧光(图 2-2)。吖啶橙(acridine orange)是一种荧光色素,其滤色片激发波长为 488 nm,阻断波长为 515 nm。吖啶橙可以和细胞中的 DNA 和 RNA 结合,并发出不同颜色的荧光(即着色特异性):DNA 是高度聚合物,吸收荧光物质的位置较少,结合吖啶橙后发绿色荧光;RNA 聚合度低,能和荧光物质结合的位置多,结合吖啶橙后发红色荧光。

图 2-1　游离叶绿体的火红色自发荧光(参见彩图)

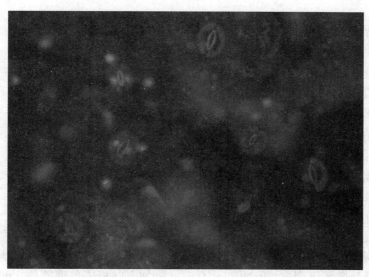

图 2-2　徒手切片的吖啶橙染色照片,叶绿体为橘红色,细胞核为绿色(参见彩图)

线粒体是细胞的"动力工厂",是细胞内氧化磷酸化和形成 ATP 的主要场所。詹纳斯绿 B(Janus green B)对线粒体具有专一性的染色,是毒性最小的碱性染料之一。詹纳斯绿 B 染色是由于线粒体中的细胞色素氧化酶系的作用,使染料始终保持氧化状态而呈蓝绿色,周围的细胞质被还原成无色的色基。

【实验仪器、材料和试剂】

1. 仪器、用具

显微镜、解剖盘、剪刀、镊子、解剖刀、吸管、载玻片、盖玻片、擦镜纸、吸水纸等。

2. 材料

新鲜菠菜叶、小白鼠。

3. 试剂

叶绿体:0.35 mol/L 氯化钠溶液、0.01%吖啶橙染液。

线粒体:Ringer 溶液、詹纳斯绿 B 染液。

(1) Ringer 溶液:

NaCl	8.5 g
NaHCO$_3$	0.20 g
KCl	0.14 g
Na$_2$PO$_4$	0.10 g
蒸馏水	加至 1000 mL

(2) 1%和 1/5000 詹纳斯绿 B 溶液:称取 0.5 g 詹纳斯绿 B 溶于 50 mL Ringer 溶液中,稍加热(30~40 ℃)使之很快溶解,用滤纸过滤,即成 1%原液。临用前,取 1%原液,加入 49 mL Ringer 溶液混匀,即成 1/5000 工作液,装入棕色瓶备用,以保持它的充分氧化能力。

【方法与步骤】

1. 叶绿体的活体染色

(1) 叶绿体悬浮液

① 选取鲜嫩的菠菜叶,清洗后除去叶梗及粗的叶脉,称适量叶子放于研钵中,加入 5 mL 0.35 mol/L 氯化钠溶液,研磨制成匀浆液后通过 6 层纱布过滤到烧杯中。

② 取 4 mL 滤液在 1000 r/min 4 ℃下离心 2 min。弃去沉淀。

③ 将上清在 3000 r/min 4 ℃下离心 5 min,弃去上清液,沉淀就是叶绿体,用适量的氯化钠溶液重悬沉淀制成悬液。

④ 滴 1 滴悬液在载玻片上,在普通显微镜和荧光显微镜下观察,再取一份滴加 0.01%吖啶橙染色后放于荧光显微镜下观察。

(2) 徒手切片

将菠菜叶置于载玻片上,加上 2 滴 0.35 mol/L 氯化钠溶液,用手术刀片与水平方向成 30°角将菠菜叶切削成一个斜面(尽可能选择较薄的部分切),用盖玻片轻轻压平后在普通光学显微镜和荧光显微镜下观察,再制作一个切片,滴加吖啶橙染色液染色 2 min,洗去染液后加上盖玻片并在荧光显微镜下观察。

2. 线粒体的活体染色

（1）动物细胞线粒体活体染色的观察

① 取样染色：颈椎脱臼处死小白鼠，置于解剖盘中，迅速打开腹部，取一小块肝边缘较薄的肝组织，放入盛有 Ringer 液的表面皿内，洗去血液。

② 取另一干净表面皿，滴加 1/5000 詹纳斯绿 B 溶液，再将肝组织块移入染液，但不可将组织块完全浸没，要让组织上面部分半裸露在外面，这样细胞内的线粒体酶系可充分得到氧化，易被染色。当组织块边缘被染成蓝绿色即可（一般需染 20～30 min）。

③ 分离细胞：染色后，用两根解剖针同时左右手操作，将两根针压住组织块，然后右手稍稍用力拉开组织块，这样就会有一些细胞或细胞群和组织块分离开。

④ 封片：用吸管将分离的细胞吸起，滴 1 滴在载玻片上，盖上盖玻片。

在高倍镜或油镜下观察，可见肝细胞中的线粒体染成蓝绿色，呈颗粒状或线条状，在细胞核周围分布特别多。

（2）植物细胞线粒体活体染色的观察

① 用吸管吸取 1/5000 詹纳斯绿 B 染液，滴 1 滴在干净的载玻片上，然后用镊子撕取一小块洋葱鳞茎内表皮，置于染液中，染色 10～15 min。

② 吸去染液，加 1 滴 Ringer 液，注意使内表皮展平，盖上盖玻片，显微镜观察。在高倍镜下，可见表皮细胞中央被一大液泡所占据，细胞核被挤至旁边，线粒体染成蓝绿色，呈颗粒状或线条状。

【作业】

（1）简述液泡系中性红活体染色及线粒体詹纳斯绿 B 活体染色的原理。

（2）分别绘图示液泡和线粒体形态和分布。

实验 2　植物细胞骨架的光学显微镜观察

【实验目的】

了解植物细胞骨架的结构特征及其制备技术。

【实验原理】

细胞骨架（cytoskeleton）是由细胞骨架蛋白质组成的复杂网状结构，根据其组成成分和形态结构可分为微管、微丝和中间纤维。它们对细胞形态的维持，细胞的生长、运动、分裂、分化，物质运输，能量转换，信息传递，基因表达等起到重要作用。用特定的去污剂处理细胞时，可溶解抽提细胞质膜中及细胞质中的蛋白质和全部脂质，但细胞骨架系统的蛋白质不受破坏而被保存,戊二醛固定后用考马斯亮蓝 R250 染色,可在普通光学显微镜下观察到由微丝组成的网状结构的微丝束(图 2-3)。

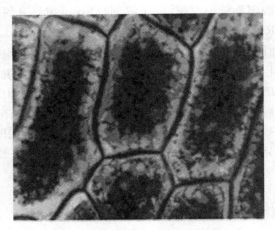

图 2-3　洋葱鳞茎表皮细胞骨架

【实验仪器、材料和试剂】

1. 仪器、用具

普通光学显微镜、50 mL 烧杯、玻璃滴管、容量瓶、试剂瓶、载玻片、盖玻片、镊子、小剪刀、吸水纸、擦镜纸等。

2. 材料

洋葱鳞茎。

3. 试剂

(1) M 缓冲液:50 mmol/L 咪唑、50 mmol/L KCl、0.5 mmol/L $MgCl_2$、1 mmol/L EGTA、0.1 mmol/L EDTA、1 mmol/L 巯基乙醇或 DTT(二硫苏糖醇)。

(2) 6 mmol/L(pH 为 6.8)磷酸缓冲液(用 $NaHCO_3$ 调 pH)。

(3) 1%Triton X-100,用 M 缓冲液配制。

(4) 0.2%考马斯亮蓝 R250,其溶剂为:甲醇 46.5 mL、冰醋酸 7 mL、蒸馏水 46.5 mL。

(5) 3%戊二醛,用 6 mmol/L(pH 为 6.8)磷酸缓冲液配制。

(6) 50%乙醇、70%乙醇、95%乙醇。

(7) 叔丁醇、正丁醇、二甲苯、中性树胶。

【方法与步骤】

(1) 撕取洋葱鳞茎内表皮(约 1 cm² 大小若干片)置于装有 6 mmol/L 磷酸缓冲液的 50 mL 烧杯中,使其下沉。

(2) 吸去磷酸缓冲液,用 1%Triton X-100 处理 20～30 min。

(3) 吸去 Triton X-100,用 M 缓冲液洗 3 次,每次 10 min。

(4) 3%戊二醛固定 0.5～1 h。

（5）pH 为 6.8 的磷酸缓冲液洗 3 次，每次 10 min。

（6）0.2% 考马斯亮蓝 R250 染色 20～30 min。

（7）用蒸馏水洗 1～2 次，细胞放置在载玻片上，加上盖玻片后，置于普通光学显微镜下观察。

（8）如观察效果好，可制作成永久切片。

在有样品的 50 mL 烧杯中，依次通过如下药物（每次 5～10 min）：50% 乙醇、70% 乙醇、95% 乙醇、95% 乙醇＋叔丁醇（体积比 1∶1）、叔丁醇；或者顺利通过正丁醇、正丁醇、二甲苯、二甲苯（每次 10 min），然后捞取样品，平展于载玻片上，经镜检，效果好的，可加 1 滴中性树胶，盖上盖玻片，即成永久片。

【作业】

（1）绘出植物细胞骨架微丝结构图。

（2）分析和记录在光学显微镜下观察到的细胞骨架的形态特征。

（3）分析 Triton X-100 的作用及是否可以用别的去污剂代替。

实验 3　细胞骨架的免疫荧光显示（Ⅰ）——动物微管的观察

【实验目的】

（1）学习用间接免疫荧光法显示动物细胞微管技术。

（2）了解动物细胞内微管的结构特征。

【实验原理】

微管（microtubule）是真核细胞所特有并普遍存在的结构，它是由微管蛋白 α 和微管蛋白 β 二聚体和少量微管结合蛋白（MAP）聚合而成的管状纤维，在不同类型的细胞中微管具有相同的基本形态：微管蛋白二聚体螺旋盘绕装配成微管的壁，13 个二聚体绕一周，这是单管；它们又可以进一步组装成二联管（纤毛和鞭毛）或三联管（基体和中心粒）。观察微管可用电镜和免疫组织化学方法，其中较常用的有间接免疫荧光技术。用抗微管蛋白的一抗（如 DM1a 等）与细胞一起孵育，该抗体将与胞质中的微管（抗原）特异结合，然后再加荧光素标记的二抗（如异硫氰酸荧光素标记的羊抗兔抗体）共同孵育，二抗与一抗结合可以使微管间接地标上荧光素。偶联有荧光素的微管在荧光显微镜下用一定波长激发光照射，即可以根据荧光显示出微管的形态和分布。间接免疫荧光法特异性和灵敏度均较高，广泛用于生物大分子或结构的定位和形态显示。

【实验仪器、材料和试剂】

1. 仪器、用具

荧光显微镜、载玻片、35 mm 培养皿、指甲油、石蜡膜、塑料盒等。

2. 材料

(1) 培养在盖玻片上的动物细胞。

(2) 细胞涂片、组织块冰冻切片、石蜡切片、塑料包埋切片、铺片(小血管、胃肠道、胆管、心脏等可分层剥离铺片,用甲醛-明胶液粘在载玻片上,注意某些动物细胞微管不发达、形态不典型,如分化成熟的红细胞、粒细胞、淋巴细胞、巨噬细胞等,一般不宜采用)。

3. 试剂

(1) 0.01 mol/L 磷酸盐缓冲液(pH 为 7.2):

0.2 mol/L Na_2HPO_4	10 mL	1.44 g
0.2 mol/L NaH_2PO_4	1.8 mL	0.24 g
NaCl	137 mmol/L	8 g
KCl	2.7 mmol/L	0.2 g
蒸馏水	加至 1000 mL	

(2) PHEM 缓冲液:

PIPES	100 mmol/L
HEPES	20 mmol/L
EGTA	5 mmol/L
$MgCl_2$	2 mmol/L
Glycerol	4 mol/L

用 NaOH 调 pH 至 6.9~7.0。注意先用 8 mol/L 的浓 NaOH 调节,然后用较稀的 NaOH 溶液小心调制。

(3) 固定液:4%甲醛 PBS 溶液。

(4) 0.1%Tween-20 PBS 溶液(PBST)。

(5) 1%和 0.3%的 Triton X-100(用 PBS 溶液配制)。

(6) 兔抗微管蛋白抗体(一抗)和 FITC-羊抗兔抗体(二抗)。

(7) 抗淬灭剂。

【方法与步骤】

(1) 细胞培养在 12 mm×12 mm 的盖玻片上,长至密度大约 60%时取出放在铺有石蜡膜的 35 mm 培养皿中(长有细胞的一面向上),用 PHEM 缓冲液轻轻漂洗细胞 1 min。

(2) 0.1%Triton X-100(PHEM 溶液中)预温到 37 ℃,处理细胞 1 min。

(3) 用 4%甲醛 PBS 溶液在室温下固定样品 5 min。

(4) 在盖玻片上滴加 500 μL PBST 缓冲液润洗细胞,重复 3 次。

(5) 在盖玻片上滴加 100 μL 1% BSA PBST 溶液,室温下封闭盖玻片 30 min。

(6) 在盖玻片上滴加 60 μL 兔抗微管蛋白抗体(一抗),在湿盒中避光孵育 60 min。

（7）吸去一抗，在盖玻片上滴加 500 μL PBST 缓冲液润洗细胞，重复 3 次。

（8）在盖玻片上滴 60 μL FITC 羊抗兔抗体（二抗），在湿盒中避光孵育 45 min。

（9）在盖玻片上滴加 500 μL PBST 缓冲液润洗细胞，重复 3 次。

（10）吸去二抗，在盖玻片上滴加 500 μL PBS 缓冲液润洗细胞，润洗 3 次。

（11）在载玻片上滴上 2 μL 抗淬灭剂，把盖玻片上长有细胞的一面倒扣在载玻片上。

（12）用吸水纸轻轻吸去盖玻片背面的液体后在盖玻片周围涂上指甲油封片。

（13）用荧光显微镜观察。蓝光激发，微管呈黄绿色荧光。

【作业】

（1）绘出动物细胞微管在细胞内的分布图。

（2）分析动物细胞微管的形态特征与分布特点。

实验 4　细胞骨架的免疫荧光显示（Ⅱ）——植物细胞微管的观察

【实验目的】

（1）学习用间接免疫荧光法显示植物原生质体质膜内的微管。

（2）了解植物细胞内微管的结构特征。

【实验原理】

微管是真核细胞所特有并普遍存在的结构，它是由微管蛋白 α 和微管蛋白 β 二聚体和少量微管结合蛋白聚合而成的管状纤维，在不同类型的细胞中微管具有相同的基本形态；微管蛋白二聚体螺旋盘绕装配成微管的壁，13 个二聚体绕一周，这是单管；它们又可以进一步组装成二联管（纤毛和鞭毛）或三联管（基体和中心粒）。观察微管可用电镜和免疫组织化学方法，其中较常用的有间接免疫荧光技术。用抗管蛋白的抗体与细胞一起孵育，该抗体将与胞质中的微管（抗原）特异结合，然后再加荧光素标记的抗球蛋白抗体（二抗，例如异硫氰酸荧光素标记的羊抗兔抗体）共同孵育，该二抗与一抗结合，从而使微管间接地标上荧光素。置荧光显微镜下用一定波长激发光照射，即可以根据荧光显示出微管的形态和分布。间接免疫荧光法特异性和灵敏度均较高，广泛用于生物大分子或结构的定位和形态显示。

【实验仪器、材料和试剂】

1. 仪器、用具

荧光显微镜、盖玻片、12 孔板、60 mm 培养皿、载玻片、指甲油、湿盒等。

2. 材料

悬浮培养的细胞或叶肉细胞的原生质体。

3. 试剂

（1）洗涤缓冲液：

山梨醇（sorbitol）	0.7 mol/L
2-N-吗啉乙烷磺酸（MES）	3.0 mmol/L
$CaCl_2 \cdot 2H_2O$	6.0 mmol/L
NaH_2PO_4	0.7 mmol/L

以上溶液用细胞培养液按 1:1 稀释。

（2）0.15% 多聚赖氨酸（polylysine）：

多聚赖氨酸（相对分子质量为8000）	0.1 g
蒸馏水	加至 100 mL

（3）MtSB 缓冲液：

PIPES	100 mmol/L
$MgSO_4$	1.0 mmol/L
EGTA	2.0 mmol/L

用 NaOH 调 pH 到 6.9。

（4）3.7% 甲醛固定液，用 MtSB 缓冲液配制。

（5）磷酸盐缓冲液（PBS，pH 为 7.0）：

NaCl	0.14 mmol/L
KCl	2.7 mmol/L
Na_2HPO_4	8.0 mmol/L
KH_2PO_4	1.5 mmol/L

（6）兔抗微管蛋白抗体（一抗），FITC 羊抗兔抗体（二抗）。一抗的效价需先测定或根据商品说明书。

（7）抗淬灭剂。

【方法与步骤】

（1）滴少许多聚赖氨酸溶液在 18 mm×18 mm 盖玻片上并铺展开，然后用洗涤缓冲液轻轻洗一下，吸去水分，不待干即开始后续操作。

（2）用洗涤缓冲液悬浮原生质体，滴在上述盖玻片上，静置 20 min 左右待原生质体下沉并贴附在盖玻片表面，将盖玻片浸入适量的洗涤缓冲液中，移去漂浮的原生质体。注意在操作过程中盖玻片应水平放置，保持原生质体上有一层液体，以免原生质体干燥失活，微管降解。

（3）将盖玻片浸入加有 MtSB 缓冲液的 12 孔板中，稳定微管 20 min。

（4）将盖玻片浸入新的 MtSB 缓冲液中处理 2 min，重复 3 次。

（5）加入 4% 甲醛液固定 30 min。

（6）将盖玻片浸入加有 PBS 缓冲液的 12 孔板中处理 5 分钟，重复 3 次。

（7）在 60 mm 培养皿中铺上石蜡膜，再把盖玻片放在石蜡膜上，在盖玻片上滴 100 μL

兔抗微管蛋白抗体(一抗),在湿盒中避光孵育 60 min。

(8) 吸去一抗,在盖玻片上滴加 500 μL PBS 缓冲液润洗细胞,重复 3 次。

(9) 在盖玻片上滴 100 μL 异硫氰酸荧光素(FITC)标记的羊抗兔抗体(二抗),在湿盒中避光孵育 45 min。

(10) 吸去二抗,在盖玻片上滴加 500 μL PBS 缓冲液润洗细胞,润洗 3 次。

(11) 在载玻片上滴上 2 μL 抗淬灭剂,把盖玻片上长有细胞的一面倒扣在载玻片上。

(12) 用吸水纸轻轻吸去盖玻片背面的液体后在盖玻片周围涂上指甲油封片。

(13) 用荧光显微镜观察。蓝光激发,微管呈黄绿色荧光。

【注意事项】

(1) 抗体要预先测定效价,即将抗体做系列稀释,测出能够清晰显示微管的最高稀释度,该稀释度即作为该抗体的效价。实验时抗体应按此效价稀释后使用。

(2) 原生质体残骸内黄绿色的微管交错成网。由此可以看到与质膜相连的微管总体分布及密集程度。

【作业】

(1) 分别绘出植物细胞微管在细胞内的分布图。

(2) 分析植物细胞微管的形态特征与分布特点。

实验 5　细胞的超微结构

【实验目的】

(1) 通过观察细胞器的照片及电影,了解细胞的超微结构。

(2) 进一步熟悉各种细胞器的功能。

【实验原理】

光学显微镜,由于受到光波特性的限制,一般分辨力较低,通常只能观察到 0.2 μm 以上的物体结构,因此无法看到细胞内许多微细结构。电子显微镜用电子束做光源,使分辨力达到 0.2 nm,可观察到细胞内各种细胞器的微细结构,电子显微镜的出现对研究细胞内部结构以及细胞的各种活动规律起到重要作用。由于在电镜下所观察到的细胞结构是细胞器的微细结构,所以通常把其称为超微结构(ultramicroscopic structure)。

【实验仪器、材料】

1. 仪器

投影仪。

2. 材料

细胞的超微结构幻灯片。

【方法与步骤】

(1) 以观看细胞超微结构照片、录像、幻灯片的方式,熟悉细胞的超微结构。

(2) 讲解细胞的超微结构幻灯片。

① 质膜(plasma membrane):细胞与外环境之间的界膜。经电镜高倍放大,质膜呈三层结构,即内外两层为电子致密层,厚度 2～2.5 nm,中间有一层透亮层,厚度为 3.5 nm。这三层结构又称为单位膜(unit membrane)。细胞内所有的膜性结构均具有单位膜的形式。

在细胞膜外面有一层细丝状结构称细胞外被(cell coat),厚度为 25～200 nm,主要成分为糖蛋白,是膜内糖蛋白分子伸展到细胞外面的糖链部分。在结构和功能上,细胞外被是质膜的一个组成部分,对细胞有保护、连接、支持、识别、免疫等功能。

② 核糖体(ribosome):是蛋白质合成的装配机器。存在于几乎所有细胞中。主要化学成分是 RNA 和蛋白质。在电镜下,是无包膜的电子致密颗粒,略呈圆形或椭圆形,平均直径在 15～25 nm。核糖体由大、小两个亚单位组成。大亚基略呈半圆形,直径约 23 nm,有一侧伸出 3 个突起,中心有一条中央管,沉降系数为 60S。其上有与氨酰-tRNA 结合的位点,还含有转肽酶活性部位。小亚基呈长条形,大小为 23 nm×12 nm,沉降系数为 40S,其上有蛋白质合成启动因子结合位点、起始氨酰-tRNA 结合部位和 mRNA 结合位点。在电镜下,核糖体常成群呈环状或螺旋状存在,与 mRNA 结合,构成多聚核糖体(polyribosome)。附着于内质网上的称附着核糖体(bound ribosome),主要合成外输性蛋白质。散在于胞质中的称游离核糖体(free ribosome),合成细胞本身生长所需的蛋白质。

③ 内质网(endoplasmic reticulum):内质网是广泛分布于细胞质内的膜性管状或囊状结构,它的膜比质膜薄,厚度约 6 nm。根据其膜外表面有无核糖体附着,分为粗面内质网和滑面内质网两种类型。粗面内质网(rough endoplasmic reticulum):由厚约 6 nm 的膜所构成相连的长形小管或扁平囊泡。膜的外表面附有核糖体。主要合成各种酶原、黏蛋白、抗体、肽类激素等外输蛋白质,并对新合成的蛋白质起着储存、运输、分隔的作用。滑面内质网(smooth endoplasmic reticulum):多为相互连通、迂回的管道结构。电镜切片上常呈小泡状或短管状,长管状结构较少见。膜的厚度小于 6 nm,表面无核糖体附着。大多数细胞的滑面内质网,虽然形态十分相似,但化学组成、结合的酶系统、大分子结构都有差异,因而功能也不同。其主要功能与脂类的合成、糖原分解和解毒功能有关。

④ 高尔基复合体(Golgi complex):电镜下观察到典型的高尔基复合体是由扁平囊(saccule)、大泡(vacuole)、小泡(vesicle)组成。扁平囊的空间结构似一叠平行堆积的扁囊,扁囊间距为 20～30 nm,囊腔宽 6～9 nm。扁平囊的切面呈弓形,中央较狭窄,边缘稍膨胀,内充满中等电子密度的物质。弓形的凸面能与粗面内质网所芽生的小泡融合,接受新合成

的蛋白质,成为形成面(for ming face),膜厚度为 6 nm,与内质网膜相近。形成面所接受的物质经高尔基复合体浓缩之后,在弓形凹面处形成分泌颗粒,凹面称分泌面(secreting face)或成熟面(mature face),膜厚 8 nm,接近质膜的厚度。高尔基复合体的功能与细胞的分泌活动、蛋白质的加工、分选、膜的转化等功能有关。

⑤ 线粒体(mitochondria):线粒体大多呈圆形,卵圆形和杆状,长度差别较大,2~5 μm 不等,直径平均为 500 nm。在电镜下,线粒体是由双层单位膜包围而成的封闭囊状细胞器。外膜平坦,内膜向内折叠形成许多嵴(cristae),内外膜之间的间隙称为外室或膜间腔,宽 6~8 nm,电子密度低。内膜所包围的腔隙为内腔,充满细颗粒状基质,电子密度较大。外膜厚约 6 nm,表面光滑,有直径 1~3 nm 的小孔。内膜结构复杂,厚 5~7 nm。嵴有板状、管状两种基本形态。内膜和嵴上附有许多基粒,每个基粒由头部、柄部和基片三部分构成,用负染法在电镜下清晰可见。内腔的基质为无定形的或细颗粒状物质组成,包括各种酶系、基质颗粒、DNA、RNA、核糖体等。线粒体是细胞内生物氧化的主要场所,三羧酸循环、电子传递、氧化磷酸化等产能作用都在此进行,细胞生命活动所需总能量中,约有 95% 来自线粒体。

⑥ 溶酶体(lysosome):溶酶体是由单位膜包围而成的囊状细胞器,直径 25 nm~0.8 μm 不等。膜厚 6 nm 左右。内含多种水解酶,其中酸性磷酸酶为溶酶体的标志酶。初级溶酶体(primary lysosome)所含酶尚未与底物作用,呈圆形或卵圆形,直径 25~50 nm,含有电子染色均匀而致密的细颗粒状内容物。初级溶酶体较集中地分布在高尔基体的分泌面附近。当初级溶酶体与异噬泡(heterophagosome)、自噬泡(autophagosome)以及细胞内多余分泌颗粒融合,便形成了各种次级溶酶体(secondary lysosomo),呈现出多形态的结构。不能再消化物质的次级溶酶体称为残余小体(residual body),它由单位膜包裹,大小差别甚大,内容物多样,常含有脂褐素、髓样体、脂滴等,但不含水解酶,这些残余物在电镜下呈现较高电子密度。

⑦ 微体(microbody):微体又称过氧物酶体(perixasome),是由单位膜包裹的囊状细胞器,膜厚约 6 nm,直径 0.3~0.5 μm,常呈圆形或卵圆形。中央常含有电子密度较高、呈规则的结晶状结构,称类核体(nucleoid)。微体的形态和数量随动物种类、细胞种类不同而有较大差异。它的特征酶是过氧化氢酶,能分解多余的过氧化氢,调节和控制过氧化氢的含量,防止细胞中毒。

⑧ 微管:微管为不分支的均匀细管,普遍存在于真核细胞内,为非膜性结构细胞器,需用戊二醛溶液固定才能较好保存。电镜下微管是一中空圆柱状结构,外径 25 nm,内腔直径 15 nm,管壁厚度平均为 5 nm,长度变化不定,约几微米。用 X 线衍射分析证明,其管壁由 13 根直径为 5 nm 的细丝呈螺旋状排列而成,这些细丝又是由直径为 5 nm 的球形亚单位组装而成。仅由 13 根细丝围成的微管称单微管,存在于胞质中,它的结构不太稳定,易受低温、Ca^{2+} 和秋水仙素的影响而解聚,一旦这些外界因素消除,微管又可重组。微管的主要成分是微管蛋白,α、β 微管蛋白在细胞内以异二聚体的形式存在,是组装微管的基本单位。细胞质内有大量单管微管,参与细胞运动、维持细胞形态等功能;还可形成二联微管、三联微管,如中心粒、纤毛、鞭毛内的微管,与细胞器的位移、细胞运动有关。

⑨ 微丝(microfilament):微丝为直径约为 6 nm 的实心纤维,由肌动蛋白组成,经常成束平行排列在细胞膜下。张力丝、肌丝等是不同种类细胞中微丝的存在类型。微丝与微管共同组成细胞支架,与细胞质的运动有关。

⑩ 中间纤维(intermediate filament):直径约为 10 nm 的纤维。成分复杂,分为角质纤

维蛋白、神经纤维蛋白、结蛋白、胶质纤维酸性蛋白、波形蛋白 5 种，严格地分别分布在不同类型的细胞中，常用来作为鉴别细胞来源的指标。

⑪ 中心粒(centriole)：中心粒是短筒状的细胞器，长 150～400 nm，直径 150 nm，筒壁由 9 组纵行的三联微管有规律地围成风轮状的结构。每组三联微管都包埋在电子密度较高的均质状物质之中。这些物质并向胞质放射状延伸，形成中心粒周围的卫星小体(pericentriolar satellite)。有丝分裂时的纺锤丝微管在此形成，参与染色体的移动。

⑫ 核膜(nuclear membrane)：核膜是内膜系统的一部分。在切面上可见到两层并列的单位膜——核内膜和核外膜，两膜之间的腔隙称为核周隙。内外膜局部融合形成核膜孔。核内膜厚约 8 nm，在核质面上附着电子致密的纤维层，厚度平均为 25 nm，主要为多肽物质。核外膜类似于粗面内质网，膜厚度小于 8 nm，比内膜略薄，胞质面有核糖体附着。核外膜常与内质网相连，使核周隙与内质网腔直接相通。核周隙宽 20～50 nm。

核内、外膜彼此融合处称为核孔。电镜下观察常规制作的超薄切片，可见核孔由一薄层隔膜封闭，隔膜中央常有一个致密颗粒。如进一步放大，可见核孔由颗粒和细丝构成，这些结构统称为核孔复合体(nuclear pore complex)。在内外核膜上有直径约为 10 nm 的 8 对球形颗粒组成核孔壁，呈对称的八角形排列。核孔正中有一颗粒，借助于辐射的细丝与孔壁上的 8 对颗粒相连，8 对颗粒间也有细丝相连。核孔复合体是严格控制核质之间物质交换的结构。

⑬ 染色质(chromatin)：在间期核中，染色质大部分呈分散细丝状，颗粒状和团块状。根据染色质卷曲和聚集的程度，及在代谢活动中所起的作用，又分为常染色质和异染色质。

常染色质(euchromatin)的电子密度均匀，着色浅，大部分分布在核中央，小部分可深入到核孔内侧，也有深入核仁内的。常染色质是在间期核中伸展的非卷曲部分，在代谢上很活跃。

异染色质(heterochromatin)是由染色质细丝卷曲缠绕，形成大小不等的颗粒和团块，电子密度大，外无膜包裹。多聚集在核周围。按其分布可分为周围染色质、核仁相随染色质、分散染色质等。异染色质在代谢上不活跃。

⑭ 核仁(nucleolus)：核仁是间期核中一种较恒定的结构，常呈圆形或卵圆形，无包膜。在电镜下，核仁具有较高的电子致密度，其结构如松散的粗线团，其外附有异染色质块，核仁的细微结构有 4 部分，包括核仁相随染色质、纤维区、颗粒区和核仁基质。核仁相随染色质由直径 10 nm 纤维组成，包括核仁周围染色质和核仁内染色质。纤维区多在核仁中心部分，是紧密排列的原纤维丝，即核仁丝，直径 5～10 nm，其主要成分是 rRNA 和蛋白质。颗粒区常位于核仁的外围，含电子密度较大的颗粒，颗粒直径 15～20 nm，是核糖体亚单位的前身，纤维区与颗粒区无严格界限。核仁基质为无定形基质部分。核仁是细胞内合成 rRNA 和装配核糖体亚单位的场所。

【作业】

通过本实验，简述研究细胞超微结构对认识细胞的形态特征与功能的意义。

实验 6　HeLa 细胞中体的分离

【实验目的】

了解并熟悉中体在有丝分裂过程的作用。

【实验原理】

中体(midbody,又称中间体)是动物细胞在胞质分裂过程中,位于赤道面的分裂沟细胞质中形成的致密结构。主要由纺锤体微管残余并掺杂有浓密物质和囊泡状物所组成,也是胞质分裂过程中断裂(abscission)发生的位点。在细胞分裂完成后,不同类型细胞的中间体具有不同的命运。中体可以被细胞自噬降解,也可以脱落到细胞外空间进行降解,还可以被一个子细胞不对称地保留。中体的降解可能有助于细胞命运的确定,中体清除缺陷与人类溶酶体贮积障碍有关。

【实验仪器、材料和试剂】

1. 仪器、用具

CO_2 培养箱、倒置显微镜、生物安全柜、高压锅、水浴箱、离心机、血细胞计数板、离心管、培养瓶、细胞培养皿、移液器、吸管、移液管、酒精灯、酒精棉球、试管架等。

2. 材料

HeLa 细胞。

3. 试剂

DMEM 培养基、胎牛血清、谷氨酰胺(Glutamine)、PS、0.25% 胰蛋白酶、PBS、5 mmol/L 胸腺嘧啶脱氧核苷(Thymidine)、10～100 ng/mL 有丝分裂抑制剂(Nocodazole)、低渗液(1 mol/L 己二醇,20 µmol/L $MgCl_2$,2 mmol/L PIPES)、裂解液(1 mol/L 己二醇,1 mmol/L EGTA,1% NP-40,2 mmol/L PIPES,1 µg/mL 亮肽素(leupeptin)、1 µg/mL 胃蛋白酶抑制剂(pepstatin)、1 µg/mL 抑肽酶(aprotinin)、1 mmol/L PMSF,pH 7.2)、MES 溶液(1 mol/L 己二醇,50 mmol/L MES,pH 6.3)、4% 甘油、0.4% Sarkosyl NL-30。

【方法与步骤】

(1) 取对数生长期的 HeLa 细胞,在培养基中加入 5 mmol/L 胸腺嘧啶脱氧核苷,继续培养 16 h。

(2) 吸去培养基后加入 PBS 漂洗细胞以去除残留的药物,吸去 PBS 后加入新鲜的完全培养基(DMEM,含 10% FBS)继续培养 8 h。

(3) 在培养基中加入 10～100 ng/mL Nocodazole,继续培养 4 h,使 HeLa 细胞同步在有丝分裂前中期。

(4) 吸去培养基后加入 PBS 漂洗细胞以去除残留的药物,用新鲜的完全培养基在 37 ℃摇床中轻晃培养 75 min 以收集处于有丝分裂末期的 HeLa 细胞。

(5) 收集上清后,加入 25 倍细胞体积的低渗液,重悬细胞,使细胞膨胀,立即以1000g 离心 5 min,收集膨胀的细胞。

(6) 弃去上清,加入 50 倍细胞体积的 37 ℃预热的裂解液,振荡 30 s 后放在冰上冷却。

(7) 加入 0.3 倍裂解液体积的预冷的 MES 溶液,以 1000g 离心 5 min,收集上清。

(8) 将上清置于 15 mL 40%甘油层上,在 4 ℃,以 3000g 离心 20 min。

(9) 弃去上清和甘油,沉淀即为中体组分,用 50 mmol/L MES 溶液重悬沉淀。

(10) 在 4 ℃,以 3000g 离心 20 min,弃去上清,用 50 mmol/L MES 溶液重悬沉淀,反复 2～3 次来清除残留的甘油。

分离得到的中体可以进行分子生物学研究,也可以加入到细胞中,研究中体里的蛋白质对细胞增殖、细胞极化等过程的影响。

分子生物学研究示例:

(1) 利用强去污剂(0.4% Sarkosyl NL-30,在 50 mmol/L MES 中配制,pH 6.3)抽提中体里的蛋白,在冰上处理 1 h。

(2) 以 16000g 离心 5 min,去除不溶的骨架成分。

(3) 先用丙酮沉淀上清中的蛋白,再用等电聚焦缓冲液溶解沉淀下来的蛋白,可以利用等电聚焦电泳进行后续的分子生物学研究。

使用稳定表达 MKLP1-GFP 等蛋白的稳定转染细胞株进行中体分离可以收集到富含 MKLP1-GFP 的中体。也可以利用能识别中体蛋白的抗体(如 MKLP1、Cep55 等蛋白的抗体)进行中体的标记。收集到的中体可以直接加入细胞中进行培养。一般孵育几个小时后,细胞就可以内化外源的中体。可以直接进行活细胞观察,也可以利用免疫荧光的方法检测加入中体后的细胞表型。

【作业】

简述细胞中体在有丝分裂过程中的形态特征与功能。

实验 7　HeLa 细胞中心体的分离

【实验目的】

了解并熟悉中心体在细胞周期中的作用。

【实验原理】

中心体是动物或低等植物细胞中一种重要的无膜结构的细胞器,存在于动物及低等植物细胞中。每个中心体主要含有两个中心粒。中心体在 G2 期进行复制,由一个变为两个,每个中心体中有两个中心粒,这两个中心粒相互垂直排列。中心体在间期细胞中调节微管的数量、稳定性、极性和空间分布。中心体在有丝分裂中建立两极纺锤体,确保细胞分裂过程的对称性和双极性,而这一功能对染色体的精确分离是必需的。

【实验仪器、材料和试剂】

1. 仪器、用具

CO_2培养箱、倒置显微镜、生物安全柜、高压锅、水浴箱、离心机、超高速离心机、超高速专用离心管、血细胞计数板、离心管、培养瓶、细胞培养皿、移液器、吸管、移液管、酒精灯、酒精棉球、试管架等。

2. 材料

HeLa 细胞。

3. 试剂

DMEM 培养基、胎牛血清、Gluta mine、PS、0.25% 胰蛋白酶、PBS、TBS 缓冲液(20 mmol/L Tris-HCl,150 mmol/L NaCl,pH 7.4)、裂解液(1 mmol/L HEPES,0.5% NP40,0.5 mmol/L $MgCl_2$,0.1% β-巯基乙醇,1 μg/mL leupeptin,1 μg/mL pepstatin,1 μg/mL aprotinin,1 mmol/L PMSF,pH 7.2)、1 mg/mL DNase I、500 nmol/L Nocodazole、蔗糖梯度缓冲液(10 mmol/L PIPES,0.1% Triton X-100,0.1% β-巯基乙醇,pH 7.2)、蔗糖溶液(在梯度缓冲液中制备质量比为 70%、60%、50% 的蔗糖溶液)、1 mol/L PIPES(pH 7.2)。

【方法与步骤】

(1) 取对数生长期的 HeLa 细胞,在培养基中加入 500 nmol/L 的 Nocodazole,继续培养 1 h。

(2) 用细胞刮棒刮下所有的细胞,收集所有的溶液,在 4 ℃,以 1000 r/min 离心 5 min。

(3) 倒去上清液,用一半初始体积的 TBS 缓冲液重悬,在 4 ℃,以 1000 r/min 离心 5 min。

(4) 倒去上清液,用一半初始体积的稀释 10 倍的含有 8% 蔗糖(质量体积比)的 TBS 缓冲液重悬,在 4 ℃,以 1000 r/min 离心 5 min。

(5) 用 20 mL 稀释 10 倍的含有 8% 蔗糖(质量体积比)的 TBS 缓冲液重悬沉淀,加入 1 mL 裂解液,将细胞吹打重悬 4~5 次。

(6) 在 4 ℃,以 3400 r/min 离心 10 min,把上清液通过 70 μm 的细胞滤网过滤到 250 mL 的离心管中,加入 10 mmol/L HEPES 和 1 μg/mL 的 DNase I,静置 30 min。

(7) 在裂解上清液中加入 10 mL 60% 蔗糖缓冲液,在 4 ℃,以 7500 r/min 离心 30 min,吸去上清液至剩下 25 mL 的溶液。

（8）制备不连续的蔗糖梯度,从底部向上分别为 5 mL 70%蔗糖溶液、3 mL 50%蔗糖溶液和 3 mL 40%蔗糖溶液。

（9）振荡重悬第（7）步的溶液,将溶液加在第（8）步的蔗糖梯度溶液上,在 4 ℃,以 25000 r/min 离心 1 h,离心管的底部即为中心体成分。

【注意事项】

（1）所有操作步骤均在 4 ℃下进行。

（2）所有溶液用 0.22 μm 的滤器过滤。

【作业】

简述细胞中心体在有丝分裂过程中的形态特征与功能。

实验 8　HeLa 细胞染色体的分离

【实验目的】

了解并熟悉染色体的结构和功能。

【实验原理】

染色质（染色体）的形态结构在细胞周期中是不断变化的。染色质出现于间期,呈丝状。染色体是细胞在有丝分裂或减数分裂时 DNA 存在的特定形式,DNA 紧密卷绕在组蛋白周围并被包装成一个杆状结构。在细胞分裂期间,染色体被复制,分裂并成功传递给它们的子细胞,以确保它们的后代的遗传多样性。染色体有种属特异性,随生物种类、细胞类型及发育阶段不同,其数量、大小和形态存在明显差异。有丝分裂中期的染色体形态最典型、最易辨认和区分。

【实验仪器、材料和试剂】

1. 仪器、用具

CO_2培养箱、倒置显微镜、生物安全柜、高压锅、水浴箱、离心机、血细胞计数板、离心管、培养瓶、细胞培养皿、移液器、吸管、移液管、酒精灯、酒精棉球、试管架等。

2. 材料

HeLa 细胞。

3．试剂

DMEM 培养基、胎牛血清、Glutamine、PS、0.25％胰蛋白酶、PBS、1 µg/mL 的秋水仙素、Hanks 缓冲液（8 g/L NaCl，0.4 g/L KCl，0.14 g/L CaCl₂，0.2 g/L MgSO₄·7H₂O，0.06 g KH₂PO₄，0.35 g/L NaHCO₃）、0.75 mol/L KCl、TM 缓冲液（在 0.02 mol/L Tris 缓冲液中加入 1 mmol/L CaCl₂，1 mmol/L MgCl₂，1 mmol/L ZnCl₂，pH 7.0）、TMS 缓冲液（在 TM 缓冲液中加入终浓度为 0.05％的皂角素）、15 mmol/L Tris-HCl（pH 7.0）、3 mmol/L CaCl₂、Triton X-100、乙烯二醇。

【方法与步骤】

（1）取对数生长期的 HeLa 细胞，在培养基中加入 1 µg/mL 的秋水仙素，继续培养 6～7 h。

（2）吸去培养基，加入 5 mL Hanks 缓冲液润洗细胞 2 次。

（3）吸去 Hanks 缓冲液，加入 5 mL TM 缓冲液低渗处理 20 min。

（4）在 4 ℃，以 800 r/min 离心 5 min，吸去上清液，加入 10 mL TMS 缓冲液重悬沉淀，把溶液转入 Dounce 匀浆器，匀浆约 20 次。

（5）把匀浆液转入离心管，在 4 ℃，以 300 r/min 离心 3 min，收集上清（含染色体）。

（6）加入 10 mL TMS 缓冲液重悬沉淀，把溶液转入 Dounce 匀浆器，匀浆约 20 次。

（7）把匀浆液转入离心管，在 4 ℃，以 300 r/min 离心 5 min，收集上清。

（8）将第（5）步和第（7）步的上清合并，在 4 ℃，以 2000 r/min 离心 20 min，收集沉淀（含染色体）。

（9）加入 10 mL TMS 缓冲液重悬沉淀，在 4 ℃，以 300 r/min 离心 3 min。

（10）收集上清后，在 4 ℃，以 2000 r/min 离心 20 min，吸去上清。

（11）加入 10 mL TMS 缓冲液重悬沉淀，在 4 ℃，以 300 r/min 离心 3 min。

低速和高速离心重复 4～5 次，最终可得到高纯度的中期染色体，可以保存在 TMS 溶液中（4 ℃）。

【注意事项】

（1）分离中期染色体缓冲液的去垢剂，常用的有皂角素、Triton X-100 和己烯甘油，主要作用是促进细胞膜破裂，加强染色体释放。为使分离的染色体更加纯净，可以在缓冲液中加入少量脱氧胆酸钠。

（2）在整个分离过程中要避免酸性溶液、有机溶剂和酶的作用，以免染色体发生形态结构的变化。

【作业】

简述细胞周期变化过程中染色质（染色体）的形态特征与功能。

第3章　细胞化学

细胞化学是研究细胞的化学成分及这些成分在细胞活动中的变化和定位的学科，即在不破坏细胞形态结构的状况下，用生化的和物理的技术对各种细胞组分做定位、定性与定量分析，研究其动态变化，了解细胞代谢过程中各种细胞组分的作用。

随着现代科学技术的发展，电镜细胞化学、荧光细胞化学、免疫细胞化学等现代细胞化学技术正在广泛应用，细胞化学将进一步把细胞超微结构与局部的化学分析联系起来，并提供更多更新的染色方法，使细胞组分着色对比清晰，便于对细胞各种结构进行精细测定。

实验 9　DNA 的细胞化学——Feulgen 反应

【实验目的】

了解并掌握 Feulgen 反应的原理及操作方法。

【实验原理】

标本经稀盐酸水解后，DNA 分子中的嘌呤碱和脱氧核糖之间的键打开，使脱氧核糖的第一碳原子上形成游离的醛基，这些醛基可以和 Schiff 试剂发生反应。Schiff 试剂是由碱性品红和偏重亚硫酸钠形成无色的品红液，无色品红可与醛基反应，形成含有紫红色醌基的化合物分子，从而显示出 DNA 的分布。细胞中只有 DNA 才有专一的 Feulgen 反应（图 3-1），没有经过水解反应、用热的三氯醋酸或者用 DNA 酶处理过的材料和 Schiff 试剂反应后没有紫红色出现。

【实验仪器、材料和试剂】

1. 仪器、用具

普通光学显微镜、恒温水浴锅、移液器、离心管、温度计、解剖针、酒精灯、试管、烧杯、载玻片、盖玻片、吸水纸等。

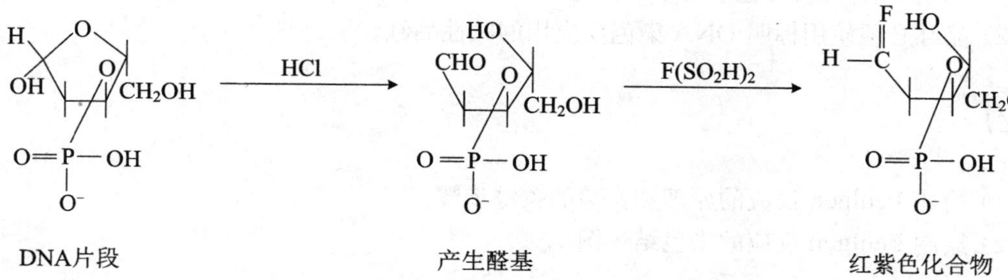

图 3-1　Feulgen 反应

2．材料

洋葱鳞茎表皮或根尖。

3．试剂

1 mol/L HCl（取 82.5 mL 密度 1.19 的浓盐酸加蒸馏水定容至 1 L）、Schiff 试剂（取 0.5 g 碱性品红加入到含有 100 mL 煮沸的蒸馏水的三角烧瓶中，不时振荡并继续煮 5 min 使品红充分溶解，注意不要沸腾。溶液冷却至 50 ℃时用滤纸过滤，在滤液中加入 10 mL 的 1 mol/L HCl，冷却至 25 ℃时，加入 0.5 g $Na_2S_2O_5$，充分振荡后，塞紧瓶塞，在室温暗处静置 2 天左右直到溶液颜色退至淡黄色，然后加入 0.5 g 活性炭，用力振荡 1 min，最后用粗滤纸 过滤于棕色瓶中，滤液应为无色没有沉淀物的溶液，封严瓶盖后用黑纸包裹，贮于 4 ℃冰箱 中备用）、亚硫酸水（200 mL 蒸馏水、10 mL 10% $Na_2S_2O_5$ 水溶液和 10 mL 的 1 mol/L HCl 于使用前混匀）、5%的三氯乙酸。

【方法与步骤】

（1）将洋葱根尖或鳞茎内表皮放在装有 1 mol/L HCl 的 15 mL 离心管中，在 60 ℃水浴 锅中水解 10 min。

（2）吸去 HCl，加入 5 mL 蒸馏水漂洗 5 min。

（3）吸去蒸馏水，加入 5 mL Schiff 试剂避光染色 30 min。

（4）吸去 Schiff 试剂，加入 5 mL 新鲜配制的亚硫酸水溶液漂洗 1 min，重复操作 3 次。

（5）吸去亚硫酸水溶液，加入 5 mL 蒸馏水漂洗 5 min。

（6）把根尖放在载玻片上，用镊子轻轻捣碎，盖上盖玻片后在盖玻片上再放一片载玻 片，轻轻挤压载玻片以使细胞分散开（洋葱表皮可省去压片这一步）。

（7）把载玻片放在显微镜下观察，细胞中凡有 DNA 的部位应呈现紫红色，颜色的深浅 可以用来判断 DNA 的相对含量。

对照组样品处理：

① 把样品放在三氯乙酸溶液中于 90 ℃水浴 15 min，然后按照步骤（1）～（7）制片观察。

② 材料不经 1 mol/L HCl 水解，直接放在 Schiff 试剂中染色，按照步骤（4）～（7）制片观察。

【注意事项】

（1）Schiff 试剂使用时如有白色沉淀，就不能再使用，如果发现颜色变红，可加入少许

$Na_2S_2O_5$，使溶液转变为无色后再继续使用。

（2）品红必须使用标明 DNA 染色反应用的碱性品红。

【作业】

（1）简述 Feulgen 反应的原理和实验的关键步骤。

（2）绘制 Feulgen 反应的染色结果图。

实验 10　RNA 的细胞化学——Brachet 反应

【实验目的】

了解并掌握 Brachet 反应的原理及操作方法。

【实验原理】

Brachet 反应主要是利用核酸分子上的磷酸根和碱性染料甲基绿-派洛宁形成盐键而在原位沉淀显色，可以同时显示出细胞内的 DNA 与 RNA，由于 DNA 分子和 RNA 分子聚合程度有差别，而且两种染料与其竞争性地结合，所以甲基绿与聚合程度高的 DNA 结合呈现绿色，而派洛宁则与聚合程度较低的 RNA 结合呈现红色，但解聚的 DNA 也能和派洛宁结合呈现红色。

【实验仪器、材料和试剂】

1. 仪器、用具

普通光学显微镜、镊子、载玻片、盖玻片、吸水纸等。

2. 材料

洋葱鳞茎表皮。

3. 试剂

Unna 试剂（即甲基绿派洛宁染色液，预先配制甲、乙两种溶液置于 4 ℃冰箱中保存，用时混匀。甲溶液：6 mL 5%派洛宁水溶液、6 mL 2%甲基绿水溶液和 16 mL 蒸馏水的混合液；乙溶液：16 mL 1 mol/L 乙酸缓冲液，pH 4.8）、1 mol/L 乙酸缓冲液（实验前一天配制 A、B 两种溶液，用时取 20 mL A 溶液和 30 mL B 溶液混匀。A 溶液：3 mL 冰醋酸加蒸馏水定容至 50 mL；B 溶液：6.7 g 乙酸钠溶于蒸馏水中并定容至 50 mL）、5%三氯乙酸、0.1%RNA酶（0.05 g RNA 酶溶于 50 mL 0.2 mol/L 乙酸缓冲液，pH 4.8）。

【方法与步骤】

（1）用镊子撕取一小块洋葱鳞茎内表皮放在载玻片上。

（2）在载玻片上滴加足够浸没洋葱鳞茎内表皮的 Unna 试剂，室温染色 30 min。

（3）用吸水纸吸干 Unna 试剂后滴加 1 mL 蒸馏水（−20 ℃预冷），迅速用吸水纸吸去蒸馏水后重复操作一次。

（4）盖上盖玻片后放在显微镜下观察。

对照组样品处理：

① 把样品放在 5%的三氯乙酸溶液于 90 ℃水浴 15 min，用 70%乙醇漂洗 1 min 后按照步骤（1）～（4）制片观察。

② 把样品放在 0.1%RNA 酶溶液中室温处理 15 min，用蒸馏水漂洗 5 min 后按步骤（1）～（4）制片观察。

【注意事项】

两种染料的生产批次不同，染色效果差别比较大，需要预实验来检测。

甲基绿中常因混有甲基紫而影响染色效果，应先把甲基绿放在分液漏斗中，加入足量的氯仿用力振荡，然后静置洗脱甲基紫，待氯仿中没有甲基紫时，把甲基绿烘干备用。

【作业】

（1）简述 Brachet 反应的原理和实验的关键步骤。

（2）绘制 Brachet 反应的染色结果图。

实验 11　细胞中多糖和过氧化物酶的定位观察

【实验目的】

了解并掌握细胞中多糖和过氧化物酶反应的原理及操作方法。

【实验原理】

高碘酸作为强氧化剂可以把样品中葡萄糖的乙二醇基氧化成两个游离醛基，游离的醛基可以和 Schiff 试剂反应形成紫红色化合物（图 3-2），而且样品颜色的深浅与糖类的含量成正比。

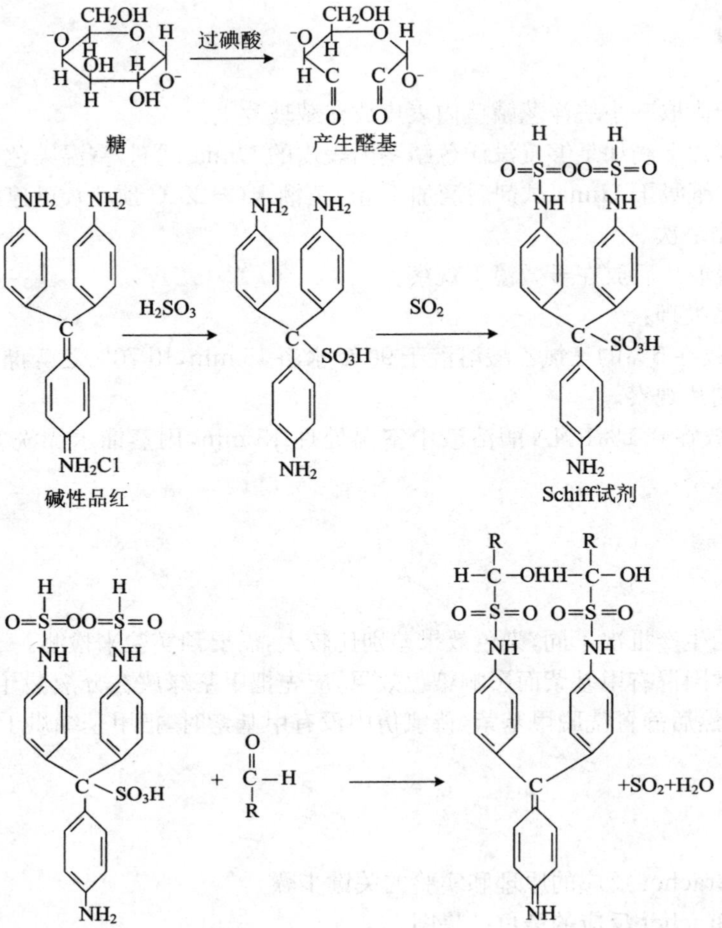

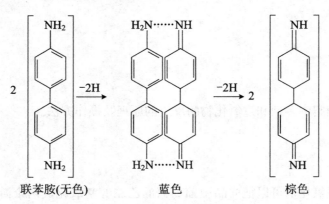

图 3-2 PAS 反应

过氧化物酶能把许多胺类氧化为有色化合物,用联苯胺处理样品后,细胞内的过氧化物酶能把联苯胺氧化为蓝色的联苯胺蓝,联苯胺蓝不稳定,可以自然转换为棕色的联苯胺棕,并且样品颜色的深浅与过氧化物酶的含量成正比(图 3-3)。

图 3-3 过氧化物酶联苯胺反应

【实验仪器、材料和试剂】

1. 仪器、用具

显微镜、镊子、移液器、培养皿、刀片、载玻片、盖玻片、吸水纸。

2. 材料

马铃薯块茎、洋葱鳞茎。

3. 试剂

高碘酸溶液(0.4 g 高碘酸＋35 mL 95％乙醇＋5 mL 0.3 mol/L 乙酸钠溶液＋10 mL 蒸馏水)、0.3 mol/L 乙酸钠溶液(2.72 g 乙酸钠溶于 100 mL 蒸馏水)、Schiff 试剂(配法见 Feulgen 反应)、亚硫酸水溶液(配法见 Feulgen 反应)、70％乙醇、联苯胺溶液(在 0.85％盐水内加入联苯胺至饱和为止，临用前加入 20％体积的 H_2O_2，每 2 mL 加 1 滴)、0.85％生理盐水、钼酸铵溶液(取 0.1 g 钼酸铵溶于 100 mL 0.85％生理盐水)。

【方法与步骤】

1. 细胞中多糖的测定

(1) 把马铃薯块茎切成薄片后放入装有 2 mL 高碘酸溶液的培养皿中染色 15 min。

(2) 吸去高碘酸溶液，加入 4 mL 70％乙醇处理 1 min。

(3) 吸去 70％乙醇，加入 4 mL Schiff 试剂染色 15 min。

(4) 吸去 Schiff 试剂，加入 4 mL 亚硫酸溶液漂洗 1 min，重复操作 3 次。

(5) 吸去亚硫酸溶液，加入蒸馏水漂洗 5 min。

(6) 把马铃薯薄片放在载玻片上，盖上盖玻片后放在显微镜下观察。

2. 细胞中过氧化物酶的测定——联苯胺反应

(1) 用镊子撕取一块洋葱鳞茎内表皮放入钼酸铵溶液中处理 5 min。

(2) 吸去钼酸铵溶液，加入联苯胺溶液处理至出现蓝色(约 2 min)。

(3) 吸去联苯胺溶液，加入 0.85％生理盐水漂洗 1 min。

(4) 把处理过的洋葱鳞茎内表皮放在载玻片上，盖上盖玻片后放在显微镜下观察。

【作业】

(1) 简述 PAS 反应和联苯胺反应的原理和实验的关键步骤。

(2) 绘制 PAS 反应和联苯胺反应的染色结果图。

实验 12　细胞中酸性磷酸酶的定位观察

【实验目的】

了解并掌握细胞中酸性磷酸酶检测的原理及操作方法。

【实验原理】

酸性磷酸酶（ACP）是一组非特异性的磷酸酯酶，也是生物磷代谢的重要酶类，作为溶酶体的标志性酶，酸性磷酸酶主要存在于巨噬细胞的溶酶体中。正常条件下巨噬细胞处于静息状态，没有底物结合，酸性磷酸酶的活性很低。但在酸性（pH 为 5 左右）条件下，溶酶体膜不稳定出现渗透性的改变，导致底物可以渗入溶酶体从而激活酸性磷酸酶，这使酸性磷酸酶水解 β-甘油磷酸钠释放出磷酸根基团，磷酸根基团可以与硝酸铅反应生成无色的磷酸铅沉淀物，该沉淀物再与黄色的硫化铵反应可以生成棕黄色或棕黑色的硫化铅沉淀，从而显示酸性磷酸酶在细胞中的定位情况。

【实验仪器、材料和试剂】

1. 仪器、用具

注射器、解剖剪、镊子、恒温水浴锅、普通光学显微镜、载玻片、盖玻片、吸水纸、擦镜纸等。

2. 材料

小白鼠。

3. 试剂

6%淀粉肉汤（在 100 mL 蒸馏水中加入 0.3 g 牛肉膏、1.0 g 蛋白胨、0.5 g NaCl 和 6.0 g 可溶性淀粉，煮沸灭菌后置于 4 ℃保存，使用前 50 ℃水浴融化）、酸性磷酸酶工作溶液（取硝酸铅 25 mg，加入 22.5 mL 的 0.05 mol/L 乙酸缓冲液，搅动至全部溶解后再缓慢地逐滴加入 2.5 mL 3%的 β-甘油磷酸钠溶液，边加边搅动防止产生絮状沉淀）、甲醛钙固定液（取 10 mL 甲醛和 10 mL 10%的 $CaCl_2$ 溶液，加蒸馏水定容至 100 mL）、0.05 mol/L 乙酸缓冲液（取 30 mL A 液和 70 mL B 液，加蒸馏水定容至 400 mL 即可制成 0.05 mol/L 乙酸缓冲液。A 液为 0.2 mol/L 乙酸液，取 1.2 mL 冰醋酸加蒸馏水定容至 100 毫升；B 液为 0.2 mol/L 乙酸钠液，取 2.72 g NaAc·$3H_2O$ 加蒸馏水定容至 100 mL，均置于 4 ℃保存）、2%硫化铵液（取 2 mL 硫化铵，加蒸馏水定容至 100 mL，用时现配）。

【方法与步骤】

(1) 实验前三天开始给小白鼠腹腔注射 1 mL 6%的淀粉肉汤,连续注射 3 天。

(2) 实验当天注射淀粉肉汤 4 h 后,向腹腔注射 1 mL 生理盐水,过 5 min 后用颈椎脱臼法处死小鼠,剖开小鼠腹腔后吸取腹腔液。

(3) 取 50 μL 腹腔液滴在载玻片(−20 ℃预冷)上,用枪头把腹腔液涂开,把载玻片稍微倾斜放在 4 ℃冰箱静置 30 min,等待细胞自行铺展。

(4) 把载玻片放入装有酸性磷酸酶工作溶液的 50 mL 离心管中,37 ℃处理 30 min。

(5) 把载玻片转入装有蒸馏水的 50 mL 离心管中漂洗 2 min。

(6) 把载玻片转入装有甲醛钙固定液的 50 mL 离心管中固定 5 min。

(7) 把载玻片转入装有蒸馏水的 50 mL 离心管中漂洗 2 min。

(8) 把载玻片转入装有 2%硫化铵溶液的 50 mL 离心管中处理 4 min。

(9) 把载玻片转入装有蒸馏水的 50 mL 离心管中漂洗 2 min 后放在显微镜下观察。对照组样品处理:

在第(2)步时把腹腔液放在 50 ℃处理 30 min,然后按照步骤(3)～(9)处理加热后的腹腔液,最后制片观察。

【注意事项】

酸性磷酸酶很不稳定,其工作溶液必须现配现用。

【作业】

(1) 简述酸性磷酸酶检测的原理和实验的关键步骤。

(2) 绘制酸性磷酸酶检测的染色结果图。

实验 13　细胞中碱性磷酸酶的定位观察

【实验目的】

了解并掌握细胞中碱性磷酸酶检测的原理及操作方法。

【实验原理】

碱性磷酸酶是一种底物专一性较低的磷酸单酯酶,在生物体内直接参与了磷酸基团的转移和代谢过程。碱性磷酸酶被镁离子活化后可以在碱性条件下(pH 9.2～9.8)分解磷酸酯,释放出磷酸根基团,磷酸根基团可以与钙盐反应生成无色的磷酸钙沉淀物,该沉淀物可以与硝酸钴反应生成磷酸钴后再和黄色硫化铵作用形成黑色的硫化钴沉淀物,从而显示出细胞内碱性磷酸酶的分布情况。

【实验仪器、材料和试剂】

1. 仪器、用具

解剖剪、镊子、恒温水浴锅、普通光学显微镜、离心管、载玻片、盖玻片、吸水纸、擦镜纸等。

2. 材料

新鲜鸡肝。

3. 试剂

碱性磷酸酶工作液(在 20 mL 蒸馏水中加入 10 mL 3%甘油磷酸钠、10 mL 2%巴比妥钠、2 mL 2% $CaCl_2$、2 mL 2% $MgCl_2$)、2%硝酸钴、1%硫化铵(用时现配)。

【方法与步骤】

(1) 取 4 g 新鲜鸡肝用蒸馏水洗净,去除结缔组织后放入装有 20 mL 生理盐水的培养皿中剪碎。

(2) 把含有鸡肝碎片的生理盐水转入离心管中,以 500 r/min(4 ℃)离心 5 min。

(3) 吸去上清,用 200 μL 生理盐水重悬沉淀。

(4) 取 50 μL 肝细胞悬液液滴在载玻片(−20 ℃预冷)上,用枪头把腹腔液涂开,把载玻片稍微倾斜放在 4 ℃冰箱静置 30 min,等待细胞自行铺展。

(5) 把载玻片放入装有碱性磷酸酶工作溶液的 50 mL 离心管中,37 ℃处理 30 min。

(6) 把载玻片转入装有蒸馏水的 50 mL 离心管中漂洗 5 min。

(7) 把载玻片转入装有 2%硝酸钴溶液的 50 mL 离心管中固定 5 min。

(8) 把载玻片转入装有蒸馏水的 50 mL 离心管中漂洗 2 min。

(9) 把载玻片转入装有 2%硫化铵溶液的 50 mL 离心管中处理 4 min。

(10) 把载玻片转入装有蒸馏水的 50 mL 离心管中漂洗 2 min 后放在显微镜下观察。

对照组样品处理:

在第(5)步时把腹腔液放在不含底物甘油磷酸钠的碱性磷酸酶工作溶液中处理 30 min,然后按照步骤(6)～(9)制片观察。

【作业】

(1) 简述碱性磷酸酶检测的原理和实验的关键步骤。

(2) 绘制碱性磷酸酶检测的染色结果图。

实验 14 动物细胞基因组 DNA 的提取

【实验目的】

了解并掌握动物基因组 DNA 提取的方法。

【实验原理】

为获取完整的基因组 DNA,分离过程应尽量温和,以减少提取过程中对 DNA 大分子的机械剪切作用。蛋白酶 K 消化法可以得到较大片段的 DNA(长度可以达到 Mb 级),苯酚抽提法可以得到较小片段 DNA(长度可以达到 50 Kb)。

【实验仪器、材料和试剂】

1. 仪器、用具

高速离心机、离心管、玻璃匀浆器、移液器、移液管、玻璃棒、恒温水浴锅、紫外-分光光度计、冰浴箱等。

2. 材料

新鲜鸡肝。

3. 试剂

细胞裂解液(100 mmol/L Tris、500 mmol/L EDTA、20 mmol/L NaCl、10% SDS、20 μg/mL 胰 RNA 酶,pH 8.0)、蛋白酶 K(取 20 mg 蛋白酶 K 溶于 1 mL 灭菌水,−20 ℃ 保存)、TE 缓冲液(10 mmol/L Tris、1 mmol/L EDTA,pH 8.0,高压灭菌,室温贮存)、抽提缓冲液 A(酚、氯仿和异戊醇按照 25∶24∶1 比例混合溶液)、抽提缓冲液 B(氯仿和异戊醇按照 24∶1 比例混合溶液)、乙酸氨溶液(浓度为 7.5 mol/L)、Tris 平衡酚(苯酚的饱和水溶液用 Tris 调节 pH 到 8.0)、无水乙醇、90% 乙醇、70% 乙醇、无菌水。

【方法与步骤】

1. 蛋白酶 K 消化法部分

(1) 取新鲜鸡肝 0.1 g(体积约 0.5 cm³),在 1 mL 预冷的细胞裂解液中剪碎后转入玻璃匀浆器中,反复匀浆至看不见明显的组织块。

(2) 把匀浆液转入 1.5 mL 离心管中,加入 20 μL 蛋白酶 K 后消化 30 min(65 ℃)。

(3) 把消化后的匀浆液以 10000 r/min 室温离心 5 min,把上清液转新的离心管中。

(4) 在离心管中加入 2 倍体积的异丙醇,翻转离心管混匀,用枪头挑出丝状物到新的离心管中并晾干。

（5）用 200 μL TE 溶液重新溶解丝状物，加入等体积的抽提缓冲液 A，振荡混匀后以 10000 r/min 离心 5 min。

（6）把上清转移到新的离心管中，加入等体积的抽提缓冲液 B，振荡混匀后以 10000 r/min 离心 5 min。

（7）把上清转移到新的离心管中，加入 1/2 体积的乙酸氨溶液和 2 倍体积的无水乙醇，振荡混匀后室温静置 5 min 后以 10000 r/min 离心 5 min。

（8）小心倒掉上清，把离心管倒置在吸水纸上，静置以除去残留的液滴。

（9）在离心管中加入 1 mL 70%乙醇洗涤沉淀物，以 10000 r/min 离心 5 min。

（10）小心倒掉上清，把离心管倒置在吸水纸上，静置 2 min 以除去残留的液滴。

（11）在离心管中加入 200 μL TE 重新溶解沉淀物。

（12）用紫外-分光光度计分析 DNA 的 A_{280}/A_{260}，然后置于 $-20\ ^{\circ}\mathrm{C}$ 保存。

2. 苯酚抽提法部分

（1）取新鲜鸡肝 0.1 g（体积约 0.5 cm³），在 1 mL 预冷的细胞裂解液中剪碎后转入玻璃匀浆器中，反复匀浆至看不见明显的组织块后于 37 ℃ 孵育 1 h。

（2）在匀浆液中加入等体积的 Tris 平衡酚并转入离心管中，连续翻转离心管 15 min 以充分混匀。

（3）以 10000 r/min 离心 10 min，离心管中可见明显的上层水相和下层有机相，中间为变性的蛋白质等杂质。

（4）把上层水相小心转移到新的离心管中（不要搅动并吸入其他两层物质）。

（5）对上层水相重复酚抽提步骤（第（2）、（3）步）1~2 次，到变性层极少或几乎消失为止。

（6）在收集的水相溶液中加入一半体积的平衡酚和一半体积的抽提缓冲液 B，混匀后以 10000 r/min 离心 10 min 以尽量去除残留的苯酚。

（7）在收集的水相溶液中加入 2 倍体积无水乙醇（冰上预冷），混匀后可见白色的纤维状沉淀析出，用枪头挑出丝状物到新的离心管中。

（8）在离心管中加入 1 mL 90%乙醇漂洗后小心倒掉上清。

（9）在离心管中加入 1 mL 75%乙醇漂洗后小心倒掉上清，把离心管倒置在吸水纸上静置 2 min 以除去残留的液滴。

（10）在离心管中加入 200 μL TE 重新溶解沉淀物。

（11）用紫外-分光光度计分析 DNA 的 A_{280}/A_{260}，然后置于 $-20\ ^{\circ}\mathrm{C}$ 保存。

【注意事项】

（1）苯酚对皮肤、眼睛有刺激性，实验时要戴手套小心操作，防止苯酚溅到皮肤上。

（3）在加入细胞裂解缓冲液前，细胞必须均匀分散，以减少 DNA 团块形成。

【作业】

对实验结果进行比较，如果纯度不高，分析可能的原因并提出解决方案。

实验 15　植物基因组 DNA 的提取

【实验目的】

了解并掌握植物基因组 DNA 提取的方法。

【实验原理】

提取植物基因组 DNA 时必须研磨以破碎细胞壁,而且需要除去植物细胞内的多糖、多酚等次生代谢物以减少对 DNA 纯度的影响。蛋白酶 K 消化法可以得到较大片段的 DNA(长度可以达到 Mb 级),SDS 法和 CTAB 法可以得到较小片段 DNA(长度可以达到 10 Kb)。

【实验仪器、材料和试剂】

1. 仪器、用具

陶瓷研钵及研磨棒(耐液氮)、离心管、金属样品匙、微量进样器、恒温水浴锅、高速离心机等。

2. 材料

拟南芥幼苗(生长至高度为 4 cm 左右)。

3. 试剂

DNA 提取液(0.1 mol/L Tris-HCl + 20 mmol/L EDTA + 1 mol/L NaCl + 1% P VP + 2% β-巯基乙醇,pH 8.0)、10% SDS 溶液、5 mol/L NaAc(pH 5.2)、3 mol/L NaCl、2×CTAB 缓冲液(2% CFAB + 0.1 mol/L Tris-HCl + 20 mmol/L EDTA + 1 mol/L NaCl + 1% PVP + 2% β-巯基乙醇,pH 8.0)、DNA 漂洗溶液(10 mmol/L 醋酸铵,75% 乙醇)、TE 溶液(10 mmol/L Tris,1 mmol/L EDTA,pH 8.0,高压灭菌,室温贮存)、Tris 平衡酚(苯酚的饱和水溶液用 Tris 调节 pH 到 8.0)、抽提缓冲液 A(酚、氯仿和异戊醇按照 25∶24∶1 比例混合溶液)、抽提缓冲液 B(氯仿和异戊醇按照 24∶1 比例混合溶液)、无水异丙醇、无水乙醇、75% 乙醇、液氮。

【方法与步骤】

1. SDS 法

(1) 取 3 片新鲜健康的叶片剪碎后放在 75% 乙醇中浸泡 1 min,把叶片迅速转入冰冻的研钵与液氮共同研磨成粉末,立即加入 0.8 mL DNA 提取液(65 ℃预热)和 0.2 mL 10%

SDS 溶液。

（2）把溶液混匀后转入离心管，于 65 ℃处理 30 min（每 10 min 缓慢翻转混匀）。

（3）把离心管放在冰上，并立即加入 0.1 mL NaAc 冰上处理 40 min。

（4）以 10000 r/min 离心 5 min 后弃上清，用 0.5 mL TE 缓冲液溶解沉淀。

（5）在离心管中加入 0.5 mL 的抽提缓冲液 B，反复翻转混匀后以 10000 r/min 离心 10 min，离心管中可见明显的上层水相和下层有机相，中间为变性的蛋白质等杂质。

（6）把上层水相小心转移到新的离心管中（不要搅动并吸入其他两层物质）。

（7）对上层水相重复抽提步骤（第（2）、（3）步）1～2 次，到变性层极少或几乎消失为止。

（8）在收集的上层水相中加入 0.8 倍体积的异丙醇和 0.1 倍体积的 NaCl，翻转混匀后室温静置 30 min。

（9）以 10000 r/min 离心 5 min 后弃上清，在离心管中加入 1 mL 75%乙醇漂洗后小心倒掉上清，把离心管倒置在吸水纸上静置 2 min 以除去残留的液滴。

（10）在离心管中加入 200 μL TE 重新溶解沉淀。

（11）用紫外-分光光度计分析 DNA 的 A_{280}/A_{260}，然后置于 −20 ℃保存。

2. CTAB 法

（1）取 3 片新鲜健康的叶片剪碎后放在 75%乙醇中浸泡 1 min，把叶片迅速转入冰冻的研钵与液氮共同研磨成粉末，立即加入 0.6 mL 2×CTAB 溶液（65 ℃预热）。

（2）把溶液混匀后转入离心管，于 65 ℃处理 30 min（每 10 min 缓慢翻转混匀）。

（3）在离心管中加入等体积的抽提缓冲液 B，反复翻转混匀后以 10000 r/min 离心 10 min，收集上层水相。

（4）在收集的上层水相中加入等体积的异丙醇，翻转混匀后室温静置 30 min。

（5）以 10000 r/min 离心 5 min 后弃上清，得到初步的 DNA 产物。

（6）在离心管中加入 1 mL DNA 漂洗溶液浸泡 10 min 后小心倒去上清，待乙醇挥发后，在离心管中加入 200 μL TE 重新溶解沉淀物。

（7）在离心管中加入等体积的抽提缓冲液 A，反复翻转混匀后以 10000 r/min 离心 105 min，收集上层水相。

（8）收集上层水相，加入 1/10 体积的 NaAc 和 2 倍体积的无水乙醇，4 ℃静置 30 min。

（9）以 10000 r/min 离心 5 min 后弃上清，在离心管中加入 1 mL 75%乙醇漂洗后小心倒掉上清，把离心管倒置在吸水纸上静置 2 min 以除去残留的液滴。

（10）在离心管中加入 200 μL TE 重新溶解沉淀。

（11）用紫外-分光光度计分析 DNA 的 A_{280}/A_{260}，然后置于 −20 ℃保存。

【注意事项】

（1）SDS 法提取的 DNA 常含有较多的多糖，适用于多糖含量不高的植物样品材料；CTAB 法提取的 DNA 损耗比较多，所以起始的样品量可以多一点。

（2）也可利用黑暗条件下生长的黄化苗作为样品以减少叶绿体 DNA 对核 DNA 的污染。

【作业】

对实验结果进行比较，如果纯度不高，分析可能的原因并提出解决方案。

实验 16　细胞和组织总 RNA 的提取

【实验目的】

了解并掌握植物和动物总 RNA 提取的方法。

【实验原理】

完整 RNA 的提取和纯化是进行 RNA 相关研究工作（如 Nothern 杂交、RT-PCR、定量 PCR 等）的前提。在氰酸胍形成的酸性酚环境中（pH 4.0），RNA 呈可溶状态并分布于水相，大多数蛋白质和小片段 DNA 在有机相中，而大部分的大片段 DNA 以及小部分蛋白质位于两相交界处。本方法为一步提取法，几乎可回收细胞或组织中的全部 RNA。

【实验仪器、材料和试剂】

1. 仪器、用具

陶瓷研钵及研磨棒、2 mL 离心管、金属样品匙、微量进样器、恒温水浴锅、高速离心机等。

2. 材料

新鲜鸡肝、拟南芥幼苗（生长至高度为 4 cm 左右）。

3. 试剂

硫氰酸胍变性缓冲液（4 mol/L 硫氰酸胍 + 25 mmol/L 柠檬酸钠 + 0.5%十二烷基肌氨酸钠，65 ℃搅拌溶解，pH 7.0，室温保存）、抽提缓冲液 A（20 mL 硫氰酸胍变性液 + 0.2 mL β-巯基乙醇 + 2 mL 2 mol/L NaAc + 22 mL 水饱和酚，pH 4.0，4 ℃避光保存）、抽提缓冲液 B（100 mmol/L Tris-HCl、25 mmol/L EDTA + 2% CTAB + 2% PVP + 2 mol/L NaCl，pH 8.0，使用前加入 1% β-巯基乙醇）、抽提缓冲液 C（氯仿和异戊醇按照 24∶1 比例混合溶液）、Tris 平衡酚（苯酚的饱和水溶液用 Tris 调节 pH 到 8.0）、3 mol/L KAc（pH 5.2）、纯化缓冲液（3 μL RNA 酶抑制剂 + 5 μL DNA 酶 + 12 μL 无 RNA 酶水配制的 DNA 酶缓冲液）、70%乙醇（无 RNA 酶水配制）、95%乙醇（无 RNA 酶水配制）、无 RNA 酶水。

【方法与步骤】

1. 新鲜鸡肝的总 RNA 提取

（1）取 0.3 g 新鲜鸡肝（体积约 1 cm³）放在冰浴的陶瓷研钵中。

（2）在研钵中加入 20 mL 的抽提缓冲液 A，冰浴匀浆。

（3）在匀浆液加入 200 mL 氯仿,混合均匀后冰浴处理 15 min。

（4）在 4 ℃,以 10000 r/min 离心 30 min 后把水相转移到新的离心管中。

（5）在离心管中加入 1 mL 异丙醇,20 ℃放置 1 h。

（6）在 4 ℃,以 10000 r/min 离心 30 min,收集沉淀。

（7）在离心管中加入 1 mL 70%乙醇漂洗后小心倒掉上清。

（8）在离心管中加入 1 mL 95%乙醇漂洗后小心倒掉上清,把离心管倒置在吸水纸上静置 2 min 以除去残留的液滴。

（9）在离心管中加入 200 μL 无 RNA 酶的水溶解沉淀物,用紫外-分光光度计分析 RNA 的 A_{260}/A_{280},然后置于 -20 ℃保存。

2. 拟南芥幼苗的总 RNA 提取

（1）取 3 片新鲜健康的叶片剪碎后放在 75%乙醇中浸泡 1 min,把叶片迅速转入冰冻的研钵与液氮共同研磨成粉末,立即加入 1 mL 抽提缓冲液 B(65 ℃预热)。

（2）把溶液混匀后转入离心管中并立即剧烈振荡 30 s,放在 65 ℃水浴中处理 3 min。

（3）以 10000 r/min 离心 5 min(4 ℃),把上层水相转移到新的离心管中,补充 400 μL 水饱和酚并混匀,再加入 400 μL 抽提缓冲液 C,剧烈振荡 5 min 后于冰上放置 5 min。

（4）以 10000 r/min 离心 20 min(4 ℃),用剪去尖端的枪头把上清缓慢转移到新的离心管中,加入 1/10 体积的 3 mol/L KAc 溶液,轻轻混匀后于冰上放置 5 min,再次加入 300 μL 抽提缓冲液 C,剧烈振荡 5 min 后于冰上放置 5 min。

（5）以 10000 r/min 离心 10 min(4 ℃),用剪去尖端的枪头把上清缓慢转移到新的离心管中,300 μL 抽提缓冲液 C,剧烈振荡混匀。

（6）以 10000 r/min 离心 10 min(4 ℃),用剪去尖端的枪头小心吸取上清于一个新的离心管中,加入等体积的异丙醇(-20 ℃预冷),轻轻混匀后于 -70 ℃放置 30 min。

（7）以 10000 r/min 离心 10 min(4 ℃),弃上清,加入 200 μL 75%酒精清洗沉淀,晾干后加入 100 μL 无 RNA 酶的水溶解沉淀。

（8）在初步纯化的 RNA 溶液中加入纯化缓冲液,轻轻混合后于 37 ℃消化 30 min。

（9）在离心管中补充 100 μL 无 RNA 酶的水和 300 μL 抽提缓冲液 C,剧烈振荡混匀。

（10）以 10000 r/min 离心 10 min(4 ℃),把上清转移到新的离心管中,加入等体积的异丙醇(-20 ℃预冷),轻轻混匀后于 -70 ℃放置 30 min。

（11）以 10000 r/min 离心 10 min(4 ℃),弃上清,加入 200 μL 75%酒精清洗沉淀,晾干后加入 50 μL 无 RNA 酶的水溶解沉淀,用紫外-分光光度计分析 RNA 的 A_{260}/A_{280},然后置于 -20 ℃保存。

【注意事项】

（1）RNA 易降解,实验中应避免 RNA 酶的污染。操作中要戴手套,不要交谈,因为唾液及皮肤都含有 RNA 酶。

（2）尽量使用不含 RNA 酶的一次性用具,实验中用到的非一次性器皿以及试剂必须做 RNA 酶灭活处理。

（3）配置溶液应该从无 RNA 酶的水开始,商品化的无 RNA 酶的无菌水是最可靠的一种选择。已纯化的 RNA 可用这种水再溶,并保存在 -80 ℃。

（4）DEPC（焦碳酸二乙酯）是一种强烈的，非特异性的 RNA 酶化学抑制剂，主要被用于制备无核酸酶水。DEPC 是致癌物，应该严格按照制造商的建议进行操作，包括在化学通风橱内进行操作。

（5）添加了 DEPC 之后，水应该在有轨振荡器上摇晃数小时，或者使用磁力转子激烈转动 20～30 min，接着 DEPC 应当被彻底消除。最常用的方法是高压灭菌。在灭菌的温度和压力下，DEPC 可以被降解为二氧化碳和乙醇。也可以在通风橱中瓶盖旋松，60 ℃ 过夜处理，或者在通风橱内煮沸 1 h。

（6）不要将 DEPC 加入任何含有硫醇基或者伯胺基的溶液中，因为 DEPC 可与其发生反应。最常见的应避免加入 DEPC 的溶液就是含有 Tris 的溶液，所以如果含有 Tris 的溶液被 DEPC 污染，必须更换为全新的溶液，或者直接将溶液高温高压灭菌去除 DEPC 后再使用。

（7）电泳设备（包括制胶梳子，切胶盘，胶盒内衬等）如果要除去 RNA 酶活性，只能用无 RNA 酶的水或者高压灭菌后的 DEPC 水溶液进行湿润和冲洗。不要将电泳设备直接暴露于 DEPC 中，因为丙烯酸纤维不能耐受 DEPC。

（8）RNA 酶灭活处理方法：

玻璃制品必须在 180 ℃ 高温烘烤 3 h 以上。

能耐高温高压处理的塑料制品可以先浸泡于 0.05%～0.1%（不要增加浓度到 0.1% 以上，会导致很难将 DEPC 除去）的 DEPC 水溶液中，室温处理数小时后再用无 RNA 酶的水淋洗，之后高压蒸汽灭菌 15 min 后烘干。

【作业】

对实验结果进行比较，如果纯度不高，分析可能的原因并提出解决方案。

实验 17 免 疫 沉 淀

【实验目的】

了解并掌握免疫沉淀和免疫共沉淀的方法。

【实验原理】

免疫沉淀（immuno precipitation，IP）一般是指用固定在固相支持物上的结合蛋白，进行小规模的蛋白质亲和纯化的实验。更确切地说免疫沉淀是用固定在微珠支持物（一般是琼脂糖树脂）上的特定抗体，从复杂的混合物中，纯化单一抗原的实验。

免疫共沉淀（Co-IP）与免疫沉淀十分类似，基本的技术都是采用目标抗原特异性的固相化抗体;但免疫沉淀的目标是纯化单一抗原,而免疫共沉淀旨在分离抗原及与抗原结合的蛋白质或配体。在免疫共沉淀实验中,已知抗原称为诱饵蛋白,与之结合的蛋白则称为靶蛋白。靶蛋白可能是一些复杂的伴侣蛋白、信号分子、结构蛋白、辅助因子等,蛋白间相互作用强度范围可能介于高度瞬时和十分稳定之间。实验中加入诱饵蛋白的特异性抗体,该抗体会与诱饵蛋白结合使诱饵蛋白沉淀,同时细胞内与诱饵蛋白相互作用结合在一起的其他蛋白也会沉淀来下,即为共沉淀。免疫共沉淀的实验方案与免疫沉淀基本相同。

【实验仪器、材料和试剂】

1. 仪器、用具

CO_2 培养箱、倒置显微镜、生物安全柜、高压锅、水浴箱、离心机、旋转混匀仪、血细胞计数板、离心管、培养瓶、细胞培养皿、微量加样器、吸管、移液管、酒精灯、酒精棉球、试管架等。

2. 材料

HeLa 细胞。

3. 试剂

DMEM 培养基、胎牛血清、0.25% 胰蛋白酶、PBS、PS、Glutamine、蛋白 A/G 树脂、RIPA 细胞裂解液(50 mM Tris-HCl,1% NP-40,150 mM NaCl,1% 脱氧胆酸钠,0.1% SDS,0.5 mM $MgCl_2$,0.1% β-巯基乙醇,1 ug/mL leupeptin,1 ug/mL pepstatin,1 ug/mL aprotinin,1 mM PMSF,pH 7.2)、电泳上样缓冲液。

【方法与步骤】

(1) HeLa 细胞密度达到 80% 左右时收集细胞到 15 mL 离心管中,以 1000 r/min 离心 5 min。

(2) 轻轻移去上清,用预冷的 PBS 悬浮沉淀,1000 r/min 离心 5 min,重复 2 次。

(3) 除去上清,加入 RIPA 细胞裂解液悬浮沉淀。

(4) 把离心管放在混匀仪上 4 ℃ 孵育 15 min。

(5) 孵育结束后,以 14000 r/min 在 4 ℃ 下离心 30 min。

(6) 以 10000 r/min 离心 30 min,将上清移至一个新的 Eppendorf 管中。

(7) 取适量的蛋白 A/G 树脂,用预冷的 PBS 悬浮,以 1000 r/min 在 4 ℃ 下离心 1 min,轻轻移去上清。重复 2 次。

(8) 加入适量的 PBS,使蛋白 A/G 树脂/PBS 为 50% 的悬浆液。

(9) 确定细胞裂解液的蛋白总量。

(10) 将适量的抗体加入到细胞裂解液中,放在混匀仪上 4 ℃ 孵育 2 h 或者过夜。

(11) 加入第(8)步的蛋白 A/G 树脂,放在混匀仪上 4 ℃ 孵育 1 h 或者过夜。

(12) 孵育结束后,以 14000 r/min 在 4 ℃ 下离心 5 s,收集上清到一个新的 Eppendorf 管中。

(13) 用 800 μL 预冷的 RIPA 细胞裂解液重悬 protein A/G 树脂,以 500g 在 5 ℃ 离心 1 min,重复 3 次。

(14) 加入相应体积的电泳上样缓冲液,混匀后放在 100 ℃ 加热 5 min。

(15) 电泳。

【注意事项】

(1) 为了取得最佳的使用效果,建议第一次使用的时候将裂解液分装冻存,避免反复冻融。

(2) RIPA 细胞裂解液有多种配方,适用于不同的实验目的(如 WB、IP 等),也有很多商品化的产品,可以根据实际需要来进行选用。通常 RIPA 细胞裂解液的使用比例为 1 mL 溶液对应 10^7 个细胞。

(3) 裂解细胞时需要加入蛋白酶抑制剂,通常都是配置成蛋白酶抑制剂 Cocktail 来使用。蛋白酶抑制剂的蛋白酶活性抑制效果和很多因素有关,如目标蛋白降解的难易程度、蛋白酶的浓度、活性、抑制剂的浓度等,需要根据实际需要来选用合适的蛋白酶抑制剂 Cocktail。

(4) 吸取树脂时,用剪刀把枪头的前端剪掉两毫米,可以减少剪切力对树脂的破坏。

(5) 实际实验时,可以取适量的 protein A/G 树脂,与细胞裂解液在 4 ℃混匀仪上孵育 10 min。可以减少与 protein A/G 树脂进行非特异性结合的蛋白。

【作业】

(1) 比较免疫沉淀和免疫共沉淀的差异(如实验原理用、操作步骤及观察方式等)。

(2) 如果免疫沉淀或者免疫共沉淀实验没有把蛋白拉下来,分析可能的原因并提出解决方案。

实验 18 免疫荧光技术

免疫荧光技术(immunofluorescence,IF)是基于抗原抗体反应的原理,先将已知的抗原或抗体标记上荧光素制成荧光标志物,再用这种耦联有荧光素的抗体(或抗原)作为分子探针检查细胞或组织内的相应抗原(或抗体)。抗原抗体反应后可以在细胞或组织中形成耦联有荧光素的抗原抗体复合物上,在荧光显微镜下用可以激发荧光素的光照射样品后可以观察到结合在靶标上的荧光素产生的发射荧光,从而对抗原或抗体做定位、定性和定量研究。由于这种技术测定灵敏度极高,因此为细胞和组织化学中研究生物大分子提供了特异、灵敏而又直观的方法。免疫荧光技术具体分为直接法、夹心法、间接法和补体法四类。

【实验目的】

掌握免疫荧光技术的原理和应用。

【实验原理】

高特异性的抗体是免疫荧光实验成功的关键,使用商品化的抗体时需要确定该抗体适用于免疫荧光,如果有免疫荧光实验采集的照片会更好。如果没有商品化的抗体,就需要制备免疫血清和纯化免疫球蛋白,需要注意的是:① 在抗体制备过程中,用于免疫的抗原必须是高度提纯的,尽可能不含其他非特异的抗原物质;② 从免疫血清中将特异性抗体提纯必须保证抗体的高度纯化,尽量减少非特异抗体的存在。

除了自己制备抗体之外,还可以采用间接法免疫荧光技术,一抗一般是靶蛋白或者靶蛋白所耦联标志物(如 Flag Tag、Myc Tag 等)的抗体,二抗则是通用的抗 IgG 的抗体(如抗鼠、抗兔、抗羊等)。

免疫荧光实验的标准流程包括:固定、通透、封闭、抗原抗体孵育、封片、显微镜观察。

1. 固定

(1)固定的目的

使细胞内蛋白质凝固;去除妨碍抗原抗体结合的类脂质;终止或减少内源性或外源性酶反应;防止细胞自溶并保持细胞固有形态和结构;最重要的是保持细胞内的抗原性,从而使抗体能有效特异识别胞内抗原。

(2)固定的标准

不能损伤细胞内的抗原;不能凝集蛋白质;应保持细胞和亚细胞结构的完整;固定后应保持通透性,以保证抗体自由进入所有细胞或亚细胞组分并与抗原结合。

(3)常用的固定剂

有机溶剂和交联剂。有机溶剂(如甲醇和丙酮等)可去除类脂并使细胞脱水,同时将细胞结构蛋白沉淀。交联剂(如多聚甲醛)通过自由氨基酸基团形成分子间桥连,从而产生一种抗原相互连接的网络结构。交联剂比有机溶剂更易于保持细胞的结构,但因为交联阻碍抗体结合,可能会降低一些细胞组分的抗原性,因此必须用通透剂处理帮助抗体进入标本。

两种固定方法都可能使蛋白抗原变性,因此使用变性蛋白为抗原制备的抗体在免疫荧光中效果更好。另外当样品中有荧光蛋白时,固定时间不宜过久,以免破坏荧光蛋白的结构导致荧光蛋白容易淬灭。

2. 通透

(1)通透的目的

在细胞膜上打孔方便抗体进入,只在检测细胞内抗原表位的时候才需要,因为抗体需要进入细胞内部去检测蛋白。如果所检测的抗原表位处于膜蛋白的胞外段,则不需要进行通透处理。

(2)常用的通透剂

常用的通透剂多为去污剂,如 Triton X-100、NP-40 以及 Tween-20 等。

Triton 和 NP-40 属于烈性去垢剂,可以破坏细胞膜,因此不适用于细胞膜相关抗原的通透处理。Tween-20 要温和得多,可以在细胞质膜上形成足够大的孔隙以允许抗体通过,但是不会溶解细胞质膜,适于胞质抗原或者质膜上靠近胞质一面的抗原检测。

一般的操作程序是先固定后通透,但针对有些水不溶性抗原的检测需要先通透再固定,这样可以通过通透去除许多水溶性的蛋白,大大减少免疫荧光的非特异性结合。

3. 封闭

（1）封闭的目的

减少抗体的非特异性结合。

（2）常用的封闭剂

最常用的封闭剂为 BSA，其他可选择的封闭剂还有 gelatin、bovine 或与二抗种属相同的血清等。

4. 抗原抗体孵育

荧光蛋白抗原、直接免疫荧光法中耦联有荧光素的一抗和间接免疫荧光法中的耦联有荧光素的二抗在孵育的时候必须注意避光。抗原抗体孵育需要保持一定的湿度和温度。温度高可以加快抗原抗体结合速度，但也会增加非特异性结合，可以把抗原抗体放在 4 ℃过夜处理，以尽可能减少非特异性结合。

5. 封片

（1）封片的目的

提供一个密闭并相对稳定的环境以延长样品的保存时间。

（2）常用的封片剂

常用的封片剂有指甲油、甘油或中性树脂，为了增强荧光信号和延长荧光素的寿命可以在封片时添加商品化的抗淬灭剂。

6. 显微镜观察

由于荧光色素和蛋白质分子的稳定性都是相对的，因此免疫荧光实验结束后最好立即用显微镜观察（加有抗淬灭剂的样品可以在 4 ℃避光存放一个星期左右而不会出现荧光信号的大量衰减）。

【实验仪器、材料和试剂】

1. 仪器、用具

载玻片、盖玻片、24 孔板、移液器、小烧杯、镊子、二氧化碳培养箱、冰箱、生物荧光显微镜等。

2. 材料

HeLa 细胞。

3. 试剂

固定液（在 PBS 缓冲液中配制 2% 的甲醛）、通透液（在 PBS 缓冲液中配制 0.1% 的 Triton X-100）、封闭液（在 PBS 缓冲液中配制 1% 的 BSA）、DMEM、PBS 缓冲液、actin 的抗体（偶联有荧光素的鬼笔环肽，孵育完之后可以直接把 actin 标记上荧光，不用再加二抗）、Tubulin 的抗体（一抗）、耦联有荧光素的抗一抗的抗体（二抗）、抗淬灭剂、指甲油。

【方法与步骤】

（1）把盖玻片放在 24 孔板中，紫外照射 30 min 消毒。

（2）消化处于对数生长期的 HeLa 细胞后重悬，把细胞悬液滴在含有盖玻片的 24 孔板中，补充完全培养基后继续培养。

（3）当 HeLa 细胞密度约为 70% 时，吸去培养基，加入 PBS 缓冲液润洗 5 min。

（4）吸去 PBS 缓冲液，加入 1 mL 固定液后室温孵育 10 min。

（5）吸去固定液，加入 1 mL PBS 缓冲液润洗 5 min。

（6）吸去 PBS 缓冲液，加入 1 mL 通透液室温处理 7 min。

（7）吸去通透液，加入 1 mL PBS 缓冲液润洗 5 min。

（8）吸去 PBS 缓冲液，加入 1 mL 封闭液室温处理 30 min。

（9）吸去封闭液，加入 PBS 缓冲液润洗 5 min。

（10）把盖玻片从 24 孔板中挑出，长有细胞的一面向上放置在石蜡膜上。

（11）吸去盖玻片上残留的 PBS 缓冲液，滴加 80 μL 偶联有荧光素的鬼笔环肽，室温避光孵育 45 min。

（12）在盖玻片上滴加 200 μL PBS 缓冲液，润洗 5 min。

（13）吸去 PBS 缓冲液，在盖玻片上滴加 80 μL Tubulin 的抗体，室温避光孵育 45 min。

（14）吸去 Tubulin 的抗体，加入 200 μL PBS 缓冲液润洗 5 min，重复操作 3 次。

（15）吸去 PBS 缓冲液，加入 100 μL 耦联有荧光素的二抗，室温避光孵育 30 min。

（16）吸去二抗，加入 1 mL PBS 缓冲液润洗 5 min，重复操作 2 次。

（17）在载玻片上滴上 5 μL 抗淬灭剂，把盖玻片上长有细胞的一面倒扣在载玻片上。

（18）用吸水纸轻轻吸去盖玻片周围溢出的液体后在盖玻片周围涂上指甲油封片

（19）把制好的片子放在生物荧光显微镜下观察。

【注意事项】

（1）可以把盖玻片从 24 孔板中挑出后放在湿盒内的石蜡膜上进行实验。

（2）在盖玻片上加样时要缓慢加在盖玻片的边缘，以免冲走细胞。

（3）封片时需要把盖玻片上及周围的液体吸掉后再用指甲油封片。

【作业】

（1）比较免疫荧光和免疫印迹的差异（如实验原理、操作步骤及观察方式等）。

（2）如果实验中出现染色不强或是有很多非特异的染色，试分析其可能的原因，并提出解决的办法。

第4章　染色体技术与核型分析

染色体是遗传物质的载体,是真核细胞的遗传信息储存库,细胞的生长、发育、分化和功能活动中,基因表达要受到染色体水平的调控,而染色体的结构在细胞不同发育期间也有着不同的变化。因此在不同发育时期或者病理条件下,从多个方面(DNA、核小体、染色质等)研究染色体的结构和功能(遗传信息的储存、复制、传递、利用和改造等)是细胞生物学的重要研究内容,也为生物系统发育的研究及人类遗传病的诊断和预防提供了重要的理论依据。

实验 19　植物染色体标本的制备和观察

【实验目的】

了解并掌握植物染色体标本制备的原理和方法。

【实验原理】

植物染色体标本的制备常用压片法和去壁低渗火焰干燥法:压片法的处理时间短,但是染色体很难分散开,而且容易造成染色体的变形和断裂;去壁低渗火焰干燥法的处理时间长,但是可以较好地分离染色体,并保持染色体形态的完整。去壁低渗火焰干燥法可以显著提高染色体地分散程度,现已广泛应用于植物染色体显带、姐妹染色单体交换等研究。

【实验仪器、材料和试剂】

1. 仪器、用具
培养箱、光学显微镜、剪刀、镊子、刀片、培养皿、滤纸、吸水纸、载玻片、盖玻片、酒精灯等。
2. 材料
洋葱鳞茎。
3. 试剂
Giemsa 染液、0.02%秋水仙素、PBS 缓冲液、固定液(甲醇、冰醋酸按照 3∶1 体积比的混合液)、乙醇、混合酶液(2.5%纤维素与2.5%果胶酶的水溶液)、苯酚品红染液。

【方法与步骤】

1. 压片法制备染色体标本

(1) 实验开始前3天把洋葱放在广口瓶的瓶口处,瓶内清水的高度保证让洋葱的底部接触到水面。在温暖的地方培养,经常换水使洋葱的底部总是接触到水。待根长5 cm时可以准备根尖制片。

(2) 上午9点钟左右剪取2 mm长的洋葱根尖并立即放入0.02%秋水仙素溶液中,浸泡处理4 h。

(3) 把根尖放入盛有蒸馏水的培养皿中漂洗5 min,再用固定液处理4 h,之后用95%和85%乙醇各处理半小时,最后转入70%乙醇中置于4 ℃保存备用。

(4) 把根尖放入盛有蒸馏水的培养皿中漂洗5 min,然后转入盛有1 mol/L HCl的培养皿中解离10 min(60 ℃)。

(5) 把根尖放入盛有蒸馏水的培养皿中漂洗5 min,然后转入盛有苯酚品红溶液的培养皿中染色10 min。

(6) 把染色后的洋葱根尖放在载玻片上,加一滴苯酚品红染液,用镊子轻轻捣碎后盖上盖玻片,在盖玻片上再加一片载玻片后轻轻挤压载玻片以使细胞分散开。

(7) 把载玻片放在显微镜下观察,先用低倍镜观察根尖的纵切面,注意分生区、伸长区、成熟区细胞的异同,然后再仔细观察细胞的形态结构。注意有丝分裂期细胞内的染色体变化。

2. 去壁低渗火焰干燥法制备植物染色体标本

① 实验开始前3天把洋葱放在广口瓶的瓶口处,瓶内清水的高度保证让洋葱的底部接触到水面。在温暖的地方培养,经常换水使洋葱的底部总是接触到水。待根长5 cm时可以准备根尖制片。

② 上午9点钟左右剪取2 mm长的洋葱根尖并立即放入0.02%秋水仙素溶液中,浸泡处理4 h。

③ 把根尖放入盛有蒸馏水的培养皿中漂洗5 min,再用固定液处理4 h,之后用95%和85%乙醇各处理半小时,最后转入70%乙醇中置于4 ℃保存备用。

④ 把根尖放入盛有蒸馏水的培养皿中漂洗5 min,然后转入盛有混合酶液的培养皿中酶解2 h(25 ℃)。

⑤ 把根尖放入盛有蒸馏水的培养皿中漂洗2次,每次5 min,然后在蒸馏水中浸泡30 min。之后可用悬液法和涂片法制备染色体标本。

(1) 悬液法

① 把根尖转入新的培养皿中并用镊子捣碎。

② 在培养皿中加入2 mL新鲜固定液,吹打制成细胞悬液。

③ 静置10 min后缓慢吸取上层细胞悬液到离心管中。

④ 静置20 min后缓慢吸去上清,留1 mL左右的细胞悬液备用。

⑤ 用滴管吸取细胞悬液后在冰冻保存的清洁载玻片上滴3滴细胞悬液,倾斜载玻片并轻轻吹气帮助细胞分散,然后在酒精灯上微热烤干。

⑥ 干燥后的载玻片用 Giemsa 染液染色 30 min。

⑦ 用清水轻轻漂洗载玻片并晾干,置于显微镜下观察。

（2）涂片法

① 把根尖转入新的培养皿中,用固定液固定 30 min。

② 把根尖放在冰冻保存的清洁载玻片上,加几滴固定液并迅速用镊子将材料捣碎,去掉大块残渣。

③ 把载玻片放在酒精灯上微热烤干。

④ 干燥后的载玻片用 Giemsa 染液染色 30 min。

⑤ 用清水轻轻漂洗载玻片并晾干,置于显微镜下观察。

【注意事项】

（1）样品离体处理只需较短的时间即可,在处理过程中需要经常振荡以保持良好的通气,并尽可能在 −20 ℃ 下避光处理。非离体处理则需较长的时间,但是可以保持较长时间的生活状态,比较适合较小样品。

（2）载玻片要尽量洁净以免影响细胞铺展。滴片高度以 10 cm 为最佳,以利于细胞和染色体充分分散。

【作业】

（1）渗火焰干燥处理的作用是什么?

（2）绘制植物细胞分裂中期染色体核型图。

实验 20　动物骨髓细胞染色体标本的制备

【实验目的】

了解并掌握动物骨髓细胞染色体标本制备的原理和方法。

【实验原理】

骨髓细胞是具有旺盛分裂能力的细胞,不需要特殊的处理就可以对染色体的形态和数目进行准确的观察和分析。利用动物骨髓细胞制备染色体标本取材容易,不需培养和无菌操作,常用的动物有青蛙、小白鼠、大鼠等。

【实验仪器、材料和试剂】

1. 仪器、用具

天平、离心机、水浴锅、光学显微镜、注射器、解剖盘、解剖剪、刀片、离心管、移液器、移液管、烧杯、量筒、酒精灯、盖玻片、载玻片、玻璃板、吸水纸、擦镜纸。

2. 材料

青蛙或小鼠。

3. 试剂

固定液(甲醇和冰醋酸按照体积比 3∶1 混合液,用前现配)、0.1% 秋水仙素(溶于 0.65% 的生理盐水中)、0.65% 生理盐水、PBS(pH 7.4)、Giemsa 染液。

【方法与步骤】

(1) 实验前 4 h,按照 4 μg 秋水仙素/g 体重的剂量给动物腹腔注射秋水仙素。

(2) 处死动物后,立即取出股骨,用刀片剔掉肌肉后剪开骨骼两端,用盛有 0.65% KCl 溶液的注射器将骨髓细胞尽可能全部冲至离心管中并轻轻吹打分散。

(3) 将细胞悬液于 1000 r/min(4 ℃)离心 10 min。

(4) 缓慢吸去上清后加入 5 倍体积的蒸馏水,轻轻吹打成细胞悬浮液后于 37 ℃ 水浴锅中低渗处理 20 min。

(5) 在离心管中加入 0.5 mL 固定液并立即轻轻吹打混匀。

(6) 将细胞悬液于 1000 r/min(4 ℃)离心 10 min 后,缓慢吸去上清,沿管壁慢慢加入 5 mL 固定液后立即用吸管轻轻吹打混匀,室温固定 20 min。

(7) 将细胞悬液于 1000 r/min(4 ℃)离心 10 min,缓慢吸去上清,留下 0.3 mL 的固定液轻轻吹打分散细胞。

(8) 用滴管吸取细胞悬液后在冰冻保存的清洁载玻片上滴 3 滴细胞悬液,倾斜载玻片并轻轻吹气帮助细胞分散,然后在酒精灯上微热烤干。

(9) 在干燥后的载玻片上滴加 200 μL Giemsa 染液染色 30 min,用清水轻轻漂洗载玻片并晾干后置于显微镜下观察。

【注意事项】

(1) 实验动物有足够大的体重才能收集到足够多的骨髓细胞,体重 300 g 的大鼠或者豚鼠的实验效果会好一点。体重大的动物的秋水仙素用量需要提高(8 μg 秋水仙素/g 体重)。

(2) 秋水仙素处理时间过长或用量过高可以导致染色体过分收缩、着丝粒分离、染色体短小甚至破碎;秋水仙素处理时间过短或用量过低可以导致染色体拉伸并且不能阻断细胞分裂,使中期分裂相细胞减少。

(3) 离心操作的转速以 1000 r/min 为宜,转速过高,会使细胞破裂造成染色体丢失;转速过小,细胞不能充分沉淀。混匀吹打细胞时动作要轻柔以避免细胞破裂。

(4) 低渗处理时间过长或者温度过高会使细胞提前破裂,造成染色体大量丢失而不能准确计数;低渗处理时间不足或者温度过低会使细胞内染色体聚集,不利于观察。

(5) 载玻片要尽量洁净以免影响细胞铺展。滴片高度以 10 cm 为最佳,以利于细胞和染色体充分分散,如果密度过高可以稀释细胞悬液后重新制片。

【作业】

(1) 滴片的作用是什么? 怎样才能制作一个好的骨髓染色体标本?

(2) 绘制骨髓细胞分裂中期染色体核型图?

实验 21　人体外周血淋巴细胞培养与染色体标本制备

【实验目的】

了解并掌握人体外周血淋巴细胞培养方法及染色体标本制备的方法。

【实验原理】

淋巴细胞是一种分化细胞,细胞质很少,RNA 和蛋白质的合成速度也很慢,通常情况下都处于间期的 G1 期或 G0 期,很少进行分裂,所以在未经培养的外周血中很难见到正在分裂的淋巴细胞,但是在 PHA(植物血球凝集素)的刺激下处于 G0 期的淋巴细胞可转化为淋巴母细胞,重新进入细胞周期进行有丝分裂。这样经过短期培养、秋水仙素的处理、低渗和固定,就可获得大量的有丝分裂细胞,经空气干燥法制片,便可获得质量较好的染色体标本。

【实验仪器、材料和试剂】

1. 仪器、用具

生物安全柜(超净工作台)、CO_2 培养箱、水浴箱、天平、离心机、光学显微镜、离心管、试管架、2 mL 注射器、吸管、量筒、培养瓶、烧杯、试剂瓶、酒精灯、载玻片、切片盒。

2. 材料

人外周血。

3. 试剂

RPMI-1640 培养基、肝素(500 U/mL)、秋水仙素(40 μg/mL)、PHA(100～200 μg/mL)、双抗(青霉素和链霉素,100 U/mL)、小牛(胎牛)血清(20%)、固定液(甲醇和冰醋酸按照体积比 3:1 混合液,用前现配)、PBS(pH 7.4)、Giemsa 染液。

【方法与步骤】

（1）先对皮肤消毒（碘酒或者乙醇），然后用 2 mL 灭菌注射器吸取肝素湿润注射器管壁，从肘静脉采血 1 mL。

（2）在生物安全柜的酒精灯火焰旁取下针头，立即把 0.3 mL 全血接种到盛有 5 mL 完全培养基的培养皿中，轻轻摇晃后混匀。

（3）把培养皿放在 CO_2 培养箱中 37 ℃ 培养 72 h 左右，实验开始前 2 h 用注射器向培养基中加入秋水仙素至终浓度 0.4 μg/mL，之后继续放在 CO_2 培养箱中 37 ℃ 培养。

（4）将继续培养 2 h 的细胞取出，用吸管吹打混匀细胞后转移到 15 mL 离心管中以 1000 r/min（4 ℃）离心 5 min。

（5）缓慢吸去上清后，向离心管中加入 6 mL 0.075 mol/L KCl，重悬细胞后置于 CO_2 培养箱中 37 ℃ 低渗培养 20 min。

（6）低渗处理后沿离心管管壁慢慢加入 1 mL 固定液，吹打混匀后立即以 1000 r/min（4 ℃）离心 5 min。

（7）缓慢吸去上清后，沿离心管管壁慢慢加入 6 mL 固定液，吹打混匀后处理 20 min。以 1000 r/min（4 ℃）离心 5 min，缓慢吸去上清后再次加入 6 mL 固定液，吹打混匀后处理 20 min。以 1000 r/min（4 ℃）离心 5 min。

（8）缓慢吸去上清后，加入 0.5 mL 固定液重悬细胞，用滴管吸取细胞悬液后在冰冻保存的清洁载玻片上滴 3 滴细胞悬液，倾斜载玻片并轻轻吹气帮助细胞分散，然后在酒精灯上微热烤干。

（9）在干燥后的载玻片上滴加 200 μL Giemsa 染液染色 30 min，用清水轻轻漂洗载玻片并晾干后置于显微镜下观察。

【注意事项】

（1）PHA 的质量是人体淋巴细胞生长状态的关键，效率低或用量不足会导致培养效果差，使分裂期细胞减少；浓度过大或者作用时间太长会使红细胞凝固，影响细胞生长。

（2）采血时不能加入太多肝素，以免引起溶血和抑制淋巴细胞转化和分裂。

（3）采血后必须尽快开始接种培养，避免保存时间过久影响细胞的活力。

（4）秋水仙素的浓度和时间、离心的转速、低渗处理时间和滴片的方法也会影响染色体标本制备质量。

【作业】

（1）培养基中添加 PHA 和小牛（胎牛）血清的作用是什么？
（2）结合实验结果简述染色体制片中的关键因素。

实验 22　人类染色体 G 带技术

【实验目的】

了解并掌握人类染色体 G 带标本制备技术,熟悉人类染色体的 G 带的带型特征。

【实验原理】

染色体显带技术是指将染色体经过一定程序处理并用特定染料染色后,在染色体长轴上可显出不同深浅的条纹或不同强度的荧光条带的技术。形成的深浅条纹或者明暗条带就叫染色体带,不同对的染色体具有形态不同的染色体带,称为带型。

染色体的化学成分是核酸和蛋白质。核酸以 DNA 为主,蛋白质有组蛋白和非组蛋白两种。因此染色体经蛋白水解酶类物质处理后,蛋白质已被水解而使 DNA 分子中碱基暴露,由于碱基中 G/C 和 A/T 组合的比例不同,对染料结合的程度不一,如果区段中 A/T 碱基含量高,则容易与 Giemsa 染料结合,染色较深;如果区段中 G/C 碱基含量高,则不容易与 Giemsa 染料结合,染色较浅。由于整条染色体上 A/T 和 G/C 的分布不匀,这样在染色体上呈现出深浅不一的条纹(或者称带纹)。因为该方法用 Giemsa 染料染色,其带型称为 G 带,该染色方法也称为 G 带技术。

染色体显带技术不仅使我们能准确地识别非显带染色体技术所不易认清的一些染色体,而且对某些染色体畸变或染色体的微小结构改变的确认也有重要作用,为染色体病的诊断提供了有效的方法。

【实验仪器、材料和试剂】

1. 仪器、用具
恒温箱、水浴锅、光学显微镜、培养皿、镊子、烧杯、擦镜纸、吸水纸等。

2. 材料
人外周血淋巴细胞染色体标本片。

3. 试剂
PBS 缓冲液(取 46.3 mL 0.1 mol/L Na$_2$HPO$_4$ 和 53.7 mL 0.1 mol/L NaH$_2$PO$_4$ 混合后 pH 即为 6.8)、0.25% 胰蛋白酶溶液(250 mg 胰蛋白酶溶于 100 mL PBS 缓冲液中)、Giemsa 染液(用 pH 6.8 的 PBS 缓冲液临用前配制)。

【方法与步骤】

(1) 将在空气中干燥 1 周的人外周血淋巴细胞染色体标本片置于 60 ℃ 烘箱中干燥 2 h。

(2) 取出标本片冷却至室温后置于 0.25% 胰蛋白酶溶液中处理 1 min(37 ℃)。

(3) 取出标本片后立即放入 PBS 缓冲液中漂洗 15 s。

(4) 取出标本片后立即用 Giemsa 染液染色 10 min。

(5) 用清水轻轻漂洗载玻片并晾干后置于显微镜下观察。

【注意事项】

(1) 秋水仙素处理时间过长或用量过高会导致染色体过分收缩、着丝粒分离、染色体短小甚至破碎,因此标本片的制作过程需要减少秋水仙素的处理时间。

(2) 如果染色体边缘发毛,则为胰蛋白酶处理时间过长;如果染色体上没有出现带纹,则为胰蛋白酶处理过短,根据实验结果调整胰蛋白酶的处理时间。

【作业】

选择分散良好并且显带清晰的细胞,在纸上绘出染色体分布简要示意图,标出 X,3,7,13,21 号染色体。

实验 23 植物染色体显带技术

【实验目的】

了解并掌握植物染色体显带的原理与方法。

【实验原理】

植物染色体显带技术也是利用特殊的染料和染色体上的结构成分发生特异反应而产生不同深浅的条纹或不同强度的荧光条带的技术。其中最常用的是 Giemsa 分带技术,主要分为 C 带、N 带和 G 带等技术。C 带的形成是因为是高度重复序列的 DNA(异染色质)经酸碱变性和复性处理后,易于复性,而低重复序列和单一序列 DNA(常染色质)不复性,经Giemsa 染色后就可以在染色体上呈现深浅不同的染色反应。这些显带技术为植物的核型分析、亲缘关系及远缘杂种鉴定等研究提供了有效的研究方法。

【实验仪器、材料和试剂】

1. 仪器、用具

光学显微镜、天平、恒温箱、水浴箱、量筒、烧杯、载玻片、玻璃板等。

2. 材料

洋葱根尖染色体标本片。

3. 试剂

0.2 mol/L 盐酸、饱和 $Ba(OH)_2$ 溶液（临用前配制）、2×SSC 溶液（0.3 mol/L 氯化钠 + 0.3 mol/L 柠檬酸钠）、Giemsa 染液（用 1/15 mol/L 磷酸缓冲液配制）。

【方法与步骤】

（1）将空气中干燥 1 周的洋葱根尖染色体标本片用 0.2 mol/L 盐酸浸泡 1 h（25 ℃）。

（2）用清水轻轻漂洗标本片后转入盛有饱和 $Ba(OH)_2$ 溶液的培养皿中处理 10 min（25 ℃）。

（3）把标本片转入盛有蒸馏水的培养皿中漂洗 5 min，更换蒸馏水后重复漂洗 3 次。

（4）把标本片转入 2×SSC 溶液（60 ℃预热）中处理 20 min。

（5）把标本片转入盛有蒸馏水的培养皿中漂洗 5 min，更换蒸馏水后重复漂洗 3 次。

（6）把标本片晾干后用 Giemsa 染液染色 10 min。

（7）用清水轻轻漂洗载玻片并晾干后置于显微镜下观察。

【注意事项】

（1）秋水仙素处理时间过长或用量过高可以导致染色体过分收缩、着丝粒分离、染色体短小甚至破碎，因此标本片的制作过程需要减少秋水仙素的处理时间。

（2）酸处理时间过短会导致条带反差不明显；碱处理时间过短也会导致条带反差不明显，但处理时间过长会导致染色体颜色太深并且出现空洞；盐处理时间太短也会导致条带反差不明显，处理时间过长会导致染色弱的条带不可见，因此实验过程中酸、碱、盐的处理时间需要根据样品种类等实际情况进行调整，以达到最佳效果。

（3）$Ba(OH)_2$ 处理后必须用蒸馏水彻底冲洗，即使是有微量的 $Ba(OH)_2$ 也会影响显带结果。

【作业】

绘制植物染色体的带型模式图并作出带型特点分析描述。

第 5 章 细胞和组织培养技术

组织培养是细胞生物学研究中最常用的方法之一。组织培养技术是在无菌的条件下将活器官、组织或细胞置于培养基内,并放在模拟体内生理条件的体外环境中进行连续培养,使其生存、生长、繁殖或传代以用于组织和细胞水平的生命过程的科学研究。组织培养又分为细胞培养、组织培养和器官培养,三者是密不可分并且相互联系。这种技术已广泛应用于农业和生物、医药领域的研究。

组织培养技术的主要优点:① 体外环境的可控性,可以精确调控理化环境(pH 值、温度、渗透压、气压、氧气和二氧化碳),从而保持生理条件的相对恒定;② 样品特征的均一性,细胞系的生化特征在传代多次后可以固定下来,基本上不需要考虑变异的影响;③ 样品的经济性,可以提供大量的组织或细胞样品供研究使用;④ 体外模型的准确性,可控的体外环境和样品的均一性使体外模型的参数更加准确,更有助于体内模型的参数修订。

组织细胞培养作为一种研究技术也有其局限性:① 需要较高的专业技能和实验设备;② 体外培养不能完全反映实际生理条件下的真实情况,因此所得的结果必须与自然条件下生长的细胞行为进行比较和验证。

实验 24 植物组织培养技术

【实验目的】

(1) 了解和掌握植物组织培养的方法及相关知识点。

(2) 将胡萝卜储藏根培养成为愈伤组织。

(3) 将菊花花瓣培养成为完整小植株。

【实验原理】

植物组织培养研究自 Haberlandt 的工作开始,至今已有 100 多年的历史,广义的组织培养,不仅包括在无菌的条件下利用人工培养基对植物组织的培养,而且包括对原生质体、悬浮细胞和植物器官的培养。Gamborg 曾根据所培养的植物材料的不同,把组织培养分为五种类型,即愈伤组织培养、悬浮组织培养、器官培养(胚、花药、子房、根和茎的培养等)、茎尖分生组织培养和原生质体组织培养。植物组织培养技术就是依据植物细胞"全能性"及植物的"再生作用",在无菌条件下将离体的植物器官、组织、细胞、胚胎、原生质体等培养在人工配制的培养基上,给予适宜的培养条件诱发产生愈伤组织、潜伏芽或长成完整植株的技术。植物细胞的全能性是指植物体任何一个细胞都携带着一套发育成完整植株的全部遗传信息,在离体培养情况下,这些信息可以表达产生出完整植株。要使细胞所具有的全能性表达出来,除了生长以外,还要经过脱分化和再分化等过程。分化了的植物根、茎、叶细胞,通过脱分化培养可以产生愈伤组织(一种能迅速增殖的无特定结构和功能的细胞团)。愈伤组织经过进一步的分化培养,提供不同的营养和激素成分,又可再生出完整的小植株。现在植物组织培养技术已在科研和生产中广泛应用,成为重要的生物技术之一。

植物培养基的主要成分是无机营养物、碳源、维生素、有机附加物和生长调节物质。

1. 无机营养物

无机营养物主要由大量元素和微量元素两部分组成,大量元素中,氮源通常有硝态氮或铵态氮,但在培养基中用硝态氮的较多,也有将硝态氮和铵态氮混合使用的。磷和硫则常用磷酸盐和硫酸盐来提供。钾是培养基中主要的阳离子,而对钙、钠、镁的需要量则较少。培养基所需的钠和氯化物,由钙盐、磷酸盐或微量营养物提供。微量元素包括碘、锰、锌、钼、铜、钴和铁。培养基中的铁离子,大多以螯合铁的形式存在,即 $FeSO_4$ 与 Na_2-EDTA(螯合剂)的混合。

2. 碳源

培养的植物组织或细胞的光合作用较弱。因此需要在培养基中补充一些碳水化合物,通常是蔗糖。蔗糖除作为培养基内的碳源和能源外,对维持培养基的渗透压也起重要作用。

3. 维生素

在培养基中加入维生素有利于外植体的发育,包括维生素 B_1、维生素 B_6、生物素、泛酸钙和肌醇等。

4. 有机附加物

有机附加物包括人工合成的和天然的两类。最常用的有酪朊水解物、酵母提取物、椰子汁及各种氨基酸等。另外,琼脂也是最常用的有机附加物,作为培养基的支持物,琼脂可以使培养基呈固体状态,以利于各种外植体的培养。

5. 生长调节物质

常用的生长调节物质大致包括以下三类:

(1) 植物生长素类。如吲哚乙酸(IAA)、萘乙酸(NAA)、2,4-二氯苯氧乙酸(2,4-D)。

(2) 细胞分裂素。如玉米素(Zt)、6-苄基嘌呤(6-BA 或 BAP)和激动素(Kt)。

(3) 赤霉素。组织培养中使用的赤霉素只有一种,即赤霉酸(GA_3)。

【实验仪器、材料和试剂】

1. 仪器、用具

分析天平、超净工作台、高压灭菌锅、培养箱、剪刀、镊子、手术刀、电炉、烧杯、试剂瓶、培养瓶、酒精灯、酸度计等。

2．材料

胡萝卜、块根、菊花花瓣。

3．试剂

6-BA、2,4-D、NAA、1 mol/L NaOH、1 mol/L HCl、0.1%升汞、酒精、蔗糖、琼脂。

【方法与步骤】

1．胡萝卜块根的脱分化培养

（1）母液的配制

在实验中常用的培养基,可将其中的各种组份配成 10 倍或 100 倍的母液放入冰箱中保存,用时可按比例稀释。配制母液有两点好处:一是可减少每次配制称量药品的麻烦,二是减少极微量药品在每次称量时造成的误差。母液可以配单一化合物母液,也可以配成混合母液。应注意以下几个方面:① 药品称量应准确,尤其微量元素化合物应精确到 0.0001 g,大量元素可精确到 0.01 g。② 配制母液的浓度应适当,以避免长时间保存后形成沉淀,另外浓度太高时,用量会很少,可能会在吸取时影响精确度。③ 母液贮藏时间一般为几个月,母液如果出现浑浊、沉淀,就不能再使用。④ 母液配制后需要放在冰箱中 4 ℃保存。

常用的混合母液如下:

① 大量元素混合母液:指浓度大于 0.5 mmol/L 的元素,即含 N、P、K、Ca、Mg、S 六种盐类的混合溶液,可配成 10 倍的母液。配制时要注意:各化合物必须充分溶解后才能混合;混合时注意先后顺序,特别要将钙离子、硫酸根离子和磷酸根离子错开,以免产生硫酸钙、磷酸钙等不溶性化合物沉淀;混合时要慢,边搅拌边混合。

② 微量元素混合母液:指浓度小于 0.5 mmol/L 的元素,即含除 Fe 以外的 B、Mn、Cu、Zn、Mo 等盐类的混合溶液,因含量低,一般配成 100 倍甚至 1000 倍,配时要注意依次溶解后再混合,以免沉淀。

③ 铁盐母液:铁盐必须单独配制,若同其他无机元素混合容易造成沉淀。一般是将 5.57 g $FeSO_4 \cdot 7H_2O$ 水溶液缓慢加入到 7.45 g Na_2-EDTA 微沸水溶液中,并不断搅拌,最后定容到 1000 mL。

④ 有机化合物母液:主要是维生素和氨基酸类物质,这些物质不能配成混合母液,一定要分别配成单独的母液,浓度为每毫克含 0.1 mg、1.0 mg、10 mg 化合物,用时根据所需浓度适当取用。

⑤ 植物激素:每种激素必须单独配制成母液,浓度为每毫升含 0.1 mg、0.5 mg、1.0 mg 激素,激素浓度的表示方法有两种,一种是 ppm(或 mg/L),另一种是用时根据需要取用。由于多数激素难溶于水,它们的配法如下:

ⅰ．IAA、IBA、GA3 先溶于少量 95%酒精中,再加水定容到一定浓度。

ⅱ．NAA 可溶于热水或少量 95%的酒精中,再加水定容到一定浓度。

ⅲ．2,4-D 不溶于水,可用 1 mol/L 的 NaOH 溶解后,再加水定容到一定浓度。

ⅳ．KIN 和 BA 先溶于少量 1 mol/L 的 HCl 中,再加水定容到一定浓度。

ⅴ．玉米素先溶于少量 95%酒精中,再加水定容到一定浓度。

（2）培养基的配制

① 混合培养基中的各成分。先量取大量元素母液,再依次加入微量元素母液、铁盐母液、有机成分,然后加入植物激素及其他附加成分。

② 熔化琼脂。每升培养基加入 65 g 琼脂粉和 30 g 蔗糖,将琼脂浸泡至透明后,用蒸馏水加热烧开熔化琼脂,待琼脂完全熔化后,把①配制的溶液加入,用 0.1 mol/L 的 NaOH 或 HCl 调 pH 至 5.8,最后定容到所需体积。

③ 分装。将配制好的培养基分装于培养瓶中,分装时注意不能把培养基倒在瓶口,以防引起污染,然后用封口膜或瓶盖封口。

几种常用培养基:

① MS 培养基。MS 培养基是目前普遍使用的培养基,它有较高的无机盐浓度,对保证组织生长所需的矿质营养和加速愈伤组织的生长十分有利。由于配方(表 5-1)中的离子浓度高,在配制、贮存、消毒等过程中,即使有些成分略有出入,也不致影响离子间的平衡。MS 固体培养基可用来诱导愈伤组织,或用于胚、茎段、茎尖及花药培养,它的液体培养基用于细胞悬浮培养时能获得明显成功。这种培养基中的无机养分的数量和比例比较合适,足以满足植物细胞在营养上和生理上的需要。因此,一般情况下,无须再添加氨基酸、酪蛋白水解物、酵母提取物及椰子汁等有机附加成分。与其他培养基的基本成分相比,MS 培养基中的硝酸盐、钾和铵的含量高。

表 5-1　MS 培养基配方

类型	成分	工作浓度	配制母液称取量	母液体积	扩大倍数	配制 1 L 升培养基的吸取量
大量元素	KNO_3	1900 mg/L	19000 mg	1000 mL	10	100 mL
	NH_4NO_3	1650 mg/L	16500 mg			
	$MgSO_4 \cdot 7H_2O$	370 mg/L	3700 mg			
	KH_2PO_4	170 mg/L	1700 mg			
	$CaCl_2 \cdot 2H_2O$	440 mg/L	4400 mg			
微量元素	$MnSO_4 \cdot 4H_2O$	22.3 mg/L	2230 mg	1000 mL	100	10 mL
	$ZnSO_4 \cdot 7H_2O$	8.6 mg/L	860 mg			
	H_3BO_3	6.2 mg/L	620 mg			
	KI	0.83 mg/L	83 mg			
	$Na_2MO_4 \cdot 2H_2O$	0.25 mg/L	25 mg			
	$CuSO_4 \cdot 7H_2O$	0.025 mg/L	2.5 mg			
	$CoCl_2 \cdot 6H_2O$	0.025 mg/L	2.5 mg			
铁盐	Na_2EDTA	37.7 mg/L	3770 mg	1000 mL	100	10 mL
	$FeSO_4 \cdot 7H_2O$	27.8 mg/L	2780 mg			
有机物质	甘氨酸	2.0 mg/L	100 mg	500 mL	50	10 mL
	盐酸硫胺素	0.4 mg/L	20 mg			
	盐酸吡哆素	0.5 mg/L	25 mg			
	烟酸	0.5 mg/L	25 mg			
	肌醇	100 mg/L	5000 mg			

② B5 培养基。B5 培养基的主要特点是含有较低的铵,这是因为铵可能对不少培养物

的生长有抑制作用。经过试验发现,有些植物的愈伤组织和悬浮培养物在 MS 培养基上生长得比 B5 培养基上要好,而另一些植物在 B5 培养基上更适宜。

③ N6 培养基。N6 培养基特别适用于禾谷类植物的花药和花粉培养,在国内外得到广泛应用。在组织培养中,经常采用的还有怀特(While,1963)培养基、尼许(Nitsch,1951)培养基等。它们在基本成分上大同小异。怀特培养基由于无机盐的数量比较低,更适合木本植物的组织培养。

④ Miller 培养基。Miller 培养基是在 MS 培养基的配方基础上进行改进得到的,主要适用于花药和花粉培养。和 MS 培养基相比,Miller 培养基无机元素用量减少 1/3 到 1/2,微量元素种类减少,无肌醇。

基本培养基种类和附加成分是根据培养材料和目的来确定的。下列培养基及附加成分可作为组织培养实验中参考的依据。MS 培养基中补充 2,4-D(2 mg/L)和 6-BA(0.2 mg/L),适用于胡萝卜块根愈伤组织的诱导;MS 培养基中补充 NAA(0.1 mg/L)和 6-BA(3 mg/L)适用于菊花花瓣诱导分化;MS 培养基中补充 NAA(0.5 mg/L)适用于多种花卉植物的根分化;Miller 或 N6 培养基中补充 2,4-D(0.5 mg/L),适用于水稻花药愈伤组织诱导;Miller 或 N6 培养基中补充 NAA (0.5~2 mg/L)和 6-BA(3 mg/L)则适用于水稻花药愈伤组织分化为单倍体植株。

(3) 灭菌

灭菌的方法一般有高温高压消毒和过滤消毒两种方法。① 高温高压消毒:培养基可以在高温高压灭菌锅内,在汽相 120 ℃ 条件下,灭菌 20 min。或者采用三次放气灭菌法,即 0.05 Mpa 下放三次气,在 0.1 Mpa 维持 15~20 min。② 过滤消毒:一些易受高温破坏的培养基成分如 IAA、IBA、ZT 等,不宜用高温高压法消毒,可用相应的针孔滤器过滤消毒,过滤消毒应在超净工件台中进行,以保证过滤效果。

(4) 取材与消毒

在自来水中反复冲洗干净胡萝卜块根,切取中间长约 50 mm 的一段,在超净工作台中放入无菌烧杯中,经 70%酒精浸泡 5 min 后,再用饱和漂白粉液消毒 20~30 min。倒去消毒液。用无菌水洗 3~5 次。

(5) 接种

在超净工作台中,用经高压消毒过的镊子和解剖刀把材料两端厚约 10 mm 的部分切去不用,中间的一段切成厚约 5 mm 的圆片,最后把圆片切成 5 mm^3 的组织块(注意每块都应带有形成层),接种在 MS + 2,4-D(2 mg/L) + 6-BA(0.2 mg/L)的培养基中。接种后,要在包纸上写清楚材料名称、培养基代号、接种日期、姓名等。

(6) 培养

接种好的材料放在 26~28 ℃ 条件下黑暗培养 2~3 周,即可出现愈伤组织。培养 4~6 周,愈伤组织达到高峰。每隔一周观察记录培养物的形态变化。

2. 菊花花瓣的分化培养

(1) 配制培养基

适合菊花花瓣分化培养的培养基为 MS + 6-BA(3 mg/L) + NAA(0.2 mg/L) + 糖 3% + 琼脂 0.7%,pH 5.8。

(2) 外植体的灭菌消毒

选取新鲜的菊花花瓣,用洗衣粉洗净表面,自来水冲洗 30 min,再用吸水纸吸干水分。

然后移入超净工作台，用 70% 乙醇消毒 30 s，接着用饱和漂白粉液消毒 20 min 或 0.1% $HgCl_2$ 溶液消毒 10 min。最后用无菌水洗 5～6 次，灭菌过的滤纸吸干水分。

（3）接种培养

用灭菌的剪刀把花瓣头尾剪去，剪成一至两段，接种在 MS + 3 mg/L 6-BA + 0.1 mg/L NAA 的培养基中，26～28 ℃ 培养，光照度 1000～2000 lx，每天照光 12 小时，培养 14 天左右，就可诱导出愈伤组织，再培养 10～15 天便可分化出不定芽。当芽长到 1～2 cm 时，分割芽转入 MS + 0.5 mg/L NAA 生根培养基中，继续培养 10 天左右，就可以长出白根，形成完整的植株。

【注意事项】

（1）接种用的工具、器皿和培养基必须要经过高压灭菌。

（2）接种要在超净工作台中进行，接种前要开紫外消毒 20 min，接种者要戴手套并用 70% 酒精消毒。

（3）严格按照无菌操作的要求进行操作，尽量避免污染。

【作业】

（1）接种后一周，观察记录培养物有无污染。

（2）每隔一周观察记录培养物的生长情况。

实验 25　原生质体的分离和培养

【实验目的】

掌握植物原生质体的分离、提纯和培养技术，观察原生质体再生壁和细胞分裂过程。

【实验原理】

植物原生质体是去掉纤维素外壁的具有生活力的裸细胞，原生质体仍然具有植物的全能性，在适宜的条件下，可经过离体培养得到再生植株。至今已从烟草、胡萝卜、矮牵牛、茄子、番茄等 70 多种植物的原生质体再生成完整的植株。原生质体培养在应用研究和基础研究上具有重要意义：① 与完整植物细胞相比，原生质体更易于摄取外来的物质（如 DNA、染色体、病毒、细胞器、细菌等），因此可以作为理想的受体进行各种遗传操作；② 由于没有细胞壁，有利于进行体细胞诱导融合和单细胞培养；③ 可用于细胞表面的结构与功能的研究、细胞器结构与功能的研究、病毒侵染与复制机理的研究、细胞核与细胞质相互关系、植物生长物质的作用和植物代谢等生理问题的研究。原生质体的这些特性与植物细胞的全能性结合在一起,已经在植物遗传工程和植物体细胞遗传学中开辟了一个理论和应用研究的崭新领域。

原生质体可从培养的单细胞、愈伤组织和植物器官(叶、下胚轴等)获得。但一般认为叶肉组织是分离原生质体的理想材料,其优点是材料来源方便而且遗传性较为一致。而从单细胞和愈伤组织分离到的原生质体,由于受培养条件和传代培养的影响,细胞容易出现遗传和生理差异。所以培养的单细胞和愈伤组织不是十分理想的原生质体材料。

原生质体的分离有机械分离法和酶解分离法两种:机械分离法是先使细胞发生质壁分离,然后切开细胞壁释放出原生质体,机械分离法的产量很低、方法繁琐费力,而且分生组织和液泡化程度不高的细胞不适用;酶解分离法是利用酶制剂对细胞壁不同成分进行降解后分离,一般先用果胶酶处理植物材料,释放单个小细胞后再用纤维素酶处理得到原生质体,或者用果胶酶和纤维素酶的混合物处理植物材料,得到游离的原生质体,酶解法中不纯的酶制剂所含杂质对原生质体可能有不同程度的毒害作用。

在适宜的培养条件下,分离的原生质体又可重新合成新的细胞壁,经过细胞分裂并再生成完整的植株。原生质体培养的条件和对营养的要求与组织培养或细胞培养相似,但原生质体由于除去了细胞壁,所以培养基中需要有一定浓度的渗透压稳定剂来保持原生质体的稳定。常用的渗透压稳定剂包括甘露醇、山梨醇、蔗糖等。培养基中添加的生长素、细胞分裂素也是必需的。

【实验仪器、材料和试剂】

1. 仪器、用具

超净工作台、低速离心机、倒置显微镜、高压灭菌锅、血细胞计数板、离心管、细菌过滤器、300 目镍丝网、解剖刀、镊子、注射器(2 mL、5 mL)、移液管、培养皿、烧杯等。

2. 材料

烟草叶片。

3. 试剂

(1) 洗涤液:0.6 mol/L 甘露醇、0.5 mmol/L $CaCl_2 \cdot 2H_2O$、0.7 mmol/L K_3PO_4(pH 5.6),高压灭菌等。

(2) 混合酶液:2%纤维素酶、1%果胶酶溶于洗涤液中(pH 5.6),需过滤除菌。

(3) DPD 培养基(表 5-2)培养基需过滤除菌。

表 5-2 DPD 培养基配方(pH 5.8)

成　　分	含量(mg/L)	成　　分	含量(mg/L)
NH_4NO_3	270	KI	0.25
$MgSO_4 \cdot 7H_2O$	340	盐酸	4
$CaCl_2 \cdot 2H_2O$	570	盐酸吡哆素	0.7
KH_2PO_4	80	盐酸硫胺素	4
$FeSO_4 \cdot 7H_2O$	27.8	肌醇	100

续表

成　　分	含量(mg/L)	成　　分	含量(mg/L)
Na_2 EDTA	37.3	叶酸	0.4
$MnSO_4 \cdot H_2O$	5	甘氨酸	1.4
$Na_2MO_4 \cdot 2H_2O$	0.1	生物素	0.04
$ZnSO_4 \cdot 7H_2O$	2	蔗糖	2000
$CuSO_4 \cdot 7H_2O$	0.015	甘露醇	0.3 mol/L
$CoCl_2 \cdot 6H_2O$	0.01	激动素	0.5

【方法与步骤】

(1) 取 60~100 天苗龄的烟草叶片,用自来水洗净。

(2) 70% 乙醇浸 30 s。

(3) 0.3% 次氯酸钠灭菌 15 min,无菌水洗 5 次。

(4) 无菌叶片用消毒镊子小心撕去下表皮,叶片剪成 1 cm^2。

(5) 将碎叶片置于混合酶液中,25 ℃酶解 3~4 h。然后在无菌下,吸一滴酶液于载玻片上,在显微镜下检查原生质体分离情况。

(6) 将酶解后的原生质体悬液,用 300 目镍丝网过滤到小烧杯中,以除去没有酶解完全的组织。

(7) 将滤液分装在刻度离心管中(离心管需带盖),以 600 r/min 的速度离心 5 min,使完整的原生质体沉淀。

(8) 用吸管除去上层酶液,加入洗涤液,小心将原生质体悬浮起来,待悬液充分混匀后,再一次离心。这样反复操作洗涤 2~3 次,洗净酶液与残余的细胞碎片。

(9) 加入适量(如 4 mL)的原生质体培养基,小心将原生质体悬浮起来,取少量用血球计数板计数,计算血球计数板上四角的四大格内的细胞总数,按下列公式即可算出每毫升悬浮液中的细胞数:

$$细胞数/mL = (四大格的细胞总数/4) \times 10000 \times 稀释倍数$$

离心去掉上述加入的培养基,再按计数结果加入相应量的培养基,使培养基中悬浮原生质体的密度为 10^5 个/mL。

(10) 用吸管将原生质体悬液转入灭过菌的培养皿内,控制液体的厚度在 1 mm 左右,并用封口膜封住培养皿,置 26 ℃恒温培养。

(11) 培养 10 天左右,在倒置显微镜下统计原生质体再生分裂的频率。

(12) 当大部分原生质体再生了细胞壁并有部分发育成愈伤组织(约 2 周)时,添加含 0.2 mol/L 甘露醇的新鲜培养基。

(13) 培养一个月左右,出现瘤状愈伤组织时,将其转入 MS 培养基附加 NAA 0.2 mg/L,6BA 3 mg/L 的固体培养基上,诱导芽的分化。

【注意事项】

分离到的原生质体是否健康和具有活力,是以后培养成功的关键因素之一。下面两种方法可用于测定原生质体的活力。

方法 1 染色法。可用荧光素双醋酸盐(fluorescein diacetate,FDA)、酚藏花红、伊文思蓝等染料对原生质体染色后,显微镜检查原生质体的活力。FDA 染色后,在荧光显微镜下检查,活的原生质体发出黄绿色的荧光。0.01%酚藏花红染色后,光学显微镜检查,活的原生质体染成红色。用 0.25%伊文思蓝染色,染成蓝色的原生质体为无活力的。

方法 2 胞质环流法。在显微镜下观察,凡具有胞质环流者,为代谢旺盛的原生质体。

原生质体的产量和活力与所用酶的质量和处理时间有关,每克材料大约加 10 mL 酶液。原生质体培养的密度是影响培养成功与否的重要因素,起始密度一般为 $10^4 \sim 10^5$ 个/mL。

【作业】

记录分析原生质体培养的生长发育情况。

实验 26　植物体细胞杂交——原生质体的融合

【实验目的】

在分离植物细胞原生质体的基础上,了解和掌握细胞融合的原理和方法。

【实验原理】

植物原生质体融合技术是借鉴于动物细胞融合的研究成果,在原生质体分离培养的基础上建立起来的,以植物的原生质体为材料,通过物理、化学等因素的诱导,使两个原生质体融合在一起以致形成融合细胞的技术。它不是雌雄孢子之间的结合,而是具有完整遗传物质的体细胞之间的融合,是两种原生质体间的杂交。通过原生质体融合可以把带有不同的基因组的两个细胞结合在一起,与有性杂交相比,可以使"杂交"亲本组合的范围扩大,不但可以利用细胞核内基因资源,还可以利用包含在细胞质中的诸如叶绿体和线粒体 DNA 的遗传资源。通过细胞融合技术可以克服种、属以上植物有性杂交不亲和性障碍,为广泛重组遗传物质开辟了新途径,也为携带外源遗传物质(信息)的大分子渗入细胞创造条件,从而更进一步扩大了遗传物质的重组范围。

【实验仪器、材料和试剂】

1. 仪器、用具

超净工作台、手摇离心机、倒置显微镜、高压灭菌锅、白细胞计数板、带盖离心管、细菌过滤器、300 目镍丝网、解剖刀、镊子、注射器(2 mL、5 mL)、移液管、培养皿、烧杯等。

2．材料

（1）拟南芥培养细胞中分离的原生质体。

（2）白菜型油菜的叶肉细胞中分离的原生质体。

3．试剂

（1）高 pH 高钙洗涤稀释液：0.1 mol/L CaCl$_2$·2H$_2$O、0.1 mol/L 山梨醇、0.05 mol/L Tris，pH 调至 10.5。

（2）PEG 液：PEG6000 配成 40%水溶液。

（3）DPD 培养基（配方见原生质体的分离培养）。

【方法与步骤】

（1）将两种来源的原生质体悬液等量混合。

（2）用移液管将混合的原生质体悬液滴在直径为 60 mm 的培养皿中，每皿滴 7～8 滴。每滴约 0.1 mL，静置 15 min，使原生质体贴在培养皿底部。

（3）用吸管吸取 PEG 溶液，等体积缓慢地加在原生质体液滴上，再静置 10～15 min。在倒置显微镜下观察原生质体的粘连情况。

（4）用吸管向原生质体液滴慢慢加入高 pH 高钙稀释液，第一次加 0.5 mL，第二次加 1 mL，第三、四次各 2 mL，每次间隔 5 min。

（5）将培养皿稍微倾斜，吸去上清液后缓慢加入 4 mL 稀释液，5 min 后再倾斜培养皿吸去上清，注意不要让原生质体漂浮起来。

（6）用 DPD 培养基重复润洗 2 次，每次间隔 5 min。最后在培养皿中加 2 mL 培养基，用石蜡膜密封培养皿，26 ℃暗室培养 24 h，然后再转到弱光下培养。

（7）细胞学观察。

① 细胞壁再生观察：在倒置显微镜下，观察原生质体的融合过程。一般脱壁 24 h 后可观察到再生的细胞壁：取一滴原生质体悬浮液放在载片上，加一滴 0.1%荧光增白剂，在荧光显微镜下以 366 nm 的紫外光照射细胞壁部位发出绿色荧光。培养 2 周后，可能发展成细胞团。这时应向培养物添加等量新鲜培养基（渗透压减半），以促进细胞团增殖。

② 细胞融合观察：培养 24 h 后，可在倒置显微镜下，观察到融合的异核体。为了进一步证实是异核细胞，可用改良苯酚品红，对融合产物进行染色，因为不同植物的细胞核染色程度不同。根据颜色特征可统计并计算出异源融合频率。

【作业】

（1）观察记录两种原生质体的粘连情况。

（2）观察统计并计算异源融合频率。

实验 27　动物细胞原代培养——兔胃壁细胞原代培养

【实验目的】

(1) 了解原代细胞消化培养法的基本方法和操作过程。

(2) 熟悉原代培养细胞观察方法。

【实验原理】

原代培养是直接从生物体获取细胞进行的培养。由于细胞刚刚从活体组织中分离出来,故更接近于生物体内的生活状态。这一方法可为研究生物体细胞的生长、代谢、繁殖提供有力的手段,同时也为以后传代培养创造条件。原代培养的过程主要是采用无菌操作的方法,把组织(或器官)从动物体内取出,经酶消化处理,使其分散成单个细胞,然后在人工条件下培养,使其不断地生长和繁殖。原代培养可分为消化培养法和组织块培养法两种。

动物细胞在体内有严密的组织结构,多数组织的形态是固体结构,细胞与细胞或者细胞与细胞间质之间联系紧密,要得到大量的单个细胞需要进行消化酶的处理,也有部分组织的细胞自然状态下就是松散的,从体内取出后不用处理(如血细胞)或稍加处理(如脾细胞)就可以得到细胞悬液。细胞消化后能直接得到较多的单个细胞,所以细胞与营养物接触充分,因此细胞适应快、增殖快、建系快。

【实验仪器、材料和试剂】

1. 仪器、用具

生化培养箱、倒置显微镜、生物安全柜、高压锅、恒温水浴箱、离心机、解剖剪、解剖镊、眼科剪、眼科镊、匀浆器、离心管、培养瓶、纱布、培养皿、移液器、吸管、移液管、酒精灯、酒精棉球、试管架等。

2. 材料

新西兰大白兔。

3. 试剂

(1) MEM-HEPES 培养基(20 mmol/L HEPES,在 MEM 中配制,pH 7.4,0.22 μm 滤膜过滤后高温高压灭菌)。

(2) PBS 缓冲液(2.25 mmol/L K_2HPO_4、6 mmol/L Na_2HPO_4、1.75 mmol/L NaH_2PO_4、136 mmol/L NaCl、1 mmol/L $CaCl_2$、1 mmol/L $MgSO_4$)。

(3) 巴比妥钠:20 mg/mL。

(4) 肌肉松弛剂:100 mg/mL ketamine(氯胺酮)、20 mg/mL xylazine(赛拉嗪)、

10 mg/mL acepromazine maleate(马来酸乙酰丙嗪)。

（5）消化液：20 mL 含 15 mg 胶原酶及 20 mg BSA 的 MEM-HEPES。

（6）完全培养基（在 DMEM 中补充 20 mmol/L HEPES、0.2% bovine serum albumin（牛血清蛋白）、10 mmol/L glucose（葡萄糖）、8 nM EGF、1 mmol/L gluta mine（谷氨酰胺）、100 U/mL penicillin-streptomycin（青霉素-链霉素）、400 g/mL gentamicin sulfate（硫酸庆大霉素）、15 g/L geneticin（遗传霉素），pH 7.4）

【方法与步骤】

（1）做好无菌操作的准备工作，所有耗材放置在生物安全柜中，并在实验开始前开紫外灯照射 30 min，紫外灯照射结束后，关闭紫外灯，打开日光灯，准备好所有试剂并把瓶盖稍微旋松，戴上手套并用 75%酒精消毒。

（2）处死动物：在新西兰白兔皮下注射肌肉松弛剂使其镇静，之后耳静脉注射 5 mL 巴比妥钠（致死剂量 25 mg/kg）让其达到手术麻醉状态。

（3）灌流：在腹中线做一切口，找到主动脉（暗红色静脉旁）远心端用线扎住，近心端打一个结，同时在远端的静脉壁切一小口，插入灌流导管，用注射器推注 150 mL，37 ℃预热的 PBS，进行高压灌流。

（4）取胃：迅速取下兔胃，用 PBS 清洗 3 次，再用钝的安全刀片背将胃黏膜从胃平滑肌上刮下来，仔细地切碎，用 PBS 清洗 3 次，然后用 MEM-HEPES 洗 2 次。

（5）消化：将切碎的胃黏膜在 20 mL HEPES-MEM 消化液中消化 30 min，在 37 ℃下，以 250 r/min 消化，当消化至肉眼可见较少的颗粒时加入 3 倍体积的 HEPES-MEM 终止消化反应。

（6）过滤：用 70 μm 的细胞滤网过滤消化好的细胞悬液，滤下来的为单个细胞，滤网中的主要是胃腺和成团的细胞。

（7）培养：以 1000 r/min 离心 5 min，用 MEM-HEPES 洗 1 次，DMEM 洗 2 次。把细胞重悬后滴入培养皿，放在 37 ℃ 生化培养箱培养。

（8）如果需要观察原代培养的胃壁细胞中各种蛋白的定位，可以利用相应的抗体进行免疫荧光（图 5-1、图 5-2、图 5-3）。

（9）如果需要检测壁细胞酸分泌活性，可以进行氨基比林（AP）摄取实验（aminopyrine uptake）。氨基比林摄取实验是常用的壁细胞酸分泌活性的检测方法。氨基比林是一种小分子弱碱，进入壁细胞后被酸化就留在壁细胞内，氨基比林的量就对应酸分泌的量。对照组可以分别用组胺和西咪替丁处理。组胺的加入可以显著增加壁细胞对氨基比林的摄取，西咪替丁可以抑制氨基比林的摄取。

从图 5-1 可以看出静息期的胃壁细胞里有很小的囊泡，微丝主要定位在囊泡膜（顶膜）和底膜上，H,K-ATPase 主要弥散在细胞质中，囊泡膜（顶膜）和底膜上也有。

从图 5-2 可以看出刺激期的胃壁细胞，囊泡出现极大扩张，微丝仍然定位在囊泡膜（顶膜）和底膜上，H,K-ATPase 从静息期的细胞质中重定位到囊泡膜上（顶膜）。

氨基比林吸收实验步骤：

① 向分离的胃腺或细胞中加入[14C]AP。

② 用 100 μM 的西咪替丁处理可得到静息期的胃腺或细胞。用 50 μM IBMX(3-异丁

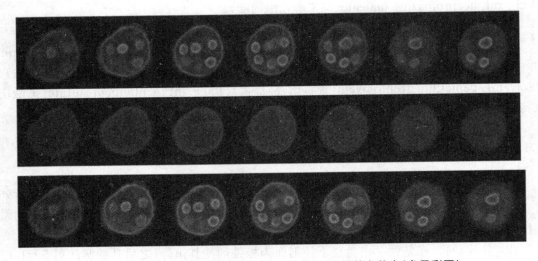

图 5-1 静息期的胃壁细胞,用西咪替丁维持细胞的静息状态(参见彩图)
绿色标记的为微丝,红色标记的为 H,K-ATPase。从左到右是胃壁细胞 Z 轴扫描所得到的不
同光学层面的图像(每两幅图像之间的间隔为 1.6 μm)

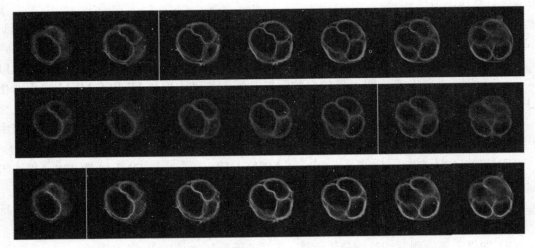

图 5-2 刺激期的胃壁细胞,用组胺维持细胞的刺激状态(参见彩图)
绿色标记的为微丝,红色标记的为 H,K-ATPase。从左到右是胃壁细胞 Z 轴扫描所得到的不同
光学层面的图像(每两幅图像之间的间隔为 1.6 μm)

基-1-甲基黄嘌呤)与 100 μM 组胺处理可得到刺激状态的腺体或细胞。处理后的腺体或者
细胞可以放在 4 ℃ 冰箱中保存备用。

③ 将腺体或细胞转移到圆底烧瓶,加入氨基比林后放在恒温摇床中,在 37 ℃ 下,以
160 r/min 孵育 20 min,取出腺体或细胞。以 1000 r/min 离心 5 min,自然干燥后称重。

④ 上清与沉淀用 Beckman 闪烁计数器进行计数。

⑤ AP 累积率为胞内 AP 浓度与胞外 AP 浓度之比。AP 摄取率为特定时间点的胃腺或
细胞中 AP 累积与静息期胃腺 AP 累积之比。

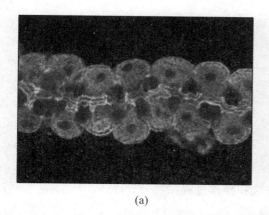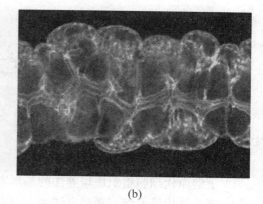

(a)　　　　　　　　　　　　　　　　　(b)

图 5-3　原代培养的胃腺（参见彩图）

绿色标记的为微丝，(a)是用西咪替丁维持的静息期胃腺，(b)是用组胺刺激维持的刺激期胃腺

【注意事项】

（1）分离提取单个胃壁细胞时要注意预热所有的溶液。

（2）为了保证消化液的 pH 值，在消化液颜色变紫时需要用 NaOH 粗略调整 pH 值。

（3）第(5)步开始实验过程要在生物安全柜中进行，保证严格无菌操作，以尽量避免污染的可能。

（4）缩短胃黏膜的消化时间（10 min）可以得到较多的胃腺。

（5）不同的组织需要不同的消化酶、温度、酸碱度和消化时间，需要做预实验来确定各项条件。

（6）不同的组织在培养时需要不同的抗生素，通常都是多种抗生素联合使用，需要根据文献来选择最佳抗生素种类和工作浓度。

（7）除非需要，否则操作过程中不要弄破消化道和内脏，以免引入过多的血细胞或者带来生物污染（微生物、真菌、病毒）。

（8）所有的解剖工具不用时必须泡在 75%乙醇中，以减少污染的可能。

【作业】

（1）观察、记录培养细胞的结果。

（2）如何提高胃壁细胞分离的比例？

实验 28　动物细胞原代培养——血管平滑肌细胞原代培养

【实验目的】

（1）了解原代细胞组织块培养法的基本方法和操作过程。

（2）熟悉原代培养细胞观察方法。

【实验原理】

组织块原代培养法是原代细胞培养常用的基本方法,适用于各种组织的原代培养,特别是难以消化的组织,组织块原代培养法操作程序简单,培养前不经过酶液处理,细胞损伤较小。但由于培养过程中细胞移动受到较大限制,完成原代培养所需的时间较长。

【实验仪器、材料和试剂】

1. 仪器、用具

二氧化碳培养箱、倒置显微镜、生物安全柜、高压锅、恒温水浴箱、离心机、解剖剪、解剖镊、眼科剪、眼科镊、5 号镊子、纱布、细胞培养皿、移液器、吸管、移液管、酒精灯、酒精棉球、试管架等。

2. 材料

SD 大鼠（10 周龄左右）。

3. 试剂

DMEM 培养基、胎牛血清、0.25%胰蛋白酶、PBS 液、巴比妥钠（20 mg/mL）。

【方法与步骤】

（1）做好无菌操作的准备工作,所有耗材放置在生物安全柜中,并在实验开始前开紫外灯照射 30 min,紫外灯照射结束后,关闭紫外灯,打开日光灯,准备好所有试剂并把瓶盖稍微旋松,戴上手套并用 75%酒精消毒。

（2）处死动物:使用 1 mL 注射器注射致死剂量麻醉剂于大鼠体内,致其死亡。

（3）将大鼠浸泡在 75%酒精中消毒 10 s,把消毒后的大鼠放在解剖台上,在大鼠的肋骨下沿胸骨方向剪一口,打开大鼠的胸腔,拨开心脏,找到主动脉。

（4）剪刀剪取 2～3 cm 长主动脉,置于预冷的 PBS（放在 10 cm 培养皿）中重复清洗 3～4 次。

（5）使用镊子剥离主动脉表面的结缔组织,并去除主动脉周围的血管分支。

（6）使用眼科剪剪开主动脉，再用眼科镊的圆头端轻轻地划过血管内皮，破坏内皮细胞，然后使用 5 号镊子轻轻撕开表面的纤维细胞层和中间的血管平滑肌层。

（7）将撕下来的血管平滑肌用预冷的 PBS 清洗 2 遍，然后放置于 10 mL 预冷的 DMEM 中，用剪刀尽量剪碎成 1 mm² 的小块。

（8）将组织块转入 50 mL 离心管中，以 1000 r/min 离心 5 min，弃去上清。

（9）加入 20 mL 预冷的 DMEM 重悬组织块，以 1000 r/min 离心 5 min，弃去上清。重复清洗组织碎片 3～4 次。

（10）将组织碎片用 7 mL 完全培养基（DMEM，在 10% FBS 中配制）重悬，均匀铺在 10 cm 培养皿中，静置 4～6 h 后吸去部分液体，直至液面刚刚超过组织碎片的表面。

（11）每天上午和下午观察细胞，根据需要补充培养基。可以看到平滑肌细胞逐渐从血管周围游走出来，血管完全消失时即可完成原代细胞培养实验。

【注意事项】

（1）从第（2）步开始的所有的实验都需要在生物安全柜中进行，以尽量避免污染的可能。

（2）二氧化碳培养箱的水槽中需要有充足的水分，以免培养皿中的培养基挥发过快。

【操作实验动物注意事项】

（1）实验动物只能在有资质的厂家购买，并在操作前确保检验检疫合格。

（2）操作实验动物时务必穿实验服、戴手套、戴口罩、戴防护眼镜。

（3）手及手臂裸露部分有伤口必须包扎并做好防水处理。

（4）做完实验把实验台面收拾干净，实验动物的尸体需要按照各个学校的生物安全规定统一收集处理。

（5）离开实验室前必须用肥皂仔细洗手，沾染动物体液的物品需要消毒彻底。

（7）在开展动物实验研究时，应按照我国《实验动物福利伦理审查指南（GB/T 35892—2018）》的要求，规范落实实验动物福利伦理（部分相关内容可参考附录 5）。

【作业】

（1）观察、记录培养细胞的结果。

（2）血管平滑肌细胞长满培养皿后尝试进行传代培养，具体实验步骤可以参考实验 29。

实验 29　传代细胞培养

【实验目的】

(1) 熟练掌握贴壁细胞传代的培养方法。

(2) 观察传代细胞贴壁、生长和繁殖过程中细胞形态的变化。

【实验原理】

当原代培养成功以后,随着培养时间的延长和细胞不断分裂,一方面细胞之间相互接触而发生接触性抑制,生长速度减慢甚至停止;另一方面培养基内的营养物不足和代谢物积累而不利于细胞生长甚至发生中毒,如果不及时的减少细胞密度,细胞将逐渐衰老死亡。因此需要将培养物按照比例重新接种到新的培养器皿(瓶)内进行培养,这个过程就称为传代培养。贴壁培养细胞的传代通常是采用胰蛋白酶消化把细胞分散成单细胞再传代,而悬浮型生长细胞的传代则用直接传代法或离心法传代。细胞种类不同,所需的培养基、添加剂以及传代培养的操作都会有所不同,可以参照中国科学院细胞库、ATCC(美国模式培养物集存库)、ECACC(欧洲认证细胞培养物收藏中心)网站上列出的相关信息来操作细胞。

【实验仪器、材料和试剂】

1. 仪器、用具

二氧化碳培养箱、倒置显微镜、生物安全柜、高压锅、水浴箱、离心机、血细胞计数板、离心管、培养瓶、细胞培养皿、移液器、吸管、移液管、酒精灯、酒精棉球、试管架等。

2. 材料

HeLa 细胞。

3. 试剂

DMEM 培养基、胎牛血清、0.25%胰蛋白酶、PBS、PS、Glutamine(谷氨酰胺)。

【方法与步骤】

1. 贴壁细胞:HeLa 细胞的传代培养

(1) 做好无菌操作的准备工作,所有耗材放置在生物安全柜中,并在实验开始前开紫外灯照射 30 min,紫外灯照射结束后,关闭紫外灯,打开日光灯,准备好所有试剂并把瓶盖稍微旋松,戴上手套并用 75%酒精消毒。

(2) HeLa 细胞生长在 100 mm 细胞培养皿,密度达到 80%左右时,在生物安全柜中操作,先吸去培养皿中的旧培养基,加入 2 mL 的 PBS,漂洗细胞以除去残留的血清。

(3) 吸去培养皿中的 PBS 溶液,加入 1 mL 0.25%胰蛋白酶消化液,37 ℃消化 2 min 左右(如消化程度不够可延长时间)。在倒置显微镜下观察细胞,当大部分细胞变圆时,轻轻吸去酶消化液(如果有较多细胞漂起,需要直接加入完全培养基来终止胰蛋白酶的消化反应)。

(4) 加入 4 mL DMEM 完全培养基(10% FBS),用移液器反复吹打细胞使其成为细胞悬液。将细胞悬液转移到 15 mL 离心管中,以 1000 r/min 离心 5 min。

(5) 轻轻吸去上清后用完全培养基重悬细胞,把细胞悬液按照比例转移到新的培养皿中(通常是一分为三,如果需要延长细胞传代的时间间隔,可以一分为四或者一分为五进行传代)。在培养皿中加入细胞悬液后,需要立即划十字摇匀细胞。

(6) 在培养皿上标记上细胞的名称、本次传代的日期和操作人,最后把培养皿转移到二氧化碳培养箱中培养。

(7) 细胞培养 24 h 后,根据培养基的颜色及细胞的生长密度进行相应的操作(更换新鲜培养基或者再次传代处理)。

2. 悬浮细胞或者半贴壁细胞的传代培养

悬浮细胞不贴壁(半贴壁细胞贴壁不紧),所以不需要借助胰蛋白酶消化,具体过程如下:

(1) 做好无菌操作的准备工作,所有耗材放置在生物安全柜中,并在实验开始前开紫外灯照射 30 min,紫外灯照射结束后,关闭紫外灯,打开日光灯,准备好所有试剂并把瓶盖稍微旋松,戴上手套并用 75%酒精消毒。

(2) 取状态良好的细胞,在生物安全柜中操作,用移液管把细胞吹打均匀。

(3) 把细胞悬液转移到 15 mL 离心管中,以 1000 r/min 离心 5 min。

(4) 轻轻吸去上清后用完全培养基重悬细胞,把细胞悬液一分为二或者一分为三后分别转移到新的培养皿中。

(5) 接种好的细胞,应在培养皿上标记细胞名称、本次传代日期和操作人,轻轻摇匀后转移到二氧化碳培养箱中培养。

(6) 细胞培养 24 h 后,根据培养基的颜色及细胞的生长密度进行相应的操作(更换新鲜培养基或者再次传代处理)。

【注意事项】

传代培养时要严格无菌操作并防止细胞之间交叉污染。

如果细胞接种时分布得不均匀会影响细胞的生长状态,也可以用移液器进行吹打来帮助刚接种后的细胞均匀分布。

【作业】

(1) 贴壁细胞和悬浮细胞传代方法上有什么不同?

(2) 为什么培养细胞密度过高时必须要进行传代?

实验 30　细胞的冻存与复苏

【实验目的】

（1）了解细胞冷冻保存和复苏的原理和意义。
（2）掌握细胞冻存和复苏方法，观察复苏细胞的成活情况。

【实验原理】

细胞冻存是细胞保存的主要方法之一。在细胞培养过程中，为防止细胞株的不断传代引起的细胞老化、表形突变、基因变异以及各种类型污染等现象的发生，可以对细胞进行冷冻保存，在需要时，可以快速复苏保证在较短时间内得到可供使用的样品。

在不加任何保护条件下直接冻存细胞时，细胞内外环境中的水会形成冰晶，引起细胞内发生一系列变化，如机械损伤、电解质浓度升高、渗透压改变、脱水、酸碱度改变、蛋白质变性等，大的冰晶还会导致细胞膜、细胞器的损伤和破裂，最终导致细胞死亡。但如果在培养基中加入冰冻保护剂二甲基亚砜（DMSO），可以降低溶液的冰点，结合缓慢降温，细胞内的水分析出，减少了冰晶的形成，从而避免细胞受损。二甲基亚砜具有相对分子质量小、溶解度大、易穿透细胞等特点，浓度范围在 5%～15% 之间，常用 10%。细胞冻存与复苏的原则是慢冻快融，这样可以较好地保证细胞的存活率。标准的冷冻速度开始为 1～2 ℃/min，当温度低于 -25 ℃时可加速，下降率可增至 5～10 ℃/min，温度降到 -80 ℃时保存 24 h 后即可直接投入液氮内。液氮是最理想的冷冻剂，它的沸点为 -196 ℃，在此温度下，既无化学也无物理变化发生，对标本酸碱度没有影响，汽化时不留沉淀，细胞在液氮中可长期保存。复苏细胞时把装有细胞的冻存管从超低温冰箱或者液氮中拿出后，直接转移到 37 ℃水浴锅中快速解冻，以减少小冰晶转变为大冰晶，减少对细胞的损害。

【实验仪器、材料和试剂】

1. 仪器、用具

二氧化碳培养箱、倒置显微镜、生物安全柜、高压锅、水浴锅、离心机、液氮罐、离心管、培养瓶、移液器、吸管、移液管、酒精灯、酒精棉球、冻存管等。

2. 材料

HeLa 细胞。

3. 试剂

DMEM 培养基、胎牛血清、0.25% 胰蛋白酶、甘油或二甲基亚砜、PBS、液氮、台盼兰。

【方法与步骤】

1. 细胞冻存

选择形态良好处于对数生长期的细胞(密度80%左右),在生物安全柜中开始操作:

(1) 做好无菌操作的准备工作,所有耗材放置在生物安全柜中,并在实验开始前开紫外灯照射30 min,紫外灯照射结束后,关闭紫外灯,打开日光灯,准备好所有试剂并把瓶盖稍微旋松,戴上手套并用75%酒精消毒。

(2) 吸去旧的培养基,加入1 mL 37 ℃预热的胰蛋白酶,消化2~3 min以分散细胞。

(3) 加入含有血清的DMEM培养基中止消化。

(4) 用吸管吹打分散细胞后把细胞悬液转入15 mL离心管,以1000 r/min离心5 min。

(5) 吸去上清,用1 mL冻存液(10%DMSO + 90%完全培养基)重悬细胞。

(6) 将含有细胞的冻存液转移到装入冻存管中,旋紧管盖,并在管上标明细胞株名称、冻存日期和操作人,把冻存管转入冻存盒。

(7) 先把冻存盒在−4 ℃存放30 min,之后转入20 ℃存放2 h,最终再转入超低温冰箱(−80 ℃),放置24 h后可以转移到液氮罐中(−196 ℃)长期保存。如果有条件的话可以使用细胞程序降温仪,保存结束后必须尽快在超低温冰箱或者液氮罐存放记录中标记出本次保存细胞的种类、冻存管的存放位置、存放时间和操作人。

2. 细胞复苏

在生物安全柜中开始操作:

(1) 做好无菌操作的准备工作,所有耗材放置在生物安全柜中,并在实验开始前开紫外灯照射30 min,紫外灯照射结束后,关闭紫外灯,打开日光灯,准备好所有试剂并把瓶盖稍微旋松,戴上手套并用75%酒精消毒。

(2) 从超低温冰箱或者液氮罐中取出冻存管后,需要立即转入37 ℃水浴锅中,使细胞冻存液尽快融化。

(3) 用75%乙醇对冻存管消毒,旋开盖子,把冻存液转移到15 mL离心管中,加入10倍体积的完全培养基(稀释DMSO),混匀后以1000 r/min离心5 min。

(4) 吸去上清,加入5 mL新鲜培养基,用移液管轻轻吹打以重悬细胞。

(5) 将细胞悬液转移到培养瓶中,放在二氧化碳培养箱中培养,可以取少量细胞悬液用台盼兰染色法来粗略计算细胞存活率。

(6) 细胞培养24 h后更换培养基继续培养。

【注意事项】

(1) 因为DMSO在室温状态下易损伤细胞,所以在细胞加入DMSO冻存液后,应尽快放入4 ℃环境中。

(2) DMSO加入溶液时会有发热效应,所以冻存液必须提前配制,不能在细胞悬液中直接加入DMSO。

(3) 放在液氮罐中冻存的细胞冻存管在37 ℃水浴锅中解冻的时候,要盖上水浴锅的盖子,防止进入冻存管的液氮骤然膨胀引起爆炸而造成伤害。

（4）乙醇对冻存管消毒时可能会把冻存管上的标记擦除，在做多种细胞复苏时一定要分开操作，以免把不同的细胞混淆。

（5）理论上细胞可在液氮内长期保存，为了保证细胞的存活率，建议细胞每冻存半年后就复苏培养，细胞正常生长一段时间后再继续冻存。

【作业】

（1）简述细胞冻存与复苏的原理，细胞的冻存与复苏应注意哪些关键步骤。

（2）观察冻存细胞的生长情况，计算细胞存活率。

实验 31　培养细胞的形态观察和计数

【实验目的】

（1）了解体外培养细胞的生长形态。

（2）了解培养细胞的技术方法。

【实验原理】

体外培养的细胞根据其生长方式的特点可分为贴附型与悬浮型两大类（图 5-4）。需要附着于支持物表面生长的细胞属贴附型细胞，大多数体细胞在体外培养的条件下，均呈现出贴附生长的特点。有些细胞可以悬浮在培养基中生长，而不需贴附于支持物上，此类细胞即为悬浮型细胞。有部分贴附型细胞与支持物的贴附不紧，轻微晃动就会从支持物上脱离，属于半贴壁细胞。

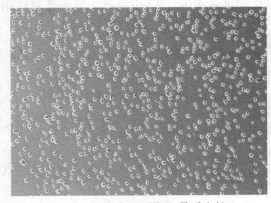
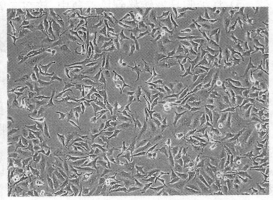

(a) THP-1细胞, 圆形, 悬浮生长　　　　　　(b) HepG2细胞, 梭形, 贴壁生长

图 5-4　体外培养的细胞

体外培养的贴附型细胞在形态上主要可分为三种：

（1）成纤维型细胞：成纤维型细胞与体内成纤维细胞形态类似，胞体呈梭形或不规则三角形，中央有圆形核，胞质向外伸出几个长短不同的突起，生长时呈放射状。成纤维细胞来自中胚层间充质组织，如平滑肌细胞。

（2）上皮型细胞：上皮细胞型细胞形态与上皮细胞类似，胞体为扁平不规则多角形、圆形核、细胞紧密相连成单层，细胞增殖数目增多时，整个上皮膜会一起移动，边缘细胞很少脱离细胞群而单独活动，上皮细胞来自内胚层和外胚层，如表皮细胞。

（3）游走细胞型：这种细胞散在生长，一般不连成片，胞质常突起，呈活跃游走或变形运动，方向不规则。因为形态多变，所以游走细胞有时难以和其他细胞相区别，如小鼠结缔组织 L929 细胞。

贴附型细胞在体外培养时，丧失了体内生长的形态学特征，其体外培养条件下的形态反映出其胚层的起源，而悬浮型细胞无论来源如何，其形态在体外培养条件下均为单一的圆形，如淋巴细胞、白血病细胞等。

在倒置显微镜下，生长状态良好的细胞，其胞质是透明、均匀的，胞内颗粒物质较少，细胞的轮廓及胞内的结构不明显，通常可见核内有 1～2 个核仁。细胞机能状态不良时，胞内颗粒物质增多，细胞透明度减弱，细胞轮廓增强，核仁数量也会增多。

细胞计数法是细胞生物学实验的一项基本技术，借助于细胞计数板（图 5-5）确定细胞的密度，其原理是当待测细胞悬液中细胞均匀分布时，通过测定一定体积悬液中的细胞的数目，即可换算出每毫升细胞悬液中细胞的细胞数目。

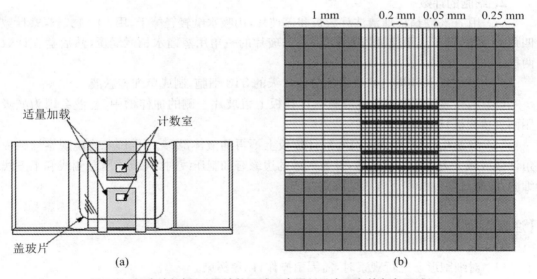

图 5-5　细胞计数板(a)及计数区域示意图((b)中四角的灰色区域)

细胞计数板每一个计数区域的大方格长为 1 mm，宽为 1 mm，高为 0.1 mm，体积为 0.1 mm^3，可容纳的溶液体积是 0.1 μL，计数区域中的细胞数目即代表 0.1 μL 细胞悬液中的细胞数目，所以每毫升溶液中所含细胞数即是计数区域大方格中细胞数的 10 000 倍，相关公式为

$$每毫升悬液中的细胞数目 = （4 大格细胞数之和 ÷ 4）× 10^4 × 稀释倍数$$

【实验仪器、材料和试剂】

1. 仪器、用具

二氧化碳培养箱、倒置显微镜、生物安全柜、盖玻片、移液管、离心管、酒精棉球、酒精灯、细胞计数板等。

2. 材料

传代培养 3 天的上皮细胞 HeLa、传代培养 7 天的 HeLa 细胞、传代培养 3 天的小鼠成纤维细胞 3T3、传代培养 7 天的 3T3 细胞。

3. 试剂

PBS、0.25% 胰蛋白酶消化液、DMEM 培养基（含 10% 胎牛血清）。

【方法与步骤】

1. 培养细胞形态结构及生长状况的观察

（1）将培养不同时间的 HeLa 和 3T3 细胞置于倒置相差显微镜下，观察培养细胞的形态、细胞排列方式及彼此间连接的程度。

（2）用 40× 镜头对细胞结构、内容物等作进一步的观察。

（3）记录观察的结果并比较上皮细胞和成纤维细胞形态上的差异。

2. 细胞的计数

（1）用 75% 酒精棉球清洁计数板和盖玻片，用吸水纸轻轻擦干，用 10× 物镜观察计数板四角大方格，调节焦距使视野清晰后，将盖玻片的一角用蒸馏水稍微润湿，然后盖在计数板两槽中间。

（2）用 0.25% 胰蛋白酶液消化传代 7 天的 3T3 细胞，制成单细胞悬液。

（3）用移液管吸取少量悬液滴在计数板上盖玻片一侧的加样槽中，悬液会因为虹吸作用而直接充满计数区。

（4）静置几分钟，使细胞沉降到计数板上不再随液体漂移。用 10× 物镜观察计数板四角计数区域大方格中的细胞数，计数区域的边缘有细胞压线时，只统计压左侧线和上方线的细胞，忽略压右侧线和下方线的细胞。

【注意事项】

（1）对细胞形态进行观察时，需无菌操作，以免污染。

（2）为了减少外界环境对细胞生长的影响，观察细胞的时间不宜过长，对多瓶细胞进行观察时，应分批取放。

（3）细胞计数前，为了使结果更为准确，对细胞的消化要充分，使其尽量分散，以制备单细胞悬液。

（4）稍微润湿盖玻片的一角是为了帮助盖玻片和计数板贴附在一起，注意不能让液体进入计数板两槽中间。

（5）加样前应充分混匀细胞悬液，加样时应避免气泡的产生，样品量要适度，不要溢出盖玻片,也不要过少或带入气泡,如果加样失误必须用75%酒精冲洗计数板后重新开始计数操作。

(6) 计数时,2个以上的细胞组成的细胞团,应按单个细胞计算。如细胞团占细胞总数的10%以上,说明细胞分散不充分,可能是消化不彻底,也可能是吹打不充分,必须重新制备细胞悬液。

【作业】

(1) 画出四种细胞大致的形态,指出之间的差异并解释可能导致差异产生的原因。
(2) 对四种细胞的密度进行统计。

实验 32　培养细胞生长曲线的绘制和分裂指数的测定

【实验目的】

(1) 了解培养细胞生长曲线绘制的原理。
(2) 了解培养细胞分裂指数的测定方法。

【实验原理】

细胞生长曲线是测定细胞绝对生长数的常用方法,也是确定细胞活力的重要指标。一般细胞传代之后,经过短暂的悬浮然后贴壁,度过长短不同的潜伏期后进入大量分裂的指数生长期。细胞密度达到饱和后,停止生长,进入平顶期,然后退化衰亡。为了准确描述整个过程中细胞数目的动态变化,可以通过对培养细胞进行连续的计数来绘制出细胞的生长曲线。典型的生长曲线可分为生长缓慢的潜伏期、斜率较大的指数生长期、呈平台状的平顶期及退化衰亡期4个部分。以存活细胞数对培养时间作图即得生长曲线。

细胞生长曲线是了解培养细胞增殖详细过程及细胞生长基本规律的重要手段,图5-6描绘了有限细胞系和无限细胞系的生长曲线,图中纵坐标为细胞的密度,横坐标为培养天数,可见无限细胞系的生长速度和密度都远高于有限细胞系,以此确定培养细胞生长是否稳定、细胞增殖速度变化的进程及增殖高峰出现的时间,从而为进行细胞的传代、冻存及进一步利用培养细胞进行科学实验提供最佳处理时间。

细胞分裂指数是指培养细胞中分裂细胞在全部细胞中所占的比例。细胞分裂指数是培养细胞增殖能力的一个重要指标,也是细胞周期研究中的一个重要参数。

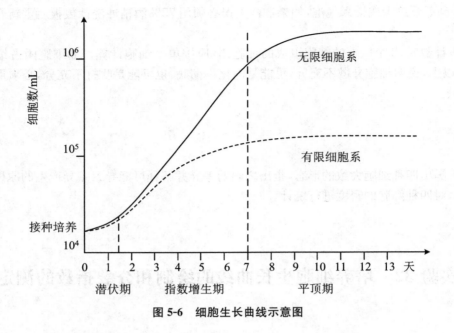

图 5-6　细胞生长曲线示意图

【实验仪器、材料与试剂】

1．仪器、用具

二氧化碳培养箱、离心机、荧光显微镜、超净工作台、24 孔培养板、移液管、离心管、培养皿、半对数坐标纸、盖玻片、细胞计数板、酒精棉球、酒精灯。

2．材料

贴壁培养的细胞。

3．试剂

PBS、DMEM 培养基（含 10%胎牛血清）、0.25%胰蛋白酶、Hoechst33258 染液。

【方法与步骤】

做好无菌操作的准备工作，所有耗材放置在生物安全柜中，并在实验开始前开紫外灯照射 30 min，紫外灯照射结束后，关闭紫外灯，打开日光灯，准备好所有试剂并把瓶盖稍微旋松，戴上手套并用 75%酒精消毒。

1．生长曲线的绘制

（1）取对数生长期的细胞，用 0.25%胰蛋白酶消化后吹打形成单细胞悬液。

（2）把细胞悬液转入 15 mL 离心管中，1000 r/min 离心 5 min，弃上清后加入 DMEM 培养基重悬沉淀。

（3）吹打均匀后对细胞进行计数。

（4）按 2×10^4～5×10^4 个/mL 的细胞密度接种在 12 孔培养孔板内。

（5）每天对其中 3 孔细胞数目进行统计并计算平均值。

（6）连续 7 天按上述方法对细胞进行计数。

（7）以培养时间为横坐标、细胞数为纵坐标，在半对数坐标纸上，将各点连成曲线，即可获得细胞的生长曲线。

2. 分裂指数的测定

（1）取对数生长期的细胞，用 0.25% 胰蛋白酶消化后吹打形成单细胞悬液。

（2）把细胞悬液转入 15 mL 离心管中，1000 r/min 离心 5 min，弃上清后加入 DMEM 培养基重悬沉淀。

（3）吹打均匀后对细胞进行计数。

（4）将细胞按 $2 \times 10^4 \sim 5 \times 10^4$ 个/mL 的细胞密度接种于提前放置有盖玻片的 12 孔板中。

（5）每天用 Hoechst33258 染液对一张盖玻片上的细胞染色 10 min。

（6）在荧光显微镜下，通过区分染色体和染色质来识别分裂期及非分裂期细胞。

（7）选出细胞密度高、中、低 3 个不同的区域，每一区域观察 100 个细胞，统计并记录其中的分裂细胞数，计算 3 个区域中分裂细胞数的平均值。

（8）分裂细胞在 100 个细胞中所占的比例即为培养细胞的分裂指数。

（9）以培养时间为横坐标，以每天的分裂指数为纵坐标，绘制细胞分裂指数曲线。

【注意事项】

（1）在进行生长曲线的测定时，接种到培养板孔中的细胞数量应保持每孔一致。接种量应适当，过少将使细胞生长周期延长，过多将使细胞很快到达平顶期，这两种情况下所得到的生长曲线均不能准确反映细胞的生长状况。

（2）测定培养细胞分裂指数时，接种到培养板孔中的细胞量也需要保持一致。

（3）因为部分分裂后期的细胞与间期细胞形态很相似，需要仔细观察周边细胞来进行区分。

【作业】

绘制培养细胞的生长曲线并分析各个时期细胞生长的特点。

实验 33　细胞克隆形成实验

【实验目的】

（1）了解细胞克隆（集落）的相关原理。

（2）了解克隆形成率和细胞增殖能力的关系。

【实验原理】

单个细胞在体外增殖 6 代以上,其后代所组成的细胞群体,称为细胞克隆或细胞集落,每个克隆含有 50 个以上的细胞,细胞克隆形成率代表了活细胞的增殖能力,避免了绘制生长曲线时将死细胞当成活细胞计数而导致的实验误差。由于细胞生物学性状不同,细胞克隆形成率差别也很大,一般初代培养细胞克隆形成率较弱,传代细胞系较强;二倍体细胞克隆形成率较弱,转化细胞系较强;正常细胞克隆形成率较弱,肿瘤细胞较强。培养基种类、血清质量与浓度、温度、酸碱度以及接种时的细胞密度等也会影响细胞克隆形成率。常用的检测细胞克隆形成率的方法有两种:平板克隆形成法和软琼脂克隆形成法。

【实验仪器、材料与试剂】

1. 仪器、用具

二氧化碳培养箱、倒置显微镜、离心机、生物安全柜、水浴锅、细胞计数板、60 mm 培养皿、离心管、移液管、小烧杯等。

2. 材料

HeLa 细胞。

3. 试剂

DMEM 培养基、PS、Glutamine(谷氨酰胺)、胎牛血清、0.25%胰蛋白酶、固定液(乙醇和冰酸醋以 3∶1 的体积比混合均匀的溶液)、结晶紫染液、琼脂。

【方法与步骤】

做好无菌操作的准备工作,所有耗材放置在生物安全柜中,并在实验开始前开紫外灯照射 30 min,紫外灯照射结束后,关闭紫外灯,打开日光灯,准备好所有试剂并把瓶盖稍微旋松,戴上手套并用 75%酒精消毒。

1. 平板克隆集落实验

(1) 取对数生长期的 HeLa 细胞,用 0.25%胰蛋白酶消化后吹打形成单细胞悬液。

(2) 以 1000 r/min 离心 5 min,弃上清液,用含 10%胎牛血清的 DMEM 培养基重悬细胞。

(3) 对细胞计数后,根据细胞增殖能力将细胞悬液作梯度稀释。一般以每皿含 50、100、200 个细胞的梯度浓度将细胞悬液接种于培养皿中,轻轻晃动以使细胞分散均匀。

(4) 将培养皿放在二氧化碳培养箱,在 37 ℃下培养 2~3 周。

(5) 当培养皿中出现肉眼可见的克隆时,终止培养。吸去培养基后沿培养皿壁缓慢加入 2 mL PBS,浸润细胞后吸去 PBS。

(6) 加固定液固定 15 min,吸去固定液。加入 2 mL PBS,浸润细胞后吸去 PBS。

(7) 加入 2 mL 结晶紫染液,室温染色 10~30 min,可以倾斜培养瓶观察细胞是否着色。染色结束后,倒掉染液,用双蒸水多次润洗培养皿至细胞间隙的蓝色被洗掉。

(8) 晾干后在倒置显微镜下观察,统计含有超过 10 个细胞的克隆的数目。最后计算克隆形成率：

$$克隆形成率＝（克隆数目÷接种细胞数）×100\%$$

2．固体软琼脂细胞集落形成实验

（1）用蒸馏水分别配制 1.2% 和 0.7% 两个浓度的低熔点琼脂糖液，高压灭菌后维持在 40 ℃ 不要凝固。

（2）按 1∶1 比例使 1.2% 的琼脂糖和含两倍添加剂的 DMEM 培养基（20% 的胎牛血清、2 倍的 PS 和 2 倍的 Glutamine）混合，取 3 mL 混合液注入 60 mm 平皿中冷却凝固后作为底层琼脂。

（3）取对数生长期的 HeLa 细胞，用 0.25% 胰蛋白酶消化后吹打形成单细胞悬液。

（4）以 1000 r/min 离心 5 min，弃上清液，用含两倍添加剂的 DMEM 培养基（20% 的胎牛血清、2 倍的 PS 和 2 倍的 Glutamine）重悬细胞，对细胞进行计数。

（5）按 1∶1 比例使 0.7% 的琼脂糖和含两倍添加剂的 DMEM 培养基在 15 mL 离心管中混合，向管中加入含有约 1000 个细胞的细胞悬液，充分混匀后转入准备好的含有底层琼脂的培养皿中。

（6）待上层琼脂凝固后，将培养皿放在二氧化碳培养箱，在 37 ℃ 下培养 2～3 周。

（7）把培养皿放在倒置显微镜下，观察细胞克隆数并计算克隆形成率。

【注意事项】

（1）细胞悬液中单个分散细胞应多于 90%。

（2）平板培养期间，培养基变黄时应及时更换新鲜培养基。

（3）平板培养期间对细胞操作时必须动作轻柔以免把细胞吹走。

（4）注意在琼脂与细胞混合时温度不要超过 40 ℃，以免烫伤细胞。

（5）软琼脂培养时，接种细胞密度不宜过高，每平方厘米不超过 35 个。

【作业】

（1）观察并描绘培养过程中的克隆形成情况。

（2）在显微镜下观察计数大于 50 个细胞的克隆数，并计算克隆形成率。

实验 34　细胞的三维培养

【实验目的】

了解细胞三维培养的相关原理和常用方法。

【实验原理】

传统的细胞培养都是二维平面培养（2D），也是目前应用最广泛的细胞生物学研究手段，但是许多通过二维培养获得的细胞生物学研究数据，在相应的动物学模型中不能很好地再现，以二维培养为基础的药物筛选也常常遇到体内和体外药效不一致的情况。细胞的三维培养（3D）是一种模拟体内三维生长环境的细胞培养方式。通过让细胞聚集成三维球体或者将细胞在成分结构类似于实体组织的三维结构载体上黏附、伸展和生长，从时间和空间上共同调控细胞的增殖和分化，使组织结构和功能得以较大程度保留。与二维培养相比，三维培养更真实地再现了细胞与细胞之间以及细胞与胞外基质之间的相互作用，更准确地模拟细胞在组织中的实际微环境，细胞行为特性更接近于生物体内的生存状态，广泛应用于细胞生长和分化、干细胞、代谢和毒理学、体内外血管生长、肿瘤细胞生物学、新药筛选等研究领域。

细胞的三维培养分为无支架（悬浮培养）和有支架（固定培养）两大类，常见的无支架培养是悬滴培养、磁悬浮培养和低吸附力表面培养。常见的有支架培养是水凝胶支架培养和非天然聚合物支架培养。实际可以根据细胞种类和实验目的来选择具体的培养方式。

【实验仪器、材料与试剂】

1. 仪器、用具
二氧化碳培养箱、离心机、荧光显微镜、超净工作台、24 孔培养板、移液管、离心管、培养皿、玻璃底培养皿（活细胞观察用，中间底部粘有一个盖玻片）、细胞计数板、酒精棉球、酒精灯等。

2. 材料
Caco-2 细胞。

3. 试剂
PBS、DMEM 培养基（含 10% 胎牛血清）、基质胶、0.25% 胰蛋白酶消化液。

【方法与步骤】

（1）实验需要提前在 100 mm 培养皿中接种 Caco-2 细胞，实验开始时，Caco-2 细胞需要长成致密的单层细胞。

（2）做好无菌操作的准备工作，所有耗材放置在生物安全柜中，并在实验开始前开紫外灯照射 30 min，紫外灯照射结束后，关闭紫外灯，打开日光灯，准备好所有试剂并把瓶盖稍微旋松，戴上手套并用 75% 酒精消毒。

（3）在玻璃底培养皿中平铺 10 μL 基质胶，盖上盖子后转入二氧化碳培养箱中放置 3～5 min 使基质胶凝固。

（4）吸走 Caco-2 细胞培养皿中的培养基（不用吸太干，避免细胞长时间脱水）。

（5）加入 1 mL PBS，上下倾斜培养皿，润洗细胞以去除残留的血清（血清可以抑制胰酶消化），用移液管把 PBS 吸走。

（6）加入 1 mL 胰酶对细胞进行消化，上下倾斜培养皿，确保所有的细胞都被胰酶浸润，细胞大部分脱落后，加入 1 mL 完全培养基以终止胰酶的消化作用。

（7）用 1 mL 移液器对细胞进行反复吹打制备单细胞悬液。

（8）将细胞悬液转移至 15 mL 离心管中，以 800 r/min 离心 2 min。

（9）弃去上清，用 2 mL 完全培养基重悬细胞沉淀。

（10）在无菌 1.5 mL EP 管中加入 5 μL 细胞悬液、10 μL 基质胶和 15 μL 培养基（总体积共 30 μL，其中基质胶占 1/3 体积）。

（11）用移液器轻轻吹打混匀细胞悬液，将这 30 μL 悬液缓慢平铺在玻璃底培养皿中。

（12）将玻璃底培养皿转移到二氧化碳培养箱中静置 15～30 min 使细胞悬液凝固。

（13）在玻璃底培养皿中补充 2 mL 完全培养基后继续培养。

（14）24～48 h 后，可以看到培养皿中的部分区域出现两个细胞聚集，即顶膜发生起点的形态。

（15）4～5 天后，可以看到培养皿中部分区域产生小的球囊（直径约 40 μm）。

（16）7～10 天后，可以看到之前的小球囊长成大的球囊（直径不小于 80 μm）。

【注意事项】

（1）密集较高时，培养皿中可能会看到巨大的空泡，这是 Caco-2 细胞的正常现象。

（2）Caco-2 细胞消化时间较长，如果 37 ℃ 消化 5 min 后只有部分细胞团脱落，可以先收集脱落细胞，然后在培养皿中重新加入胰酶，放入培养箱继续消化，每隔 1 min 观察细胞，直至大部分细胞都脱落即可终止消化。

（3）Caco-2 细胞贴壁时间较慢，通常需要等 48 h 再观察细胞，以免培养皿震动影响细胞贴壁。

（4）48 h 后，可以每天根据培养基颜色和细胞数目更换培养皿中的培养基。

（5）基质胶（basement membrane extract，BME）是提取于 Engelbreth-Holm-Swarm（EHS）小鼠肉瘤的物质，可以在 37 ℃ 重新形成基底膜。基质胶是一种特殊的细胞外基质，在内皮细胞、上皮细胞、肌肉或神经细胞间形成界面，可以用于支持细胞生长和分化，也用于细胞黏附、血管新生、提取外细胞迁移/侵袭和体内成瘤实验等。

（6）新购置的基质胶可以在冰上融化后分装冻存，实验操作过程中基质胶一定要提前放在冰上解冻，没有用完的基质胶如果是液体，可以继续冻存，如果已经凝固，可以直接无害化处理。

（7）不同的多孔板所需的基质胶体积不同，可以根据实际情况来调整。

（8）不同的种类的细胞的三维培养需要不同的培养基和添加剂，可以根据实际情况来选择。

【作业】

（1）观察、记录培养细胞的结果。

（2）如何提高 Caco-2 细胞贴壁的比例？

实验 35　细胞同步化

【实验目的】

了解细胞同步化的基本原理和操作方法。

【实验原理】

在细胞培养过程中,细胞处于不同的细胞周期时相。为了研究某一时相细胞的代谢、增殖、基因表达或凋亡,需要利用药物或其他方法使培养的细胞处于细胞周期的同一时相,这就是细胞同步化技术。细胞同步化技术为研究细胞周期转变、细胞动力学、细胞周期调控奠定了实验基础。

细胞同步化的方法多样,包括温度休克法、短时间饥饿法、药物抑制法以及离心法等。不同的处理方法可以使细胞停留在不同的分裂时相中,DNA 合成抑制剂可逆地抑制 S 期细胞 DNA 合成而不影响其他细胞周期运转,最终可将细胞群体阻滞在 G_1/S 期交界处;一些抑制微管聚合的药物,因抑制有丝分裂装置的形成和功能行使,可将细胞阻滞在有丝分裂中期,即使细胞同步于 M 期。

【实验仪器、材料与试剂】

1. 仪器、用具

二氧化碳培养箱、倒置显微镜、离心机、生物安全柜、培养皿、移液器、离心管、小烧杯等。

2. 材料

HeLa 细胞。

3. 试剂

PBS、胎牛血清、DMEM 培养液、0.25% 胰蛋白酶溶液、胸苷、Nocodazole。

【方法与步骤】

做好无菌操作的准备工作,所有耗材放置在生物安全柜中,并在实验开始前开紫外灯照射 30 min,紫外灯照射结束后,关闭紫外灯,打开日光灯,准备好所有试剂并把瓶盖稍微旋松,戴上手套并用 75% 酒精消毒。

1. 血清饥饿法(将细胞周期阻滞在 G_0/G_1)

(1) 用 0.25% 胰蛋白酶消化处于对数生长期的 HeLa 细胞,吹打细胞后,以 1000 r/min 离心 5 min。

（2）用 37 ℃预热的不含血清的 DMEM 重悬细胞。

（3）将培养皿放在二氧化碳培养箱，在 37 ℃下培养 24～48 h。

（4）吸去培养基，加入完全培养基后，将培养皿放在二氧化碳培养箱，在 37 ℃下培养细胞约在 12 h 后进入 S 期。

2. 胸苷法（将细胞周期阻滞在 G_1/S 期交界）

（1）当 HeLa 细胞生长至 50%密度时吸去培养基，加入 2.5 mmol/L 胸苷的新鲜培养基。

（2）将培养皿放在二氧化碳培养箱，在 37 ℃下培养 12 h。

（3）弃去含有胸苷的培养液，用 PBS 润洗细胞 3 次后加入新鲜培养基，在 37 ℃的二氧化碳培养箱中培养 8 h。

（4）吸去培养基，再加入含有 2.5 mmol/L 胸苷的新鲜培养基，将培养皿放在二氧化碳培养箱，在 37 ℃培养 12～14 h，这时的细胞处于 G_1/S 期交界，如果需要收集 G1/S 释放后不同时刻的细胞，可以用 PBS 润洗细胞 3 次（吸去残留的胸苷），加入新鲜培养基培养不同时间后收集细胞。

3. Nocodazole 法（将细胞周期阻滞在 M 期）

（1）当 HeLa 细胞生长至 80%密度时吸去培养基，加入含有 Nocodazole 的新鲜培养基（Nocodazole 终浓度为 100 ng/mL）。

（2）将培养皿放在二氧化碳培养箱，在 37 ℃下培养 16 h。

（3）用力拍打培养瓶 3 次使 M 期细胞悬浮起来，将上清转移入 15 mL 离心管中。

（4）以 1000 r/min 离心 5 min 收集沉淀的细胞。

以上方法获得的不同时相的细胞可用流式细胞仪来进一步确定具体的细胞周期时相。

【注意事项】

（1）血清饥饿法必须注意无血清培养基处理细胞的时间，时间过长将引起细胞不可逆进入 G_0 期或凋亡。

（2）细胞种类和细胞状态不同，胸苷法中两次释放的时间也有差异，可以借助显微镜观察来确定最佳的释放时间。

（3）Nocodazole 浓度较高时可以诱导细胞凋亡，如果实验中发现有较多细胞凋亡可以减少 Nocodazole 的工作浓度。

【作业】

（1）统计三种方法得到不同时相的同步化细胞的比率。

（2）分析三种方法得到的同步化细胞的比率之间存在差异的原因。

实验 36　HeLa 细胞有丝分裂的观察

【实验目的】

熟悉有丝分裂不同时相的细胞形态学特征。

【实验原理】

DAPI 即 $4', 6$-二脒基-2-苯基吲哚（$4', 6$-diamidino-2-phenylindole），是一种能够与 DNA 强力结合的荧光染料。

【实验仪器、材料与试剂】

1. 仪器、用具
二氧化碳培养箱、荧光显微镜、离心机、生物安全柜、培养皿、移液器、离心管、载玻片、盖玻片等。

2. 材料
HeLa 细胞。

3. 试剂
PBS、胎牛血清、DMEM 培养液、DAPI、Triton X-100、甲醛。

【方法与步骤】

（1）按照尺寸不同，把载玻片放在相应的多孔板中紫外照射 30 min 消毒。

（2）取对数生长期的细胞，用 0.25% 胰蛋白酶消化后吹打形成单细胞悬液，取适量单细胞悬液滴在盖玻片上，补充培养基后把多孔板转入二氧化碳培养箱中过夜培养。

（3）HeLa 细胞生长至密度为 70% 时，缓慢吸去多孔板中的培养基，加入 PBS 润洗细胞 5 min，重复操作一次。

（4）加入固定液（在 PBS 中加入甲醛至终浓度为 2%）固定细胞 10 min。

（5）吸去固定液，加入 PBS 润洗 5 min，重复操作 1 次。

（6）吸去 PBS，加入通透液（在 PBS 中加入 Triton X-100 至终浓度为 0.1%）处理细胞 7 min。

（7）吸去通透液，加入 PBS 润洗 5 min，重复操作 1 次。

（8）加入 DAPI 染液（在 PBS 中加入 DAPI 至终浓度为 100 ng/mL）染色 1 min。

（9）把盖玻片从多孔板中挑出，倒扣在载玻片上，置于荧光显微镜下观察。

【注意事项】

(1) 因为有丝分裂期的细胞贴壁不紧,可以事先把载玻片泡在多聚赖氨酸溶液(工作浓度为 0.01%)中处理 20 min,可以帮助细胞贴附。

(2) DAPI 染色液存放时间过长会影响染色效率,可以配成高浓度的母液存储,用之前再稀释成工作溶液。

(3) DAPI 染色时间过长会导致荧光信号太亮而无法观察,可以分别染 1 min、2 min、3 min 来确定一个最佳染色时间。

(4) DAPI 有毒,操作时必须戴手套。

【作业】

根据 DAPI 标记出的细胞染色体的形态来确定细胞所处的分裂时相。

实验 37　成年期线虫细胞减数分裂的观察

【实验目的】

观察成年期秀丽线虫细胞减数第一次分裂前期各时相的染色体形态。

【实验原理】

在成年雌雄同体线虫中,生殖腺呈两侧对称的 U 形。由远端生殖腺出发,依次为有丝分裂区细胞、减数分裂前期的卵母细胞、精囊和子宫、阴门。卵母细胞在精囊处与精子相遇并完成受精。子宫中含有早期胚胎,当早期胚胎发育到 26～40 个细胞时期时,经由阴门排出。成年雄性线虫中只含有单侧 U 形的生殖腺,并且只能产生精子,其精囊中的精子可以通过输精管运输到尾部交配器官。野生型线虫中雄性线虫比例很低,约为 1/500,所以实验中不容易找到。

从线虫的远端生殖腺到近端生殖腺,卵母细胞依次经历细线期、偶线期、粗线期、双线期和终变期。终变期的卵母细胞在精囊处与精子相遇,进入减数第一次分裂中期并在随后完成整个减数分裂过程。细线期和偶线期细胞所在的区域又被称为过渡区。在生殖腺各区域的细胞中,过渡区细胞最容易分辨——其染色体聚集在细胞核的一侧,形态呈半月形。粗线期的细胞同源染色体联会,其形态如同面条,粗线期的细胞核因此被形象地称为“一碗意大利面”。当细胞进入双线期后,染色质的固缩使我们可以在细胞中观察到分散独立的染色体结构。处于终变期的细胞胞质显著变大,染色质进一步固缩,6 个分散独立的染色体结构清晰明显。

【实验仪器、材料和试剂】

1. 仪器、用具

光学显微镜、天平、恒温箱、水浴箱、量筒、烧杯、载玻片、玻璃板等。

2. 材料

秀丽隐杆线虫转（基因品系 shg366,基因型是 GFP::H2B）。

3. 试剂

1 mol/L 磷酸盐缓冲液（108.3 g KH_2PO_4,35.6 g K_2HPO4,加水至 1 L,115 ℃灭菌 20 min）、5 mmol/L 胆固醇乙醇溶液、1 mol/L $CaCl_2$ 溶液（115 ℃灭菌 20 min）、1 mol/L $MgSO_4$ 溶液（115 ℃灭菌 20 min）、NGM（nematode growth medium）培养基（称取 1.5 g NaCl,8.5 g 琼脂粉,1.25 g 胰蛋白胨于 1 L 三角烧瓶中,加蒸馏水 488 mL,混匀,115 ℃灭菌 40 min;冷却至约 55 ℃后,在无菌条件下,分别加入胆固醇溶液 0.5 mL,1 mol/L 磷酸盐缓冲液 12 mL,1 mol/L $CaCl_2$ 和 1 mol/L $MgSO_4$ 各 0.5 mL,混匀后,铺到培养皿中,每 500 mL 培养基可铺直径 9 cm 培养皿 20 个,剩余培养基可用于铺 35 mm 培养皿若干个,作为染色恢复使用。冷却后,每皿接种预先在 LB 培养基中过夜培养的 OP50,用涂布棒涂匀,在 37 ℃过夜培养）、5 mol/L NaOH 溶液、次氯酸钠原液、M9 缓冲液（3 g KH_2PO_4,6 g Na_2HPO_4,5 g NaCl 加水至 1 L,115 ℃灭菌 20 min,冷却后加 1 mL 1 mol/L $MgSO_4$）、50 μM 盐酸左旋咪唑溶液（可使用市售用盐酸左旋咪唑药片,按每片剂量计算后,在 M9 缓冲液中分散后离心,留上清液使用）。

【方法与步骤】

（1）线虫复苏后在培养皿里生长。

（2）取洁净载玻片 1 张,在其中心滴加 50 μL 浓度为 50 μg/mL 的盐酸左旋咪唑溶液。

（3）在体视显微镜下,用铂金针挑取处于 L4 时期（腹部半月形白斑）和成年期的线虫各 10 条,置于载玻片上的盐酸左旋咪唑溶液中。

（4）利用解剖针或者 30G 注射器的针头对线虫生殖腺进行解剖释放。

（5）小心地盖上盖玻片,在荧光显微镜下观察生殖腺中细胞减数分裂前期各时相染色体的形态。

【注意事项】

（1）秀丽隐杆线虫的培养温度在 16～25 ℃,最适宜的温度是 20 ℃。秀丽隐杆线虫在 25 ℃时的生长速度是 16 ℃时的 2.1 倍,在 20 ℃时的生长速度是 16 ℃时的 1.3 倍（Maniatis 等,1982 年）。实际实验时,需要注意温度对线虫生长的影响,相关培养方法可以参考附录 4。

（2）秀丽线虫的胚胎细胞分裂为不均等分裂,第一次分裂时产生的是一大一小两个细胞。

（3）秀丽线虫的减数分裂在受精后完成，在此期间，受精卵的一端会出现一个小的分裂相，两次减数分裂完成后，会排出两个极体，位于细胞的一侧，也具有明亮的荧光。

【作业】

简述减数分裂各个时相的基本事件。

实验 38　小鼠肠类器官的分离、培养、传代、冻存和复苏

【实验目的】

（1）了解类器官的原理。
（2）熟悉小鼠肠类器官的分离、培养、传代、冻存和复苏的方法。

【实验原理】

类器官是体外的三维立体微型细胞簇，包含了不同类型的细胞。类器官源自多能干细胞或器官限制性干细胞，是一个能在体外生长并具有自我更新和自我组织能力的微型器官。类器官具有和真实的器官相似的空间结构并且能够执行原始器官的部分或者全部功能。类器官的三个主要特征为：1、类器官中的细胞能够通过空间组织和细胞特异化自发形成组织，重现原始器官的功能；2、类器官含有一种以上与原始器官相同的细胞；3、类器官能够再现原始器官的部分或者全部功能（如过滤、收缩、排泄、神经链接等）。

【实验仪器、材料和试剂】

1. 仪器、用具
二氧化碳培养箱、倒置显微镜、生物安全柜、高压锅、恒温水浴箱、离心机、旋转混匀仪、冰箱、解剖剪、解剖镊、眼科剪、眼科镊、安全刀片、纱布、细胞培养皿、无菌滤网（70 μm）、细胞计数板、移液器、吸管、移液管、酒精灯、酒精棉球、试管架等。
2. 材料
BALB/c 小鼠（8 周龄左右）。
3. 试剂
DMEM 培养基、胎牛血清、0.25%胰蛋白酶、PBS 溶液、基质胶。

【方法与步骤】

1. 小鼠肠类器官的分离

(1) 做好无菌操作的准备工作,所有耗材放置在生物安全柜中,并在实验开始前开紫外灯照射 30 min,紫外灯照射结束后,关闭紫外灯,打开日光灯,准备好所有试剂并把瓶盖稍微旋松,戴上手套并用 75% 酒精消毒。

(2) 将小鼠颈椎脱臼。

(3) 将小鼠浸泡在 75% 酒精中消毒 10 s,把消毒后的小鼠放在解剖台上,用解剖剪剪开小鼠的腹腔,找到小肠。

(4) 收集自末端回肠端起长度约约 15 cm 的肠段,置于加有预冷 PBS(含抗生素)的培养皿中。使用无菌镊子剥离肠道表面的膜、血管、结缔组织和脂肪组织。用注射器从小肠的一端注入预冷的 PBS(含抗生素)反复冲洗 3~4 次,根据需要更换培养皿中的 PBS。

(5) 使用眼科剪将肠段纵向剪开,肠腔向上,用预冷 PBS(含抗生素)轻轻洗涤肠道后,用安全刀片轻轻刮去肠腔内容物和绒毛(绒毛之下是需要收集的肠腺)。再次用预冷 PBS(含抗生素)把剩下的肠腔清洗干净。

(6) 把肠腔转移到新的加有预冷 PBS(含抗生素)的培养皿中,用眼科剪把肠腔剪成 1~2 mm 长的小段。反复清洗肠道碎片至溶液变得澄清透明。

(7) 将肠道碎片转移到盛有 20 mL 预冷 PBS(含抗生素及 5 mmol/L EDTA)的 50 mL 离心管中,在旋转混匀仪上孵育 30 min(20 rpm)。

(8) 静置 5 min 后,将上清缓慢吸出,留下能浸没肠道碎片的液体即可。

(9) 加入 10 mL 预冷的 PBS(含抗生素及 10% FBS),用移液管反复吹打肠道碎片至看不到大的碎片为止。

(10) 用 70 μm 的无菌滤网过滤含有肠腺的溶液,并将滤下的溶液离心 3 min(200 g,水平转子)。缓慢吸去上清后,用 2 mL 基础培养基(2 mmol/L L-Glutamine,10 mmol/L Hepes in DMEM)重悬沉淀。

(11) 吸取 10 μL 溶液置于血细胞计数板上,用倒置显微镜观察,如果单个细胞较多,重复离心 3 min(200 g,水平转子)后,收集上清以清除较多的单个细胞。

2. 小鼠肠类器官的培养

(1) 根据分离到的肠腺密度,将适量体积分离好的肠腺加到 15 mL 离心管中。离心 3 min(200 g,水平转子)。

(2) 缓慢吸去上清,用预冷过的枪头缓慢加入 200 μL 预冷的基质胶(基质胶体积需要在 70%,或者更多),缓慢地上下吹打混匀(避免产生细胞,如果有气泡产生,可以直接把气泡吸走)。

(3) 用预冷过的枪头缓慢吸取 50 μL 混合后的溶液,将溶液垂直缓慢滴在预热过的 24 孔板的中间几个孔中,注意不要让液滴接触孔壁,同时尽快把所有的溶液加完。

(4) 盖上盖子后,把 24 孔板缓慢倒置放在 37 ℃,5% CO_2 的培养箱中。静置 15 min 使液滴凝固。

(5) 将 24 孔板缓慢取出后,沿着每个孔的侧壁,缓慢加入 500 μL 室温预热过的类器官培养基。

（6）在其他孔中加入无菌 PBS,盖上盖子后,把 24 孔板缓慢放在 37 ℃ ,5% CO_2 的培养箱中培养。

（7）持续观察类器官的生长情况,通常培养 3 小时后可以开始形成球状结构,培养 2～4 天,小肠类器官开始出芽,并在 5～7 天形成复杂的芽状结构。

（8）隔天进行换液。需要将枪头放在液滴边缘,缓慢把培养基吸出。再沿着孔的侧壁,缓慢加入 500 μL 室温预热过的类器官培养基。

3．小鼠肠类器官的传代

（1）做好无菌操作的准备工作,所有耗材放置在生物安全柜中,并在实验开始前开紫外灯照射 30 min,紫外灯照射结束后,关闭紫外灯,打开日光灯,准备好所有试剂并把瓶盖稍微旋松,戴上手套并用 75% 酒精消毒。

（2）在成熟类器官的孔中加入 1 mL 预冷的基础培养基,用 1 mL 枪头反复吹打 24 孔板底部的基质胶至基质胶全部打碎,将全部溶液转移至 15 mL 离心管中。

（3）将 15 mL 离心管置于冰上处理 10 min 左右,使基质胶软化。用 1 mL 枪头反复吹打至看不到大的碎片(吹的时候不要把溶液吹完,吸的时候不要把溶液吸完,以尽量避免产生气泡)。也可以把溶液加入无菌注射器,用 20G 注射器针头的剪切力分离细胞团。

（4）根据类器官的生长状态进行传代,状态差可以比例低点,状态好可以比例高点。类器官可以维持 3 个月左右的长期传代过程。

4．小鼠肠类器官的冻存

（1）做好无菌操作的准备工作,所有耗材放置在生物安全柜中,并在实验开始前开紫外灯照射 30 min,紫外灯照射结束后,关闭紫外灯,打开日光灯,准备好所有试剂并把瓶盖稍微旋松,戴上手套并用 75% 酒精消毒。

（2）在成熟类器官的孔中加入 1 mL 预冷的基础培养基,用 1 mL 枪头反复吹打 24 孔板底部的基质胶至基质胶全部打碎,将全部溶液转移至 15 mL 离心管中。

（3）将 15 mL 离心管置于冰上处理 10 min 左右,使基质胶软化。用 1 mL 枪头反复吹打至看不到大的碎片(吹打时不要把溶液吹完,吸的时候不要把溶液吸完,以尽量避免产生气泡)。也可以把溶液加入无菌注射器,用 20G 注射器针头的剪切力分离类器官细胞团。

（4）将溶液离心 3 min(200 g,水平转子),缓慢吸去上清后,用 500 μL 冻存液重悬沉淀,再将重悬过的冻存液转入冻存管中。

（5）将冻存管保存在 -80 ℃ 超低温冰箱中,如果需要长期保存,可以在 24 h 后,将冻存管转移至液氮罐中。

5．小鼠肠类器官的复苏

（1）做好无菌操作的准备工作,所有耗材放置在生物安全柜中,并在实验开始前开紫外灯照射 30 min,紫外灯照射结束后,关闭紫外灯,打开日光灯,准备好所有试剂并把瓶盖稍微旋松,戴上手套并用 75% 酒精消毒。

（2）从 -80 ℃ 超低温冰箱或者液氮罐中取出冻存管后,立即将冻存管放入 37 ℃ 水浴锅中解冻。

（3）冻存管中的溶液融化后,迅速将溶液转入装有 9 mL 预冷的基础培养基的 15 mL 离心管中。

（4）将溶液离心 3 min(200 g,水平转子)

（5）缓慢吸去上清,用预冷过的枪头缓慢加入 200 μL 预冷的基质胶,缓慢地上下吹打混匀（避免产生细胞，如果有气泡产生，可以直接把气泡吸走）。

（6）用预冷过的枪头缓慢吸取 50 μL 混合后的溶液，将溶液垂直缓慢滴在预热过的 24 孔板的孔中，尽快把所有的溶液加完。

（7）盖上盖子后，把 24 孔板缓慢倒置放在 37 ℃，5% CO_2 的培养箱中。静置 15 min 使液滴凝固。

（8）将 24 孔板缓慢取出后，沿着每个孔的侧壁，缓慢加入 500 μL 室温预热过的类器官培养基。

（9）在其他孔中加入无菌 PBS，盖上盖子后，把 24 孔板缓慢放在 37 ℃，5% CO_2 的培养箱中培养。

【注意事项】

（1）为了最大限度地降低污染风险，必须对所有的工具进行消毒或灭菌。

（2）为了最大限度地降低污染风险，所有类器官培养基都可以额外补充抗真菌药物（例如两性霉素，或组合抗真菌/抗菌药物溶液等）。

（3）肠道外部的膜、血管、结缔组织和脂肪组织必须尽量去除干净，否则后续培养会有很多杂细胞污染。

（4）用安全刀片刮去肠腔内容物和绒毛时，需要尽量刮除干净，可以减少杂细胞的产生。同时不能刮得太深，以免损耗肠腺。

（5）小肠消化液的 EDTA 浓度可以根据实际情况进行调整，需要注意如果 EDTA 有结晶的话，需要更换新的 EDTA 以免影响消化效果。

（6）剪切的肠段如果过长会影响消化效果，同时需要更多的清洗次数。

（7）消化效果不好时，可以重复一次，使用同样浓度的消化液消化同样的时间。

（8）为了最大限度地减少基质胶的损失，移液器枪头可以先在冰上或 4 ℃预冷两小时。

（9）滴加细胞和基质胶混合液时，需要让枪头顶端先形成液滴，再把液滴滴在孔中，然后把溶液缓慢加完，注意不要让枪头接触到 24 孔板。最佳的接种密度需要通过预实验来确定。

（10）基质胶的质量对类器官培养很重要，实际操作可以根据培养的器官种类，通过预实验选择合适品牌的基质胶。

（11）新购置的基质胶可以在冰上融化后分装冻存，实验操作过程中基质胶一定要提前放在冰上解冻，没有用完的基质胶如果是液体，可以继续冻存，如果已经凝固，可以直接无害化处理。

（12）基质胶种板前需要将培养板放入 37 ℃培养箱预热至少 2 h，以便形成更好的基质胶圆顶穹隆结构，通常只使用中间几个孔。

（13）不同的多孔板所需的基质胶体积不同，可以根据实际情况来调整。

（14）不同的类器官培养需要不同的培养基和添加剂，可以根据实际情况来选择。

（15）小鼠肠类器官培养成功之后，可以使用肠绒毛标志物 Villin、杯状细胞标志物 Muc2、肠上皮细胞标志物 E-cadherin、潘氏细胞标志物 Lyz 等的免疫荧光染色来确定培养的小鼠肠类器官的细胞组成。

【注意事项】

（1）实验动物只能在有资格的厂家购买，并在操作前确保检验检疫合格。

（2）操作实验动物时务必穿实验服、戴手套、戴口罩、戴防护眼镜。

（3）手及手臂裸露部分有伤口必须包扎并做好防水处理。

（4）实验做完把实验台面收拾干净，实验动物的尸体需要按照各个学校的生物安全规定统一收集处理。

（5）离开实验室前必须用肥皂仔细洗手，沾染动物体液的物品需要消毒彻底。

（6）在开展动物实验研究时，应按照我国《实验动物福利伦理审查指南（GB/T 35892—2018）》的要求，规范落实实验动物福利伦理（部分相关内容可参考附录）。

【作业】

（1）观察、记录类器官培养的过程及结果。

（2）类器官长满培养皿后可以根据本实验流程进行传代培养。

（3）有条件的话，可以利用免疫荧光染色实验来确定培养的类器官的细胞组成。

第6章　细胞工程技术

细胞工程是生物工程主要领域之一,属于细胞生物学与遗传学的交叉领域,主要利用细胞生物学的原理和方法,结合工程学的技术手段,按照人们预先的设计,有计划地改变或创造细胞遗传性的技术,其研究内容主要包括:细胞与组织培养、细胞融合、细胞拆合、染色体工程、基因转移和胚胎工程等。按照生物类型可以分为动物细胞工程、植物细胞工程和微生物细胞工程。通过细胞工程可以生产有用的生物产品、培养有价值的植株,并可以产生新的物种或品系。21 世纪合成生物学蓬勃发展,细胞工程依托计算机或者人工智能辅助,可以设计细胞的信号传导与基因表达调控网络,甚至是整个基因组与细胞。在生命科学、医学和生物制药等领域中,细胞工程正在为人类做出巨大的贡献。

实验 39　鸡血细胞的体外融合

【实验目的】

了解并掌握聚乙二醇(PEG)诱导体外细胞融合的基本原理和方法。

【实验原理】

细胞融合是在自发或人工诱导(诱导剂或促融剂)下,两个或两个以上的异源(种、属间)细胞(或原生质体)相互接触,发生膜融合、胞质融合和核融合并形成杂种细胞的现象。基本过程包括细胞融合形成异核体、异核体通过有丝分裂进行核融合、最终形成单核杂种细胞。这个新细胞(杂合细胞)得到了来自两个细胞的遗传物质(包括细胞核的染色体组合和核外基因),具有新的遗传学或生物学特性。细胞融合技术是研究核质关系、细胞遗传、基因调控、细胞免疫、病毒和肿瘤的重要手段。细胞融合常用的方法包括:病毒介导的细胞融合(如仙台病毒)、化学因素介导的细胞融合(如聚乙二醇、磷酸钙和脂质体)、物理因素介导的细胞融合(如激光、电脉冲和射线)。

聚乙二醇(PEG)是乙二醇的多聚化合物,存在一系列不同分子质量的多聚体。聚乙二醇可改变细胞的膜结构,使两个细胞接触部位的脂类分子发生疏散和重组,引起细胞融合。

用聚乙二醇诱导细胞融合时一般使用相对分子质量为 4000～6000 的 PEG 溶液，细胞聚集和粘连后可以产生高频率的细胞融合。最终细胞融合的频率和活力与所用 PEG 的相对分子质量、浓度、作用时间、细胞的生理状态与密度等有关。

【实验仪器、材料和试剂】

1. 仪器、用具

注射器、离心管、离心机、血细胞计数板、水浴锅、滴管、显微镜、烧杯、容量瓶、载玻片、盖玻片、酒精灯等。

2. 材料

成年家鸡。

3. 试剂

0.85%NaCl 溶液、GKN 溶液（80 g NaCl + 0.4 g KCl + 1.77 g $Na_2HPO_4 \cdot 2H_2O$ + 0.69 g $NaH_2PO_4 \cdot 2H_2O$ + 2.0 g 葡萄糖 + 0.01 g 酚红，溶于 1000 mL 去离子水）、50% PEG 溶液（50 g PEG 4000 高压灭菌 20 min 后冷却至 50～60 ℃，注意不能凝固，使用前加入 50 mL 预热至 50 ℃ 的 GKN 溶液，混匀后置于 37 ℃ 备用）、Hanks 溶液、詹纳斯绿染液。

【方法与步骤】

（1）从家鸡的翼根静脉用注射器采血，注入试管后，迅速加入肝素（每毫升鸡血 20 U）混合后制成抗凝全血。

（2）在抗凝全血中加入 4 倍体积的 0.85% NaCl 溶液，混匀制成红细胞储备液后置于 4 ℃ 冰箱保存（一周内使用）。

（3）在 1 mL 鸡血细胞储备液中加入 4 mL 0.85% NaCl 溶液，轻轻吹打混匀，以 1000 r/min 离心 5 min（4 ℃），缓慢吸去上清后再加入 5 mL 0.85% NaCl 溶液，轻轻吹打混匀，以 1000 r/min 离心 5 min（4 ℃），缓慢吸去上清后再加入 10 mL 的 GKN 溶液制成鸡血细胞悬液。

（4）用血细胞计数板对鸡血细胞进行计数并计算浓度，根据浓度取 $1×10^7$ 个左右的鸡血细胞放入离心管中，加入 4 mL Hanks 溶液混匀后以 1000 r/min 离心 5 min（4 ℃）。

（5）缓慢吸去上清后，加入 1 mL Hanks 溶液重悬沉淀。

（6）吸取 0.5 mL 50% PEG 溶液（37 ℃ 预热），沿着离心管壁缓慢逐滴加入，边加边轻摇离心管混匀，加完后静置 7 min（37 ℃ 水浴）。

（7）在离心管中缓慢加入 5 mL Hanks 溶液，轻轻吹打混匀后静置 5 min（37 ℃ 水浴）。

（8）用吸管轻轻吹打几次细胞团块使细胞分散后以 1000 r/min 离心 5 min（4 ℃），缓慢吸去上清后再加入 5 mL Hanks 液重悬细胞，以 1000 r/min 离心 5 min（4 ℃），留少许上清重悬细胞。

（9）吸取 30 μL 细胞悬液滴在载玻片上，加入 30 μL 詹纳斯绿染液并混匀，染色 3 min 后盖上盖玻片，在显微镜下观察细胞融合情况并统计细胞融合效率（细胞融合率是指在显微镜的视野内，已发生融合的细胞其细胞核总数与该视野内所有细胞的细胞核总数之比，通常以百分比表示，一般要统计多个视野）。

【注意事项】

（1）高浓度的 Ca^{2+} 能够提高细胞融合率。有些抗凝剂中含有可以结合 Ca^{2+} 的化合物，虽然有很好的抗凝作用但是会造成细胞的融合率较低。

（2）离心后吸取上清时可以留较多的上清在离心管中，以减少细胞的损耗。

（3）PEG 诱导细胞融合时一定要在恒温水浴锅中操作，缓慢地滴入 PEG 并不断摇晃混匀，以尽量减少对细胞的毒性，PEG 加完后的作用时间不能太久。

（4）50% 的 PEG 和 5%～10% 的 DMSO（二甲基亚砜）联用可以提高细胞的融合效率。

（5）如果环境温度较低的话，可以适当提高水浴锅的温度。

（6）如果检查融合效率时细胞密度过大，可以找密度较低的视野计数。

（7）在显微镜下观察时需要注意区分融合的细胞和重叠的细胞（轻微调整焦距，如果两个或者多个细胞不在同一个平面就是重叠的细胞）。

（8）需要做预实验确定最佳的 PEG 分子量、pH、实验温度、反应时间和詹纳斯绿染液的染色时间。

【作业】

（1）画出观察到的融合细胞，并计算融合效率。

（2）假设细胞融合效率比较低，分析可能的原因。

（3）做 PEG 介导的动物细胞融合实验时，如果发现有很多游离的细胞核，那么可能是什么原因造成的？

实验 40 电融合技术

【实验目的】

了解并掌握电融合技术的基本原理和方法。

【实验原理】

电融合技术是利用细胞在相对电极之间的介电电泳，采用高频交流电诱导细胞按特定方向聚集并排列成念珠状，通过电极间产生的较高场强的电脉冲使细胞膜发生可逆性电击穿，瞬时失去其高电阻和低通透特性，数分钟后细胞膜的特性可以恢复原状。当可逆电击穿发生在两个相邻细胞的接触区时，即可诱导两个细胞膜相互融合，刚融合的细胞内仍可以看到两个或两个以上的细胞核，随后细胞核也会在细胞内部发生融合。和化学及病毒融合技术相比,电融合技术的操作简单,无化学残留毒性,可重复性好,融合率高,因而在农业和医学上有着广泛的应用前景。

【实验仪器、材料和试剂】

1. 仪器、用具

电穿孔仪、生物安全柜、二氧化碳培养箱、细胞培养皿、巴斯德吸管、移液器、离心管、生物荧光显微镜、离心机、载玻片、盖玻片。

2. 材料

稳定表达 GFP 的 293T 细胞和没有标记的 293T 细胞。

3. 试剂

完全培养基(DMEM 中补充 10% 的胎牛血清并添加 Glutamine 和 PS)、融合介质(1 mmol/L $CaCl_2$ + 280 mmol/L 甘露醇 + 2 mmol/L HEPES,pH 7.4)。

【方法与步骤】

(1) 做好无菌操作的准备工作,所有耗材放置在生物安全柜中,并在实验开始前开紫外灯照射 30 min,紫外灯照射结束后,关闭紫外灯,打开日光灯,准备好所有试剂并把瓶盖稍微旋松,戴上手套并用 75% 酒精消毒。

(2) 用融合介质分别重悬 293T 细胞,把细胞悬液转移到 15 mL 离心管中,以 1000 r/min 离心 5 min(4 ℃),缓慢吸去上清后用融合介质重悬细胞。

(3) 把两种细胞悬液混合后转移到电穿孔仪的样品室内。

(4) 启动介电电泳场(振幅为 200 V/cm,频率为 1 MHz),用显微镜检测细胞是否排成一条链,可以微调振幅和频率以达到最佳效果并保持 1 min。

(5) 关掉介电电泳场后立即打开融合脉冲(振幅为 1 kV/cm,脉冲宽度为 1 ms),关闭融合脉冲后立即再次启动介电电泳场并保持 2 min。

(6) 关掉介电电泳场后让细胞在样品池中静置 10 min。

(7) 以 1000 r/min,离心 5 min(4 ℃),缓慢吸去上清后用完全培养基重悬细胞。

(8) 以 1000 r/min,离心 5 min(4 ℃),缓慢吸去上清,用完全培养基重悬细胞后在生物荧光显微镜下观察融合的细胞。

【注意事项】

(1) 不同类型的细胞的最佳融合介质(非电解质溶液和电解质溶液)是不一样的,可以改变融合介质的类型或者调整融合介质不同组分的浓度来优化融合效率。

(2) 一般采用对数生长中期的细胞(汇合度 70%)可以达到最佳的融合效率。

【作业】

(1) 画出观察到的融合细胞,并计算融合效率。

(2) 说明为什么电融合步骤中需要施加不同特性的电场。

实验 41　磷酸钙介导的细胞转染

【实验目的】

了解并掌握磷酸钙介导的细胞转染的基本原理和方法。

【实验原理】

细胞转染是指将外源分子如 DNA、RNA、蛋白等生物活性分子导入真核细胞的技术。按照原理来分类,细胞转染的方式可以分为三类:化学介导、物理介导和生物介导。化学介导的方法主要是磷酸钙共沉淀、脂质体转染和多种阳离子物质介导的转染等。物理介导的方法主要是电穿孔法、显微注射和基因枪。生物介导的方法主要是各种病毒介导的转染。可以根据不同的细胞类型,不同的外源分子选择不同的转染方法。

磷酸钙沉淀法是一种化学介导的转染方法,通过细胞的内吞作用将磷酸钙/DNA 复合物导入真核细胞的转染方法。磷酸钙有利于促进外源 DNA 与靶细胞表面的结合,磷酸钙/DNA 复合物黏附到细胞膜并通过内吞作用进入靶细胞后,被转染的 DNA 可以在细胞内进行瞬时表达,也可整合到靶细胞的染色体上,从而产生不同基因型和表型的克隆。磷酸钙沉淀法可广泛用于转染许多不同类型的细胞,不但用于外源 DNA 的瞬时表达,也可用于通过筛选得到稳定表达外源 DNA 的细胞株。

【实验仪器、材料和试剂】

1. 仪器、用具
生物安全柜、二氧化碳培养箱、细胞培养皿、巴斯德吸管、移液器、离心管、烧杯、量筒等。

2. 材料
293T 细胞、CsCl 纯化的表达质粒 DNA。

3. 试剂
完全培养基(DMEM 中补充 10%的胎牛血清并添加 Glutamine 和 PS)、2 mol/L $CaCl_2$(过滤除菌后置于 4 ℃备用)、0.1×TE 缓冲液(10 mmol/L Tris-HCl + 1 mmol/L EDTA,pH 8.0)、2×HEBS(50.0 mmol/L HEPES + 280 mmol/L NaCl + 10 mmol/L KCl + 1.5 mmol/L Na_2HPO_4 + 12 mmol/L Glucose,用 NaOH 调 pH 为 7.0,过滤除菌后置于 4 ℃备用)、PBS 缓冲液。

【方法与步骤】

（1）实验开始前一天在 100 mm 细胞培养皿中接种 293T 细胞,根据细胞生长状态调整接种细胞密度至第二天实验开始时细胞汇合率约为 90%。

（2）做好无菌操作的准备工作,所有耗材放置在生物安全柜中,并在实验开始前开紫外灯照射 30 min,紫外灯照射结束后,关闭紫外灯,打开日光灯,准备好所有试剂并把瓶盖稍微旋松,戴上手套并用 75% 酒精消毒。

（3）转染前 4 h（细胞汇合率约为 90%）弃去培养皿中的培养基,用预热的 PBS 缓冲液轻轻漂洗一次后重新加入新鲜培养基,放回二氧化碳培养箱中继续培养。

（4）在 1.5 mL 离心管中加入 440 μL 0.1×TE 缓冲液、62 μL 2 mol/L $CaCl_2$ 和 10 μg 的 DNA,反复吹打混匀。

（5）将混合溶液缓慢地滴入盛有 500 μL 2×HEBS 缓冲液的 30 mm 细胞培养皿中,一边滴一边轻轻摇晃混匀,滴完后于室温下静置 20 min。

（6）将混合溶液缓慢地滴入长有 293T 细胞的细胞培养皿中,放回二氧化碳培养箱中继续培养。

（7）培养 4 h 后轻轻吸去培养皿中的培养基,缓慢加入 PBS 缓冲液润洗后轻轻吸去,缓慢吸去 PBS 缓冲液,加入 7 mL 新鲜培养基后把培养皿放回二氧化碳培养箱中继续培养至所转基因表达的合适时间。

（8）对质粒 DNA 的表达进行检测。

【注意事项】

（1）实验的所有操作必须要在生物安全柜中进行。

（2）实验中的溶液必须用超纯水进行配制,过滤除菌后必须进行检测确保没有污染。

（3）实验中用到的质粒 DNA 至少需要用 CsCl 纯化,最终收集的 DNA 应保持无菌。DNA 质量对转染效率影响非常大,不纯的 DNA,如带少量的盐离子、蛋白、代谢物污染都会显著影响转染复合物的有效形成及转染的进行。对一些内毒素敏感的细胞（如原代细胞、悬浮细胞和造血细胞）,还需要使用去除内毒素污染的质粒抽提试剂盒,可以保证理想的转染效果。

（4）健康的细胞培养物是成功转染的基础。不同细胞需要不同的培养基、血清和添加物。低的细胞代数（<50）能保证基因型基本一致。高的转染效率需要一定的细胞密度,不同的转染试剂要求的密度也不一样。推荐在转染前 24 h 分细胞,不但可以保证细胞的密度达到要求,还可以维持正常的细胞生长状态,从而增加外源 DNA 的摄入。同时一定要避免细菌、真菌或支原体等细胞污染。

（5）大多数培养基在使用前需要加血清。血清作为一种包含生长因子及其他不确切成分的添加物,对不同细胞的促生长作用有很大差别。血清质量的好坏会直接影响转染效率。因此在转染前建议先测试出对细胞生长良好的血清批号,转染时用同一批号的血清,并同时做负对照（不加转染试剂及外源 DNA）以测试细胞生长是否正常。有些脂质体转染技术在有血清存在的情况下效率很低,因此在转染前需要更换为不含血清的培养基。但有些对血清依赖性很强的细胞如原代细胞会受到损伤,甚至死亡等,这时就只能使用含血清的培养基来做转染。

(6) 细胞培养过程中往往会添加抗生素来防止污染,这些抗生素一般对真核细胞无毒,但有些转染试剂增加了细胞的通透性,使抗生素可以进入细胞。这可能间接导致细胞死亡,造成转染效率低,需要在操作时使用不含抗生素或其他添加剂的培养基来操作。也有一些转染试剂在使用时不会受到血清和抗生素等添加剂的影响,可以直接使用完全培养基来操作,更加方便。

(7) 如果质粒 DNA 含有标志物可以根据标志物来进行质粒 DNA 表达检测(如质粒 DNA 含有荧光蛋白标记可以在生物荧光显微镜下选择相应的通道进行观察),如果质粒 DNA 不含有标志物,可以利用质粒 DNA 表达蛋白的抗体结合 Western 印迹或者免疫荧光等方法进行检测。

【作业】

(1) 根据磷酸钙转染的原理分析可能影响转染效率的因素。
(2) 如果质粒 DNA 含有荧光蛋白标记,利用生物荧光显微镜确定转染的效率。

实验 42　脂质体介导的细胞转染

【实验目的】

了解并掌握脂质体介导的细胞转染的基本原理和方法。

【实验原理】

脂质体也称为人工细胞膜,是磷脂分子分散在水中自动形成的闭合脂质双分子膜,这种双分子膜可以生成一种囊状物(脂质小体)。最初人们只是利用脂质体模拟生物膜来研究膜的构造及功能,后来发现脂质体的膜融合和内吞作用可用来作为介导外源物质进入细胞的载体。阳离子脂质体表面带正电荷,能与核酸的磷酸根通过静电作用将 DNA 分子包裹入内形成 DNA-脂质体的复合物,该复合物可以被表面带负电荷的细胞膜吸附,再通过脂质体膜和细胞膜的融合或者细胞的内吞作用(偶尔也通过直接的渗透作用),把 DNA 运送进入细胞,复合物在细胞内可以形成包涵体,包涵体上的阳离子脂质可以和游离在细胞中的阴离子脂质结合,使复合物中与阳离子脂质体结合 DNA 游离出来,细胞质的 DNA 可以通过核孔进入细胞核,最终得到转录和表达。脂质体介导的细胞转染适用于许多不同类型的细胞,不但用于外源 DNA 的瞬时表达,也可用于通过筛选得到稳定表达外源 DNA 的细胞株。

【实验仪器、材料和试剂】

1. 仪器、用具

生物安全柜、二氧化碳培养箱、细胞培养皿、巴斯德吸管、移液器、24 孔培养板、离心管、烧杯、量筒等。

2. 材料

HeLa 细胞、CsCl 纯化的表达质粒 DNA。

3. 试剂

完全培养基(DMEM 中补充 10%的胎牛血清并添加 Glutamine 和 PS)、OPTI-MEM 培养基、脂质体(如 Lipofectamine 2000)、PBS 缓冲液。

【方法与步骤】

(1) 实验开始前一天在 24 孔板中接种 HeLa 细胞,根据细胞生长状态调整接种细胞密度至第二天实验开始时细胞汇合率约为 80%。

(2) 做好无菌操作的准备工作,所有耗材放置在生物安全柜中,并在实验开始前开紫外灯照射 30 min,紫外灯照射结束后,关闭紫外灯,打开日光灯,准备好所有试剂并把瓶盖稍微旋松,戴上手套并用 75%酒精消毒。

(3) 在 1.5 mL 离心管中加入 50 μL OPTI-MEM 培养基和 1 μg 质粒混匀后备用。

(4) 在 1.5 mL 离心管中加入 50 μL OPTI-MEM 培养基和 2 μL 脂质体混匀后备用。

(5) 把两个离心管中的溶液轻轻混匀后于室温下静置 20 min。

(6) 将混合溶液缓慢地滴入长有 HeLa 细胞的孔中,把 24 孔板放回二氧化碳培养箱中继续培养。

(7) 吸出 24 孔板中一个孔中的培养基,加入 PBS 缓冲液润洗后轻轻吸去,加入 400 μL OPTI-MEM 培养基后再把 100 μL 含有质粒 DNA 和脂质体复合物的混合溶液加入到孔中,把 24 孔板转入二氧化碳培养箱中继续培养。

(8) 培养 4 h 后轻轻吸去 24 孔板中的培养基,加入 500 μL 完全培养基后把 24 孔板放回二氧化碳培养箱中继续培养至所转基因表达的合适时间。

(9) 根据质粒 DNA 的标志物对转染效率进行检测。

【注意事项】

(1) 实验的所有操作必须要在生物安全柜中进行。

(2) 实验中的溶液必须用超纯水进行配制,过滤除菌后必须进行检测确保没有污染。

(3) 脂质体对细胞有毒性,如果发现转染后有较多的细胞死亡可以适当减少脂质体的用量。

(4) 含有脂质体的溶液一定不能含有血清,以免严重降低转染效率。

(5) 如果质粒 DNA 含有标志物,可以根据标志物来进行质粒 DNA 表达检测(如质粒 DNA 含有荧光蛋白标记可以在生物荧光显微镜下选择相应的通道进行观察),如果质粒

DNA 不含有标志物,可以利用质粒 DNA 表达蛋白的抗体结合 Western 印迹或者免疫荧光等方法进行检测。

【作业】

(1) 根据脂质体转染的原理分析可能影响转染效率的因素。
(2) 根据使用细胞种类和状态的不同,确定脂质体和质粒 DNA 的使用比例。

实验 43 电穿孔技术

【实验目的】

了解并掌握电穿孔技术的基本原理和方法。

【实验原理】

电穿孔技术的作用机理是当外加电脉冲电场强度达到 kV/量级,脉冲宽度为微秒至毫秒量级时,细胞膜会发生构形变化,出现大量微孔,使细胞膜的通透能力激增,从而有利于细胞吸收各种大分子物质(如 DNA、RNA、蛋白质、化学小分子等)。电穿孔技术介导的转染是利用电击过程在细胞膜上打孔,之后质粒在电泳力的作用下与细胞膜接触并与细胞膜上电击造成的空洞区域形成一种可转移的复合物,再次电击后质粒可以脱离复合物并扩散至细胞质内,也有小部分质粒可以进入核内与染色体整合。电击之后细胞膜上的小孔可自动重新闭合。与其他化学和生物的转染方法相比,电穿孔技术具有操作简单、可重复性好的特点,在一定条件下可以兼得高的转染效率和细胞存活率,目前已经广泛用于生物和医学研究的各个领域。

【实验仪器、材料和试剂】

1. 仪器、用具
电穿孔仪、生物安全柜、二氧化碳培养箱、细胞培养皿、巴斯德吸管、移液器、离心管、生物荧光显微镜、离心机、载玻片、盖玻片。

2. 材料
GFP 质粒、293T 细胞。

3. 试剂
完全培养基(DMEM 中补充 10% 的胎牛血清并添加 Glutamine 和 PS)、转染缓冲液 (120 mmol/L KCl + 5 mmol/L MgCl$_2$ + 0.15 mmol/L CaCl$_2$ + 10 mmol/L K$_2$HPO$_4$ +

25 mmol/L HEPES + 2 mmol/L EGTA, pH 7.6)。

【方法与步骤】

（1）做好无菌操作的准备工作，所有耗材放置在生物安全柜中，并在实验开始前开紫外灯照射 30 min，紫外灯照射结束后，关闭紫外灯，打开日光灯，准备好所有试剂并把瓶盖稍微旋松，戴上手套并用 75% 酒精消毒。

（2）用转染缓冲液重悬 293T 细胞，把细胞悬液转移到 15 mL 离心管中，以 1000 r/min 离心 5 min(4 ℃)，缓慢吸去上清后用转染缓冲液重悬细胞。

（3）根据电穿孔杯大小把相应数目的细胞和 GFP 质粒加入到电穿孔杯中并混匀。

（4）在电穿孔仪上设定相应的参数（如脉冲类型、电压、脉冲时程、电容、脉冲次数等）。

（5）电穿孔结束后把电穿孔杯中的溶液转移到培养皿中并补充相应体积的完全培养基，把培养皿放回二氧化碳培养箱中继续培养至所转基因表达的合适时间。

（6）在生物荧光显微镜下观察并计算转染效率。

【注意事项】

（1）使用传代次数少的对数生长期的细胞（汇合度 70%）可以达到最佳的转染效率。

（2）使用贴壁细胞时，优化胰蛋白酶的处理时间，可以提高转染效率和细胞存活率。

（3）不同类型细胞的最佳转染缓冲液和电穿孔仪的参数是不一样的，可以调整转染缓冲液不同组分的浓度和微调电穿孔仪的参数来优化转染效率。

（4）电穿孔技术可以把多种类型的分子导入到细胞中，在操作时只要把质粒 DNA 换成所需分子，其他步骤相同。

【作业】

如果转染效率比较低，试分析可能的原因，对电穿孔参数进行优化。

实验 44　稳定细胞株融合的荧光观察

【实验目的】

了解并掌握构建稳定细胞株的基本原理和方法。

【实验原理】

外源基因进入细胞后,部分能够通过细胞质进入细胞核内,但是最多只有80%进入核内的外源DNA可以得到瞬时表达。极少数情况下,进入细胞的外源DNA通过系列非同源性分子间重组并最终整合进细胞染色体,但是整合并不一定意味着表达,只有整合到表达区的基因才会表达,而且整合到不同的染色体区段的外源基因的表达的量也是不同的。细胞生物学研究有时需要DNA稳定转染至宿主细胞染色体并持续表达,以便对相应的蛋白质进行长时间的观察分析。由于摄取、整合、表达外源基因是小概率事件,所以需要在外源DNA瞬时转染后筛选稳定转染体,一般情况下筛选是基于外源DNA携带的编码抗生素的抗性基因提供的。其中最常用的为Neo抗性基因,该基因由细菌Tn5转座子序列携带,其编码的氨基糖苷磷酸转移酶可以将G418转变成无毒形式。G418作为一种氨基糖类抗生素,其结构与新霉素、庆大霉素、卡那霉素相似,它通过影响80S核糖体功能而阻断蛋白质合成,对原核和真核等细胞都有毒性,包括细菌、酵母、植物和哺乳动物细胞,也包括原生动物和蠕虫。当Neo基因被整合进真核细胞基因组合适的地方后就可以启动其编码序列的转录,翻译后得到氨基糖苷磷酸转移酶的高效表达,使细胞获得抗性从而在含有G418的选择性培养基中正常生长。经过连续的筛选就可以得到稳定表达外源DNA的稳定细胞株。

【实验仪器、材料和试剂】

1. 仪器、用具
二氧化碳培养箱、离心机、荧光显微镜、生物安全柜、24孔培养板、移液管、离心管、培养皿、半对数坐标纸、盖玻片、细胞计数板、酒精棉球、酒精灯。

2. 材料
HeLa细胞。

3. 试剂
PBS、DMEM培养基(含10%胎牛血清)、0.25%胰蛋白酶消化液、G418、含有Neo基因的质粒A和B(质粒A和质粒B需要有不同颜色的荧光标记并且定位在细胞的不同部位,如GFP标记的Tubulin和RFP标记的ACA,分别为绿色的微管蛋白和定位在动点上的红色的ACA蛋白)、Hoechst33258染液。

【方法与步骤】

(1) 做好无菌操作的准备工作,所有耗材放置在生物安全柜中,并在实验开始前用紫外灯照射30 min,紫外灯照射结束后,关闭紫外灯,打开日光灯,准备好所有试剂并把瓶盖稍微旋松,戴上手套并用75%酒精消毒。

(2) 实验开始前一天在24孔板中接种HeLa细胞,根据细胞生长状态调整接种细胞密度至第二天实验开始时细胞汇合率约为60%。

(3) 在1.5 mL离心管中加入50 μL OPTI-MEM培养基和1 μg质粒混匀后备用。

(4) 在1.5 mL离心管中加入50 μL OPTI-MEM培养基和2 μL脂质体混匀后备用。

(5) 把两个离心管中的溶液轻轻混匀后于室温下静置 20 min。

(6) 将混合溶液缓慢地滴入长有 HeLa 细胞的孔中,把 24 孔板放回二氧化碳培养箱中继续培养。

(7) 吸出 24 孔板中一个孔中的培养基,加入 PBS 缓冲液润洗后轻轻吸去,加入 400 μL OPTI-MEM 培养基后再把 100 μL 含有质粒 DNA 和脂质体复合物的混合溶液加入到孔中,把 24 孔板转入二氧化碳培养箱中继续培养。

(8) 培养 4 h 后轻轻吸去 24 孔板中的培养基,加入 500 μL 完全培养基后把 24 孔板放回二氧化碳培养箱中继续培养。

(9) 转染后 24 h 加入最适浓度的 G418 进行筛选。

(10) 根据培养基的颜色和细胞生长情况,每 3 天更换一次含有 G418 的筛选培养基。当有大量细胞死亡时,可以把 G418 浓度减半维持筛选。筛选 10~14 天后,可见有抗性的克隆出现,用不含 G418 的培养基继续培养。

(11) 当克隆长大后把单克隆挑出,制备细胞悬液后用培养基稀释到 1 个细胞/10 μL。把细胞转移到 96 孔板中,每孔加入 10 μL 细胞悬液并补充培养基至 100 μL。待克隆增大后以相同的方法依次转到 48 孔板、24 孔板和 6 孔板中培养。

(12) 当细胞大量扩增后,提取总 RNA,做 RT-PCR 检测目的基因是否存在。

(13) 取稳定表达两种质粒的对数生长期细胞(分别在 6 孔板中培养),润洗细胞后在孔中加入胰酶消化,用培养基终止消化并吹打得到两种细胞悬液。

(14) 将两种细胞悬液混合后,以 1000 r/min 离心 5 min,吸去上清,用 1 mL 培养基重悬细胞。

(15) 吸取 0.2 mL 50% PEG 溶液(37 ℃预热),沿着离心管壁缓慢逐滴加入,边加边轻摇离心管混匀,加完后静置 5 min(37 ℃预热)。

(16) 在离心管中缓慢加入 5 mL 培养基,轻轻吹打混匀后静置 5 min(37 ℃预热)。

(17) 以 1000 r/min 离心 5 min(室温),缓慢吸去上清后再加入 5 mL PBS 溶液重悬细胞,以 1000 r/min 离心 5 min(室温),留 0.1 mL 上清重悬细胞。

(18) 吸取 50 μL 细胞悬液滴在载玻片上,盖上玻片后放在荧光显微镜下观察并采集图像,可以看到融合的细胞中有两种蛋白的定位。

【注意事项】

(1) 由于每种细胞对 G418 的敏感性不同,而且不同的厂家生产的 G418 的活性也不一样,所以在筛选之前需要确定 G418 的最佳筛选浓度。先将细胞稀释到 1000 个/mL,在 100 μg/mL 至 1 mg/mL 的 G418 浓度梯度范围内进行筛选,选择出在 10~14 天内使细胞全部死亡的最低 G418 浓度进行后面的筛选。

(2) 一般用刮除法结合有限稀释法或套环法来筛选阳性克隆。在高倍镜下,用记号笔在培养板背面的阳性克隆相应的位置做个标记,刮除阴性克隆后对阳性克隆进行消化,然后继续筛选培养;用套环套住阳性克隆,在套环内加胰酶消化细胞后把消化液吸到新的孔中继续筛选培养。

(3) 离心后吸取上清时可以留较多的上清在离心管中,以减少细胞的损耗。

(4) 一定要缓慢地滴入 PEG 并不断摇晃混匀,以尽量减少对细胞的毒性,PEG 加完后的作用时间不能超过 5 min。

（5）本实验也可以用瞬时表达两种质粒的细胞，如果转染效率比较低可能会影响实验结果。

（6）需要做预实验确定最佳的 PEG 分子量、pH、实验温度、反应时间。

【作业】

画出观察到的融合细胞，并计算融合效率。

实验 45　细胞迁移实验

【实验目的】

了解并掌握细胞迁移的基本原理和方法。

【实验原理】

细胞迁移（cell migration）是指细胞在接收到迁移信号或感受到生长环境中某些物质的梯度后而产生的移动。移动过程中，细胞不断重复着向前方伸出突足，然后牵拉胞体向前运动。细胞骨架及其结合蛋白是这一过程的物质基础，另外还有多种蛋白质参与调控。细胞迁移是通过细胞胞体形变进行的定向移动，因此移动速度很慢（如成纤维细胞的移动速度为 $1\ \mu m/min$，其收缩的力只有 $2\times10^{-7}\ N$）。细胞迁移在胚胎发育、血管生成、伤口愈合、免疫反应、炎症反应、肿瘤转移等生理过程中起着重要的调控作用。因此对细胞迁移过程的研究将帮助我们了解细胞的运动特性，并推动调节免疫反应、阻止癌症转移、帮助异体植皮等医学应用研究的发展。

细胞侵袭（cell invasion）是细胞迁移的一种，是指细胞在原位突破基底膜，然后内渗进入血管、淋巴管的过程，即入侵的细胞（如恶性肿瘤细胞）穿过胞外基质层（extracellular matrix，ECM）或基底膜基质层（BME）从一个区域侵入到另一个区域，在侵袭到新区域之前，ECM/BME 被细胞内的蛋白酶降解。细胞侵袭常发生于伤口修复、血管形成和炎症反应以及组织的异常浸润、肿瘤细胞转移等过程中。因此，研究细胞侵袭的机制对多种生理/病理过程都有着重要的意义。

检测细胞迁移能力最常见的方法是细胞划痕实验和 Transwell 小室检测，细胞划痕实验是当细胞长到融合成单层状态时，在单层细胞上制造一个空白区域（"划痕"），随着细胞的生长，划痕边缘的细胞会逐渐进入空白区域使"划痕"愈合，可以模拟细胞在 2D 空间的迁移过程。Transwell 小室是让细胞生长在一个有着营养物质浓度梯度的空间里，细胞可以主动消化小室膜上的基质胶，然后钻过小室膜上的小孔，侵袭到有着高浓度营养物质的空间里生长,可以模拟细胞在 3D 空间的迁移,Transwell 小室也是检测细胞侵袭能力最常用的方法。

【实验仪器、材料和试剂】

1. 仪器、用具

二氧化碳培养箱、离心机、倒置显微镜、生物安全柜、细胞培养皿、Transwell 板、移液管、离心管、培养皿、盖玻片、细胞计数板、酒精棉球、酒精灯等。

2. 材料

293 细胞、HeLa 细胞、MDA-MB-231。

3. 试剂

PBS、DMEM 培养基、胎牛血清、Glutamine、PS、0.25% 胰蛋白酶消化液、PBS 缓冲液、基质胶、吉姆萨染液。

【方法与步骤】

1. 使用细胞培养皿

(1) 实验开始前一天在 60 mm 培养皿中接种 293T 细胞,根据细胞生长状态调整接种细胞密度至第二天实验开始时细胞汇合率不低于 90%。

(2) 做好无菌操作的准备工作,所有耗材放置在生物安全柜中,并在实验开始前开紫外灯照射 30 min,紫外灯照射结束后,关闭紫外灯,打开日光灯,准备好所有试剂并把瓶盖稍微旋松,戴上手套并用 75% 酒精消毒。

(3) 实验开始前,在显微镜下用十倍镜观察细胞,找到细胞汇合率高的区域,在培养皿的底部用马克笔在这个区域周围画圈做个标记。

(4) 用手拿一根 200 μL 的无菌黄枪头,然后在黄枪头的顶端装上 10 μL 的无菌白枪头,用白枪头在培养皿的标记部位中间笔直地划一道线(一般 1 cm 左右)。

(5) 把培养基缓慢吸走,以吸去被刮下来的细胞。

(6) 在培养皿的侧壁上缓慢加入 2 mL PBS,润洗细胞一遍,吸去 PBS。

(7) 在培养皿的侧壁上缓慢加入 4 mL 培养基(可以含血清和不含血清)。

(8) 在培养皿上做好标记,在倒置显微镜下观察细胞,用目镜里的标尺或者 CCD 相机软件的标尺衡量并记录划痕 0 h 的宽度。

(9) 6 h、12 h 和 24 h 后再次观察细胞,用目镜里的标尺或者 CCD 相机软件的标尺衡量并记录划痕的宽度,比较一下培养基里的血清对细胞划痕恢复速度的影响。

2. 使用划痕培养槽

(1) 实验开始前一天在 60 mm 培养皿中接种 HeLa 细胞,根据细胞生长状态调整接种细胞密度至第二天实验开始时细胞汇合率为 70% 左右(对数生长期)。

(2) 做好无菌操作的准备工作,所有耗材放置在生物安全柜中,并在实验开始前开紫外灯照射 30 min,紫外灯照射结束后,关闭紫外灯,打开日光灯,准备好所有试剂并把瓶盖稍微旋松,戴上手套并用 75% 酒精消毒。

(3) 吸走培养皿中的培养基(不用吸太干,避免细胞长时间脱水)。

（4）加入 0.5 mL PBS,上下倾斜培养皿,润洗细胞以去除残留的血清(血清可以抑制胰酶消化),用移液器把 PBS 吸走。

（5）加入 0.5 mL 胰酶对细胞进行消化,上下倾斜培养皿,确保所有的细胞都被胰酶浸润(HeLa 细胞一般消化 2 min)。消化时间到了后吸去胰酶,加入 1 mL 培养基以终止胰酶的消化作用。

（6）用 1 mL 移液器对细胞进行反复吹打制备单细胞悬液。

（7）吸取 50 μL 细胞悬液,用细胞计数器或者血细胞计数板进行计数。

（8）在划痕培养槽两边分别加入 $1×10^4$ 个左右的细胞(每次加样都要重悬细胞,并在培养皿底部吸取细胞),调整两边培养基的体积至最大体积(通常不超过 80 μL)。在倒置显微镜下观察细胞,如果两边的细胞数目差别太大,需要适当补充。将划痕培养槽转入二氧化碳培养箱中培养。

（9）第二天,细胞汇合率达到 90% 左右时,在生物安全柜里用镊子把划痕培养槽取下。

（10）在培养皿中的液滴边缘非常缓慢地加入 2 mL PBS,注意不要把划痕两边的细胞吹起来,让 PBS 浸润到划痕两边的细胞。

（11）非常缓慢地把 PBS 吸走以清除漂浮的细胞,非常缓慢地加入 2 mL 培养基(含或者不含血清)。

（12）在培养皿上做好标记,在倒置显微镜下观察细胞,用目镜里的标尺或者 CCD 相机软件的标尺衡量并记录划痕 0 h 的宽度。

（13）6 h、12 h 和 24 h 后再次观察细胞,用目镜里的标尺或者 CCD 相机软件的标尺衡量并记录划痕的宽度,比较一下培养基里的血清对细胞划痕恢复速度的影响。

3. 使用 Transwell 板

（1）实验开始前一天在 60 mm 培养皿中接种 MDA-MB-231 细胞,根据细胞生长状态调整接种细胞密度至第二天实验开始时细胞汇合率不低于 90%。

（2）做好无菌操作的准备工作,所有耗材放置在生物安全柜中,并在实验开始前开紫外灯照射 30 min,紫外灯照射结束后,关闭紫外灯,打开日光灯,准备好所有试剂并把瓶盖稍微旋松,戴上手套并用 75% 酒精消毒。

（3）吸走培养皿中的培养基(不用吸太干,避免细胞长时间脱水)。

（4）加入 0.5 mL PBS,上下倾斜培养皿,润洗细胞以去除残留的血清(血清可以抑制胰酶消化),用移液器把 PBS 吸走。

（5）加入 0.5 mL 胰酶对细胞进行消化,上下倾斜培养皿,确保所有的细胞都被胰酶浸润,消化时间到了后加入 4 mL 培养基以终止胰酶的消化作用。

（6）用 1 mL 移液器对细胞进行反复吹打制备单细胞悬液,把单细胞悬液转移到 15 mL 无菌离心管中。

（7）以 1000 r/min 离心细胞 3 min,离心后弃去上清,加入 5 mL PBS 重悬细胞,以 1000 r/min 离心细胞 3 min,离心后弃去上清。

（8）用 1 mL 无血清培养基重悬细胞,吸取 50 μL 细胞悬液,用细胞计数器或者血细胞计数板进行计数。

（9）在多孔板的孔中加入适量体积的含 10% 胎牛血清的完全培养基,用镊子把 Transwell 小室放在多孔板对应的孔上,取适量体积的细胞悬液(一般 $1×10^4$ 个/mL)加入到 Transwell 小室里。

（10）把 Transwell 板放入二氧化碳培养箱中培养 12～48 h（实际时间可以根据细胞侵袭能力来调整）。

（11）培养时间结束之后，用镊子小心取出小室，吸干上室培养基，用脱脂棉签轻轻擦拭小室膜的上表面以移除基质胶和上室内的细胞（小室边缘处的细胞不容易擦掉，可以把棉签捏扁后再仔细擦拭小室的边缘）。

（12）取新的多孔板，在孔中加入适量的 4% 多聚甲醛（需要浸没 Transwell 小室的底部），将小室放入后固定 20 min。

（13）取出小室，吸干上室中残留的固定液，转移到预先加入适量的吉姆萨染液（需要浸没 Transwell 小室的底部）的孔中，染色 15 min。染色结束后用棉签轻轻擦拭小室膜的上表面，将非特异性结合的染料擦掉，再把小室转移到预先加入 PBS 的孔中漂洗一下，以除去小室膜下表面未结合的染料。

（14）用尖锐的手术刀片，沿着小室的边缘把小室膜裁下，把小室膜用镊子夹住，确保小室膜的下表面向上放在载玻片上，盖上盖玻片后，在显微镜下观察。

【注意事项】

（1）细胞的接种密度原则为过夜后能达到 100% 融合，若起始密度不够，过夜后细胞没有 100% 融合，虽可以适当延长培养时间，但因细胞密度已经很大，所以细胞状态会逐渐变差，后续细胞可能不迁移而是凋亡。

（2）需要迁移能力强的细胞，而且这个细胞对无血清的环境有较强的忍受力（至少 24 h），然而很多肿瘤细胞系在无血清培养下，12 h 细胞凋亡就超过 50%，因此细胞划痕法对部分肿瘤细胞不适用。

（3）使用无血清或低血清培养基可降低细胞增殖对实验结果的影响。

（4）一般认为 24 h 为细胞的一个周期，在选取合适的时间点（6 h、12 h、24 h）检测划痕宽度时，最好不要超过一个周期的时间。

（5）如果要单纯考虑细胞迁移，可以用丝裂霉素（1 μg/mL）处理 1 h，抑制细胞的分裂。

（6）自己做划痕恢复实验，还需要在去掉划痕培养槽后，用 PBS 多次润洗细胞，以去除没有贴壁的细胞对划痕恢复的影响。

（7）划痕的边缘经常会不规则，导致没法准确测量距离，可以通过划痕的面积得到划痕之间的平均距离（拍照时，划痕贯穿整个图片，所以划痕的高度是固定的），使用 ImageJ 之类的软件分析每个时间点划痕的宽度或划痕的面积。

1. 使用细胞培养皿

（1）必须使用白色的 10 μL 小枪头来制作缓慢平直的划痕，同时制作划痕时力度一致，尽量一次性划完。

（2）293T 细胞贴壁不紧，在培养皿中加溶液时，务必缓慢加在培养器皿的侧壁上，以尽量避免把细胞冲走。

（3）如果使用目镜筒中的标尺观察划痕宽度，需要进行校正，才能计算在一定放大倍数目镜和物镜下目尺所代表的实际长度。

2. 使用划痕培养槽

（1）划痕培养槽使用完之后需要仔细清洗，紫外线照射消毒后方可继续使用。

（2）对着划痕培养槽两边的硅胶加样（注意不要移动培养槽，移动后细胞会漏到划痕的位置，需要更换新的培养槽做实验），不要对着培养槽中间的硅胶加样，会导致划痕两边的细胞偏少。

（3）加细胞前务必吹打重悬细胞，最后再把培养基补充到 80 μL（最大体积）。

（4）划痕培养槽是硅胶材质，有黏性，需要用手固定住培养皿，用镊子夹住划痕培养槽的外沿，稍微用力垂直向上拉，取下后把划痕培养槽转移到盛有 PBS 的培养皿中浸泡。拉培养槽的中间会导致划痕出现扭曲，细胞被刮下。

（5）划痕培养槽取下后，如果液滴面积太大，需要补充溶液以免过夜后培养基干了。

3. 使用 Transwell 板

（1）Transwell 小室膜的材料有聚碳酸酯、聚对苯二甲酸乙二醇酯和聚四氟乙烯等，膜的孔径有 0.4 μm、1 μm、3 μm 和 8 μm 等，Transwell 板有 6 孔板、12 孔板和 24 孔板等，可以根据待测细胞的种类和具体的实验需要进行选择。

（2）如果是自己在 Transwell 板小室膜上铺设基底膜材料基质胶，通常按照以下流程来：基质胶需要保存在 -20 ℃，实验时需提前 12 h 将基质胶转移到 4 ℃ 过夜保存。4 ℃ 的液态基质胶用无血清培养基或者无菌 PBS 按照 1∶8 稀释（实际的最佳稀释比例需要摸索）。根据小室膜的大小，取适量体积稀释后的基质胶，均匀加到小室膜的上面，在 37 ℃ 培养箱中孵育 3 h，使基质胶聚合成薄膜。孵育结束后将上室中多余液体吸掉，在孔中加入适量体积的无血清培养基后，在 37 ℃ 培养箱中继续放置 30 min，进行基底膜水化（直接使用预铺设过基质胶的 Transwell 板时，按照说明书来保存和使用即可）。

（3）在放入 Transwell 小室的时候要避免在下层培养液和小室间产生气泡。

（4）在小室中加入细胞时，需要让细胞分布均匀，可以沿着小室的内壁缓慢加入。

（5）在小室内加样时务必控制好高度，以免对膜造成损伤。

（6）统计穿过膜的细胞时，需要统计所有穿过膜的细胞，因为可能会有部分细胞穿过膜后迁移到培养基中，所以需要收集多孔板底部的溶液，用流式细胞仪进行计数，也可以离心后收集沉淀，用细胞计数器或者血细胞计数板进行计数。合在一起才是所有穿过膜的细胞数。

（7）如果需要对穿过膜的细胞进行免疫荧光实验，可以在固定后就把膜裁下，下表面向上放在载玻片上，后续操作按照免疫荧光实验的流程进行，封片时需要把抗淬灭剂直接滴在膜上。

【作业】

（1）观察细胞迁移，并计算细胞迁移速度。

（2）比较不同条件下细胞迁移速度的差异，并解释影响迁移速度的原因。

实验 46　Caco-2 细胞跨膜电阻的测定

【实验目的】

(1) 了解细胞极性的相关原理。

(2) 了解极性细胞跨膜电阻的测定方法。

【实验原理】

细胞的极性是指细胞(群)两端具有不同的形态或功能,上皮组织的细胞呈现明显的极性,即细胞的两端在结构和功能上具有明显的差别。上皮细胞的一面朝向身体表面或有腔器官的腔面,称顶膜或者游离面;与游离面相对的另一面朝向深部的结缔组织,称底膜或者基底面。

Caco-2 细胞系来源于人的直肠癌,其结构和生化作用类似于人小肠上皮细胞,含有与小肠刷状缘上皮相关的酶系,与正常的成熟小肠上皮细胞在体外培育过程中出现逆向分化不同,Caco-2 细胞在传统的细胞培养条件下,生长在多孔可渗透的聚碳酸酯膜上可达到融合并自发分化为肠上皮细胞,形成连续的单层细胞。

跨膜电阻值(trans-epithelial electrical resistance,TEER)提供了跨细胞单层的离子流电阻信息,细胞间紧密连接的完整性越高,跨膜电阻值就越大。监测跨膜电阻值就可以检测极化上皮细胞的紧密连接的完整性。

【实验仪器、材料与试剂】

1. 仪器、用具

二氧化碳培养箱、倒置显微镜、离心机、生物安全柜、跨膜电阻仪、细胞计数板、Transwell 培养板(适用于跨膜电阻测定)、60 mm 培养皿、离心管、移液管、小烧杯。

2. 材料

Caco-2 细胞。

3. 试剂

PBS、0.25%胰蛋白酶消化液、DMEM 培养基(含 10%胎牛血清)、PS、Glutamine、胎牛血清、0.25%胰蛋白酶、低钙 DMEM 培养基。

【方法与步骤】

(1) 实验开始前一天在培养皿中接种 Caco-2 细胞,根据细胞生长状态调整接种细胞密度至第二天实验开始时细胞汇合率为 70%左右(对数生长期)。

（2）做好无菌操作的准备工作，所有耗材放置在生物安全柜中，并在实验开始前开紫外灯照射 30 min，紫外灯照射结束后，关闭紫外灯，打开日光灯，准备好所有试剂并把瓶盖稍微旋松，戴上手套并用 75%酒精消毒。

（3）消化 Caco-2 细胞，取适量细胞悬液滴入 Transwell 培养板上部小室中，使其初始密度为 50%～60%。

（4）在小室中补充培养基体积至 500 μL，在下部小室中加入 1 mL 完全培养基。放置培养箱，待其贴壁。

（5）当细胞贴壁后，尚未达到汇合状态时测量其跨膜电阻值。因为细胞之间形成的紧密连接较少，跨膜电阻值可当成空白电阻值。

（6）把上部小室内的培养基吸掉，加入 500 μL 低钙 DMEM 培养基润洗 1 次，把上部小室内的培养基吸掉，再次加入 500 μL 低钙 DMEM 培养基，把细胞转入二氧化碳培养箱中培养。

（7）12 h 后，把上部小室内的培养基吸掉，加入 500 μL 正常 DMEM 培养基润洗 1 次，把上部小室内的培养基吸掉，再次加入 500 μL 正常 DMEM 培养基，把细胞转入二氧化碳培养箱中培养。

（8）24 h 后，Caco-2 细胞之间形成致密的紧密连接，这时的跨膜电阻值较高，可以取多个时间点，检测跨膜电阻值的变化。实际实验时，可以对细胞进行一些影响或者可能影响细胞间紧密连接的处理，通过监测跨膜电阻值的变化来确定这些处理对紧密连接的影响。

【注意事项】

（1）在每次测量跨细胞层电阻之前，需要用校准电极将电阻仪的电阻值校准为空白，再将测量电极浸泡在 75%酒精中 15 min，或者用紫外灯照射灭菌 15 min。

（2）测量之前，先把电极泡在 DMEM 中。测量时，把长电极插入到 Transwell 培养板下部小室中，短电极插入到 Transwell 培养板上部小室中。

（3）每次测量需要确保电极在培养基液面之下，需要记录多次读数并取平均值。

（4）可结合激光共聚焦显微镜的 Z 轴扫描来分析紧密连接的变化。

【作业】

测量不同条件下 Caco-2 细胞的跨膜电阻。

实验 47 流式细胞仪检测细胞周期

【实验目的】

（1）了解流式细胞仪的基本原理和操作方法。

（2）了解流式细胞仪的结果分析方法。

【实验原理】

流式细胞术(flow cytometry)是对单个细胞或其他生物微粒进行快速定量分析与分选的一门技术。在分析或分选过程中,包在液流中处理过的单个细胞通过聚焦的光源,用各种光敏元件测量其散射光、荧光等参数而达到测量其化学性质和物理性质的目的,并可根据这些性质分选出高纯度的细胞亚群。包被细胞的液流称为鞘液,所用仪器称为流式细胞仪(flow cytometer)。流式细胞仪分为三部分,即光学系统、电子系统、数据采集和处理系统。光学系统收集光学信号后,转换成电模拟信号送入电子系统进行整形、放大、模数转换,最后送到数据采集和处理系统里处理,得到单参数直方图、二维点图、等高图、三维图等统计信息。

流式细胞仪检测细胞周期的原理是根据细胞在不同的细胞周期时相中 DNA 含量存在差异的特点,利用荧光染料标记细胞中的 DNA,通过检测细胞内 DNA 荧光强度来判断细胞所处的细胞周期(图 6-1)。细胞的增殖过程分为 G_1、S、M、G_2 和 G0 期。在这个过程中细胞核内 DNA 的量是变化的。$G_0 + G_1$ 期细胞的 DNA 为 2C 个单位,$G_2 + M$ 期为 4C 个单位,S 期细胞 DNA 含量介于 2C~4C 之间。利用 DNA 染料标记细胞后通过细胞流式仪检测就会得到图 6-1 所示的曲线。曲线的第一峰是 $G_0 + G_1$ 期的二倍体细胞,第二峰是 $G_2 + M$ 期的四倍体细胞,中间部分是 S 期细胞。通过特定的软件进行计算可以得到各周期的细胞数目及其占总数的百分比,以及 $G_0 + G_1$ 峰的变异系数等参数。通常用的 DNA 染料为碘化丙啶(PI),PI 为核酸嵌入型染料,可以插入双股螺旋多聚核苷酸结构中,导致 DNA 和 RNA 着色。

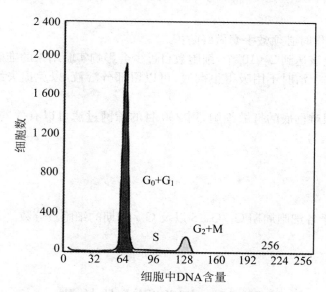

图 6-1　流式细胞仪检测细胞周期检测曲线

【实验仪器、材料与试剂】

1. 仪器、用具

流式细胞仪、移液器、枪头、离心管、离心机、水浴锅、细胞筛网等。

2．材料

HeLa 细胞。

3．试剂

0.25%胰蛋白酶溶液、PBS、RNA 酶、PI 染液、70%乙醇溶液。

【方法与步骤】

(1) 取对数生长期的 HeLa 细胞,用 0.25%胰蛋白酶消化后吹打形成细胞悬液。

(2) 以 1000 r/min 离心 5 min,用 70%乙醇固定液(− 20 ℃ 预冷)重悬细胞,固定 30 min。

(3) 以 1000 r/min 离心 5 min,用 PBS 重悬沉淀,重复操作 1 次。

(4) 以 1000 r/min 离心 5 min,用 200 μL RNA 酶(200 μg/mL)重悬沉淀,4 ℃ 消化 30 min。

(5) 以 1000 r/min 离心 5 min,用 PBS 重悬沉淀,重复操作 1 次。

(6) 用 PI 染料染液(5 mg PI + 100 mg 枸橼酸钠 + 0.25 mL Triton X-100 + 2 mg RNase + 蒸馏水至 100 mL,pH 为 7.2～7.6)重悬沉淀,4 ℃ 处理 20 min。

(7) 以 1000 r/min 离心 5 min,用 PBS 重悬沉淀,重复操作 2 次。

(8) 用 200 目的筛网过滤细胞悬液,在流式细胞仪下测定。

【注意事项】

(1) PI 有毒,操作时必须戴手套做好防护。

(2) 细胞数目应该达到 2×10^4 个,细胞数目过少会影响实验结果的准确性。

(3) 离心后吸去上清时不用吸得很彻底,可以留部分溶液,以免损失细胞,如果沉淀被搅动需要重新离心。

(4) PBS 重悬很难彻底的打散细胞,用 200 目的筛网过滤可以有效的除去细胞团块以避免错误的多倍体信号。

【作业】

观察并记录处于各细胞周期 G_1/G_0、S 以及 G_2/M 期的细胞百分数。

实验 48　细胞凋亡的检测

【实验目的】

了解细胞凋亡的检测方法,加深对于细胞凋亡现象及本质的理解。了解并掌握细胞凋亡检测的方法和基本原理。

【实验原理】

细胞凋亡是指细胞对环境的生理、病理性刺激信号、环境条件的变化或缓和性损伤产生的应答有序变化的死亡过程。细胞凋亡是一个主动过程,涉及一系列基因的激活、表达以及调控等的作用,它并不是病理条件下的自体损伤,而是为更好地适应生存环境的一种死亡过程。

1. 细胞凋亡与细胞程序性死亡

细胞程序性死亡的概念是指一个多细胞生物体中某些细胞的死亡是个体发育中一个预定的,并受到严格程序控制的正常组成部分(如蝌蚪变成青蛙的变态发育过程中,蝌蚪尾部的消失伴随大量细胞死亡)。这种机体发育过程中出现的细胞死亡有一个共同特征:细胞是散在的、逐个地从正常组织中死亡和消失,机体没有炎症反应,而且这种死亡对整个机体的发育是有利和必需的。因此认为动物发育过程中存在的细胞程序性死亡是一个发育学概念,而细胞凋亡则是一个形态学的概念,但是一般认为这两个概念可以交互使用,具有同等意义。

2. 细胞凋亡与坏死的区别

细胞坏死是细胞受到强烈理化或生物因素作用引起细胞无序变化的死亡过程。表现为细胞胀大、胞膜破裂、细胞内容物外溢、DNA 无序降解、出现局部严重的炎症反应。坏死是一个被动的过程,其细胞及组织的变化与凋亡有明显的不同。

3. 细胞凋亡的形态学特征

细胞凋亡的形态学变化是多阶段的,细胞凋亡往往涉及单个细胞,即便是一小部分细胞也是非同步发生的。首先出现的是核糖体、线粒体等细胞器的聚集,细胞体积缩小,细胞间连接消失,与周围的细胞脱离,然后是细胞质的密度增加,线粒体的通透性改变,释放细胞色素 C 到胞质中,染色质逐渐凝聚成新月状附于核膜周边,细胞核固缩成均一的致密物,进而断裂为大小不一的片段,核膜核仁破碎。细胞膜周围有小泡形成,胞膜结构仍然完整,最终凋亡细胞遗骸会被分割包裹为几个由细胞膜组分包裹的凋亡小体,凋亡小体可迅速被周围专职或非专职吞噬细胞吞噬。

4. 细胞凋亡的生物学特征

(1) DNA 的片段化。细胞凋亡伴随着 DNA 的特异性降解,所产生的不同长度的 DNA 片段为 180～200 bp 的整倍数,正好是缠绕组蛋白寡聚体的长度,表明染色体 DNA 恰好是在核小体与核小体的连接部位被切断,这种降解在琼脂糖凝胶电泳中可以呈现特异的梯状图谱,而坏死则为弥漫的连续图谱。

(2) 生物大分子合成。细胞凋亡的过程中往往还有新的基因的表达和某些生物大分子(凋亡调控因子)的合成。

5. 细胞凋亡的检测方法

根据细胞凋亡的形态学特征和生物学特征,可以对细胞凋亡进行检测,常用的方法如下:

(1) 形态学观察方法

非荧光染料染色(如 Giemsa、瑞氏染液等):普通光镜下可见凋亡细胞的染色质浓缩、边缘化,核膜裂解、染色质分割成块状、出现凋亡小体。

荧光染料染色(如 Hoechst、DAPI、PI 等):荧光显微镜下可见凋亡Ⅰ期的细胞核呈波纹状或呈折缝状,部分染色质出现浓缩;凋亡Ⅱa 期的细胞核的染色质高度凝聚、边缘化,呈新月状;凋亡Ⅱb 期的细胞核裂解为碎块,产生凋亡小体。

(2) DNA 凝胶电泳

凋亡细胞的 DNA 断裂点均有规律的发生在核小体之间,出现 180～200 bp 的 DNA 片断,而坏死细胞的 DNA 没有规律的断裂,因此凋亡细胞的 DNA 电泳出现阶梯状条带而坏死细胞 DNA 电泳为连续性条带。

(3) 磷脂酰丝氨酸外翻分析法(凋亡早期)

在细胞凋亡的早期,磷脂酰丝氨酸可从细胞膜的内侧翻转到细胞膜的表面,暴露在细胞外环境中。利用磷脂酰丝氨酸的特异性结合蛋白 Annexin-V,结合免疫荧光或者细胞流式仪可检测细胞凋亡的发生。

(4) 线粒体膜电位变化的检测(凋亡早期)

线粒体跨膜电位的下降,被认为是细胞凋亡级联反应过程中最早发生的事件,MitoSensor 对线粒体跨膜电位改变非常敏感,正常细胞中,它在线粒体中形成聚集体,发出强烈的红色荧光,凋亡细胞的线粒体跨膜电位的下降导致线粒体膜的通透性增加,MitoSensor 以单体形式存在于细胞质中,发出绿色荧光。结合免疫荧光或者细胞流式仪可检测细胞凋亡的发生。

(5) Caspase-3 活性的检测(凋亡早期)

Caspase 家族在介导细胞凋亡的过程中起着非常重要的作用,Caspase-3 正常以酶原的形式存在于胞质中,在凋亡的早期阶段,Caspase-3 被激活,进而裂解相应的底物导致细胞凋亡。利用特异性的 Caspase-3 抗体,结合免疫荧光或者细胞流式仪可检测细胞凋亡的发生。

(6) TUNEL 法(凋亡晚期)

细胞凋亡过程中,染色体 DNA 双链断裂或单链断裂而产生大量的黏性 3'羟基末端,脱氧核糖核苷酸末端转移酶(TdT)可以将脱氧核糖核苷酸、荧光素、过氧化物酶和碱性磷酸酶或生物素形成的衍生物标记到 DNA 的 3'羟基末端,结合免疫荧光或者细胞流式仪可检测细胞凋亡的发生。

【实验仪器、材料和试剂】

1. 仪器、用具

载玻片、盖玻片、24 孔板、移液器、小烧杯、镊子、二氧化碳培养箱、冰箱、普通光学显微镜、倒置荧光显微镜、细胞甩片机等。

2. 材料

HeLa 细胞。

3. 试剂

PBS、H_2O_2、Giemsa 染液、PI 染液、Hoechst 染液、乙醇。

【方法与步骤】

（1）实验开始前一天接种 HeLa 细胞，接种密度为 10^5 个/mL。

（2）实验当天更换诱导组 HeLa 细胞的培养基，并在换液后加入双氧水（80 μM）处理 15 h 诱导凋亡，对照组不做处理。

（3）诱导结束后用胰酶消化细胞，1000 r/min 离心 4 min 后用 PBS 制成单细胞悬液。

（4）染色：

① Giemsa 染色部分：

ⅰ. 调整细胞密度至 10^4 个/mL，取 100 μL 的细胞悬液用细胞甩片离心机制成细胞涂片（1000 r/min 离心 2 min）。

ⅱ. 用 95%乙醇固定 15 min，吸去乙醇后加入 Giemsa 染液染色 15 min。

ⅲ. 染色结束后用蒸馏水轻轻冲去残留的 Giemsa 染液，把盖玻片倒扣在载玻片上，在光学显微镜下观察并统计对照组和处理组的凋亡比例。

② Hoechst 33258 和 PI 染色部分：

ⅰ. 调整细胞密度至 10^4 个/ml，取 100 μL 的细胞悬液用 95%乙醇固定 15 min。

ⅱ. 以 1000 r/min 离心 4 min，弃上清，用 PBS 重悬后加入 5 μL Hoechst 33258 或者 PI 染液染色 5 min。

ⅲ. 把染色后的细胞悬液滴在载玻片上，加盖玻片后置于荧光显微镜下观察。

【注意事项】

（1）实验所用染液都有毒，操作时必须戴手套做好防护。

（2）细胞染色结束后，必须立即检测，以免影响检测结果的准确性。

【作业】

（1）说明光学显微镜下凋亡细胞的形态学变化。

（2）计算凋亡比例，比较对照组和诱导组凋亡比例的差别。

实验 49　细胞衰老的检测

【实验目的】

（1）了解细胞衰老的现象及特征。

（2）了解并掌握细胞衰老检测的方法和基本原理。

【实验原理】

细胞衰老是一种由压力信号刺激产生,存在于特定生理过程的细胞状态。细胞应激信号包括 DNA 损伤、癌基因激活、氧化应激和外源性有害物质暴露等。细胞衰老不等同于细胞死亡,衰老的细胞在一段时间内仍保持代谢活性,具有细胞周期停滞、衰老相关分泌表型、大分子损伤和代谢紊乱四个典型特征。因为衰老过程中相关 β-半乳糖苷酶(SA-β-gal)的表达水平和活性升高,所以针对 SA-β-gal 的检测已经成为分析细胞衰老的经典方法。

X-Gal(5-溴-4-氯-3-吲哚-β-D-半乳糖苷)是 β-半乳糖苷酶的底物,本身无色,经 β-半乳糖苷酶水解后产生半乳糖和蓝色的 5-溴-4-氯-靛蓝。利用 X-Gal 这一特点,可以间接对 β-半乳糖苷酶的活性进行测定,从而反应细胞衰老的情况。

【实验仪器、材料和试剂】

1. 仪器、用具

6孔细胞培养板、移液器、烧杯、二氧化碳培养箱、生物安全柜、生化培养箱、倒置显微镜等。

2. 材料

HeLa 细胞。

3. 试剂

PBS、二甲基甲酰胺、甲醛、戊二醛、铁氰钾、亚铁氰钾、氯化镁、X-Gal 储存液(将 100 mg X-Gal 粉末用 5 mL 二甲基甲酰胺充分溶解混匀,分装至 1.5 mL 洁净离心管中,每管 0.5 mL,$-20\ ℃$ 避光保存,避免反复冻融)、稀释液(5 mmol/L 铁氰钾、5 mmol/L 亚铁氰钾、2 mmol/L 氯化镁,溶于 PBS 中)、固定液(5 mL 甲醛、0.2 mL 戊二醛,加 PBS 定容到 100 mL)、X-Gal 染色液(将 X-Gal 储存液用稀释液稀释 20 倍,现配现用)。

【方法与步骤】

(1) 实验开始前一天在培养板中接种 HeLa 细胞,根据细胞生长状态调整接种细胞密度至第二天实验开始时细胞汇合率为 70% 左右(对数生长期)。

(2) 做好无菌操作的准备工作,所有耗材放置在生物安全柜中,并在实验开始前开紫外灯照射 30 min,紫外灯照射结束后,关闭紫外灯,打开日光灯,准备好所有试剂并把瓶盖稍微旋松,戴上手套并用 75% 酒精消毒。

(3) 吸走培养皿中的培养基(不用吸太干,避免细胞长时间脱水)。

(4) 加入 1 mL PBS,上下倾斜培养皿,润洗细胞以去除残留的血清(血清可以抑制胰酶消化),用移液器把 PBS 吸走。

(5) 加入 1 mL 固定液,室温固定 15 min。

(6) 用移液器把固定液吸走,加入 1 mL PBS,上下倾斜培养皿润洗细胞,用移液器把 PBS 吸走。

(7) 加入 1 mL PBS,上下倾斜培养皿润洗细胞,用移液器把 PBS 吸走。

（8）加入 0.5 mL X-Gal 染色液完全浸没细胞，在 37 ℃下孵育 4～8 h 或过夜，用保鲜膜或者密封袋封住细胞培养板以防止染色液蒸发。

（9）染色结束后用移液器把染色液吸走，加入 1 mL PBS，上下倾斜培养皿润洗细胞，用移液器把 PBS 吸走。

（10）加入 0.5 mL PBS，然后在显微镜下观察。

【注意事项】

（1）β-半乳糖苷酶染色反应依赖于特定的 pH 条件，不能在二氧化碳培养箱中进行染色反应。因为较高浓度的二氧化碳会影响染色工作液的 pH，从而导致染色失败。

（2）X-Gal 染色液必须现配现用。

（3）细胞固定时间过长或固定之后清洗不干净，均会影响后续的酶反应。

（4）也可以把细胞铺在盖玻片上进行实验，方便用高倍镜观察或者和免疫荧光实验相结合。

【作业】

（1）简述影响细胞衰老的因素。

（2）如果实验结果不好，分析可能的原因。

实验 50　细胞自噬的检测

【实验目的】

（1）了解细胞自噬发生的过程及特征。

（2）了解细胞自噬的检测方法。

【实验原理】

自噬是真核细胞在自噬相关基因（autophagy related gene，Atg）的调控下，利用溶酶体降解自身胞质蛋白和受损细胞器的过程。在生理条件下，细胞自噬活性通常较低。但在饥饿和缺氧等应激条件下，自噬活性会显著上升。自噬发生时，细胞内会形成一种称为吞噬泡的小囊泡样结构，首先与需降解的胞质成分集结在一起，然后隔离膜延伸并包裹封闭胞质成分形成一个双层膜的结构即自噬体（autophagosome），自噬体与溶酶体融合形成自噬溶酶体（autopholysome），其中包裹的胞质成分最终在溶酶体酶的作用下被降解利用。

目前常用的自噬检测方法分为直接法和间接法。直接法是利用透射电子显微镜直接观察自噬性结构的形成。间接法则是通过染色剂、免疫荧光或者 Western blot 等方法对自噬体表面标志物进行检测。

MDC 是一种荧光色素,可以通过离子捕获(ion trapping)和与膜脂的特异性结合,从而特异性标记自噬体,因而常用于细胞自噬的检测。MDC 的激发光波长为 335 nm,发射光波长为 512 nm。

LC3 蛋白的全称为 MAP1LC3(microtubule-associated proteins light chain 3),在自噬过程中,胞质中的 LC3-Ⅰ会被包括 Atg7 和 Atg3 在内的泛素样体系修饰和加工,与磷脂酰乙醇胺(PE)相偶联,形成 LC3-Ⅱ并定位于自噬体内外膜上,因此可以通过 LC3-Ⅱ/Ⅰ比值的大小估计自噬水平的高低。自噬体和溶酶体融合后,外膜上的 LC3-Ⅱ被 Atg4 切割,产生的 LC3-Ⅰ可以再循环利用。内膜上的 LC3-Ⅱ被溶酶体酶降解,导致自噬溶酶体中 LC3 含量很低。因此也可以通过荧光显微镜观察内源性 LC3 或 GFP-LC3,来检测自噬的发生。

【实验仪器、材料和试剂】

1. 仪器、用具
细胞培养皿、二氧化碳培养箱、生物安全柜、移液器、电泳仪、化学发光成像仪、倒置荧光显微镜等。

2. 材料
HeLa 细胞、GFP-LC3 或 mCherry-GFP-LC3 表达质粒。

3. 试剂
转染试剂(如脂质体等)、PBS、Glutamine、PS、胰酶、DMEM 培养基、Earle's Balanced Salt Solution(EBSS)、MDC 染色液、Western blot 相关试剂。

【方法与步骤】

1. MDC(Monodansyl cadaverine,单丹磺酰尸胺)染色法
(1) 实验开始前一天在培养皿中接种 HeLa 细胞,根据细胞生长状态调整接种细胞密度至第二天实验开始时细胞汇合率为 70% 左右(对数生长期)。

(2) 做好无菌操作的准备工作,所有耗材放置在生物安全柜中,并在实验开始前开紫外灯照射 30 min,紫外灯照射结束后,关闭紫外灯,打开日光灯,准备好所有试剂并把瓶盖稍微旋松,戴上手套并用 75% 酒精消毒。

(3) 吸走培养皿中的培养基(不用吸太干,避免细胞长时间脱水),加入 2 mL EBSS,上下倾斜培养皿,润洗细胞以去除残留的血清(血清可以抑制胰酶消化),用移液器把 EBSS 吸走。用 EBSS 重复洗 3 次。

(4) 再次加入 2 mL EBSS,把细胞转入二氧化碳培养箱中培养,10~60 min 就可以诱导自噬(不同批次不同种类的细胞,诱导自噬所需的时间不同,需要自行摸索)。

(5) 吸走培养皿中的 EBSS,加入 2 mL PBS,上下倾斜培养皿,润洗细胞以去除残留的 EBSS,用移液器把 PBS 吸走。加入 MDC 染色液,在 37 ℃细胞培养箱中避光孵育 30 min。

(6) 吸走培养皿中的 MDC 染色液,加入 2 mL PBS,上下倾斜培养皿,润洗细胞以去除残留的 MDC 染色液,用移液器把 PBS 吸走。

（7）再次加入 2 mL PBS，上下倾斜培养皿润洗细胞，用移液器把 PBS 吸走。

（8）加入 0.5 mL PBS，在荧光显微镜下观察自噬体形成情况。

2．GFP-LC3 或 mCherry-GFP-LC3 荧光指示系统

（1）实验开始前一天在培养皿中接种 HeLa 细胞，根据细胞生长状态调整接种细胞密度至第二天实验开始时细胞汇合率为 70% 左右（对数生长期）。

（2）做好无菌操作的准备工作，所有耗材放置在生物安全柜中，并在实验开始前开紫外灯照射 30 min，紫外灯照射结束后，关闭紫外灯，打开日光灯，准备好所有试剂并把瓶盖稍微旋松，戴上手套并用 75% 酒精消毒。

（3）按照转染试剂的说明书，把 GFP-LC3 或 mCherry-GFP-LC3、脂质体和无血清的培养基混合，于室温下放置相应的时间。

（4）吸走培养皿中的培养基（不用吸太干，避免细胞长时间脱水）。

（5）加入 1 mL PBS，上下倾斜培养皿，润洗细胞以去除残留的血清（血清可以抑制胰酶消化），用移液器把 PBS 吸走。

（6）加入第（3）步的混合液，把细胞培养皿转入二氧化碳培养箱中培养。

（7）转染 24 h 后，吸走培养皿中的培养基（不用吸太干，避免细胞长时间脱水），加入 2 mL EBSS，上下倾斜培养皿，润洗细胞以去除残留的血清（血清可以抑制胰酶消化），用移液器把 EBSS 吸走。再用 EBSS 重复洗 2 次。

（8）再次加入 2 mL EBSS，把细胞转入二氧化碳培养箱中培养，10～60 min 就可以诱导自噬（不同批次不同种类的细胞，诱导自噬所需的时间不同，需要自行摸索）。

（9）在荧光显微镜下观察自噬体或自噬溶酶体的形成情况。

【注意事项】

（1）自噬形成时，GFP-LC3 或 mCherry-GFP-LC3 融合蛋白转移至自噬体膜，在荧光显微镜下可以形成多个明亮的绿色或黄色荧光斑点。当自噬溶酶体形成后，酸性的溶酶体环境使 GFP 荧光淬灭，而 mCherry 荧光不受影响，自噬溶酶体呈现红色荧光。

（2）LC3 抗体对 LC3-Ⅱ 有更高的亲和力，实际检测结果 LC3-Ⅰ 的减少并不与 LC3-Ⅱ 的增加同步，因此上述两个指标并不能用于比较实际的自噬水平。

（3）MDC 是一种嗜酸性荧光探针，很多酸性膜性结构也会被 MDC 染色，因此 MDC 染色时正常的细胞也会有一定的染色背景。

（4）也可以把细胞铺在盖玻片上进行实验，方便用高倍镜观察或者和免疫荧光实验相结合。

（5）如果需要用 Western Blot 检测细胞自噬，可以在诱导细胞自噬后用细胞刮棒收集培养皿中的所有细胞，裂解细胞后检测样品中 LC3-Ⅰ 和 LC3-Ⅱ 的表达水平，分析 LC3-Ⅱ／Ⅰ 比值就可以确定细胞的自噬水平。

【作业】

（1）简述影响细胞自噬的因素。

（2）如果实验结果不好，分析可能的原因。

附录 1 常用的荧光染料

附表 1-1 活性共轭蛋白

蛋　白	激发光波长 （nm）	发射光波长 （nm）	分子量	备　　注
Cascade Blue	375,401	423	596	酰肼
羟基香豆素 （Hydroxycounmarin）	325	386	331	琥珀酰亚胺酯
氨基香豆素 （Aminocounmarin）	350	445	330	琥珀酰亚胺酯
甲氧基香豆素 （Methoxycounmarin）	360	410	317	琥珀酰亚胺酯
Pacific Orange	403	551		
Pacific Blue	403	455	406	马来酰亚胺
荧光黄 （Lucifer Yellow）	425	528		
NBD	466	539	294	NBD-X
PE-Cy5 共轭	480,565,650	670		Aka Cychrome，R670，Tri-Color， Quantum Red
PE-Cy7 共轭	480,565,743	767		
Red 613	480,565	613		PE-德克萨斯红
R-藻红蛋白 （R-Phycoeythrin，PE）	480,565	578	240×10^3	
PerCP	490	675		甲藻素叶绿素蛋白
FluorX	494	520	587	通用电气公司
异硫氰酸荧光素 （Fluorescein）	495	519	389	FITC,对 pH 变化较敏感
氟硼荧染料 （BODIPY-FL）	503	512		

续表

蛋　白	激发光波长（nm）	发射光波长（nm）	分子量	备　　注
罗丹明（TRITC）	547	572	444	
丽丝胺罗丹明（Lissamine Rhodamine B）	570	590		
X-罗丹明（X-Rhodamine）	570	576	548	XRITC
德克萨斯红（Texas Red）	589	615	625	磺酰氯
APC-Cy7 共轭	650,755	767		PharRed
TruRed	40,675	695		PerCP-Cy5.5 共轭
别藻蓝素（Allophycocyanin,APC）	650	660	104×10^3	

附表 1-2　Cy 染料

蛋　白	激发光波长(nm)	发射光波长(nm)	分子量	量子产率
Cy2	489	506	714	QY 0.12
Cy3	512,550	570,615	767	QY 0.15
Cy3B	558	572,620	658	QY 0.67
Cy3.5	581	594,640	1102	QY 0.15
Cy5	625,650	670	792	QY 0.28
Cy5.5	675	694	1128	QY 0.23
Cy7	743	767	818	QY 0.28

附表 1-3　核酸蛋白

蛋　白	激发光波长（nm）	发射光波长（nm）	分子量	备　　注
Hoechest 33342	343	483	616	AT-选择性
DAPI	345	455		AT-选择性
Hoechst 33258	345	478	624	AT-选择性
SYTOX Blue	431	480	400	DNA
色霉素 A3（Chromomycin A3）	445	575		CG-选择性

蛋　　白	激发光波长 （nm）	发射光波长 （nm）	分子量	备　　注
光神霉素 （Mithramycin）	445	575		
YOYO-1	491	509	1271	
溴化乙啶 （Ethidium Bromide）	493	620	394	
吖啶橙 （Acridine Orange）	503	530,640		DNA / RNA
TOTO-1，TO-PRO-1	509	533		活体染料，TOTO，花青染料二聚体
噻唑橙 （Thiazole Orange）	510	530		
碘化丙啶 （Propidium Iodide，PI）	536	617	668.4	
LDS 751	543,590	712,607		DNA（543/712），RNA（590/607）
7-AAD	546	647		7-氨基放线菌素 D，CD-选择性
SYTOX Orange	547	570	500	DNA
TOTO-3，TO-PRO-3	642	661		
DRAQ5	647	681,697	413	生理状态下有用的激发波长 可以低至 488 纳米

附表 1-4　功能细胞蛋白

蛋　　白	激发光波长 （nm）	发射光波长 （nm）	分子量	备　　注
Indo-1	361,330	490,405	1010	AM ester,低/高钙
Fluo-4	491,494	516	1097	AM ester,pH = 7.2
DCFH	505	535	529	2′,7′-Dichorodihydrofluorescein,氧化的
DHR	505	534	346	二氢若丹明 123,氧化的,光催化氧化
Fluo-3	506	526	855	AM ester，pH＞6
SNARF	548,579	587,635		pH = 6/9

附表 1-5　荧光蛋白

蛋白	激发光波长（nm）	发射光波长（nm）	分子量	量子产率	亮度	光稳定性	备注
Y66H	360	442					
Y66F	360	508					
EBFP	380	440		0.18	0.27		单体
EBFP2	383	448			20		单体
Azurite	383	447			15		单体
GFPuv	385	508					
T-Sappire	399	511		0.60	26	25	弱二聚体
Cerulean	433	475		0.62	27	36	弱二聚体
mCFP	433	475		0.40	13	64	单体
ECFP	434	477		0.15	3		
CyPet	435	477		0.51	18	59	弱二聚体
Y66W	436	485					
mKeima-Red	440	620		0.24	3		单体（MBL）
TagCFP	458	480			29		二聚体（Evrogen）
AmCyan1	458	489		0.75	29		四聚体（Clontech）
mTFP1	462	492			54		二聚体
S65A	471	504					
Midorishi Cyan	472	495		0.9	25		二聚体（MBL）
S65C	479	507					
TurboGFP	482	502	26×10^3	0.53	37		二聚体（Evrogen）
TagGFP	482	505			34		单体（Evrogen）
S65L	484	510					
Emerald	487	509		0.68	39	0.69	弱二聚体（Invitrogen）
S65T	488	511					
EGFP	488	507	26×10^3	0.60	34	174	弱二聚体（Clontech）
Azami Green	492	505		0.74	41		单体（MBL）
ZsGreen1	493	505	105×10^3	0.91	40		四聚体（Clontech）
TagYFP	508	524			47		单体（Evrogen）
EYFP	514	527	26×10^3	0.61	51	60	弱二聚体（Clontech）
Topaz	514	527			57		单体

蛋白	激发光波长(nm)	发射光波长(nm)	分子量	量子产率	亮度	光稳定性	备注
Venus	515	528		0.57	53	15	弱二聚体
mCitrine	516	529		0.76	59	49	单体
Ypet	517	530		0.77	80	49	弱二聚体
TurboYFP	525	538	26×10^3	0.53	1.65		二聚体(Evrogen)
ZsYellow1	529	539		0.65	13		四聚体(Clontech)
Kusabira Orange	548	559		0.60	31		单体(MBL)
mOrange	548	562		0.69	49	9	单体
mKO	548	559		0.69	31	122	单体
TurboRFP	553	574	26×10^3	0.67	62		二聚体(Evrogen)
tdTomato	554	581		0.69	95	98	并列体二聚体
TagRFP	555	584			50		单体(Evrogen)
DsRed monomer	556	586	28×10^3	0.1	3.5	16	单体(Clontech)
DsRed2(RFP)	563	582	110×10^3	0.55	24		Clontech
mStrawberry	574	596		0.29	26	15	单体
TurboFP602	574	602	26×10^3	0.35	26		二聚体(Evrogen)
AsRed2	576	592	110×10^3	0.21	13		四聚体(Clontech)
mRFP1	584	607	30×10^3	0.25			单体(Tsien Lab)
J-Red	584	610		0.20	8.8	13	二聚体
mCherry	587	610		0.22	16	96	单体
HcRed1	588	618	52×10^3	0.03	0.6		二聚体(Clontech)
Katusha	588	635			23		二聚体
mKate (TagFP635)	588	635			15		单体(Evrogen)
TurboFP635	588	635	26×10^3	0.34	22		二聚体(Evrogen)
mPlum	590	649	51.4×10^3	0.10	4.1	53	
mRaspberry	598	625		0.15	13		单体, 光漂白比 mPlum 更快
Wild Type GFP	396,475	508	26×10^3	0.77			

附录 2 常用的缓冲液

附表 2-1 Tris-HCl 缓冲液(0.05 mol/L)

pH（25 ℃）	X（mL）	pH（25 ℃）	X（mL）	pH（25 ℃）	X（mL）
7.10	45.7	7.70	36.6	8.30	19.9
7.20	44.7	7.80	34.5	8.40	17.2
7.30	43.4	7.90	32.0	8.50	14.7
7.40	42.0	8.00	29.2	8.60	12.4
7.50	40.3	8.10	26.2	8.70	10.3
7.60	38.5	8.20	22.9	8.80	8.5

注:50 mL 0.1 mol/L 三羟甲基氨基甲烷(Tris)溶液与 X mL 0.1 mol/L 盐酸混匀并稀释至 100 mL。

附表 2-2 0.05 mol/L Tris-HCl 缓冲液(pH 7.19～9.10)

pH	0.2 mol/L Tris（mL）	0.2 mol/L HCl（mL）	H_2O（mL）
7.19	10.0	18.0	12.0
7.36	10.0	17.0	13.0
7.54	10.0	16.0	14.0
7.66	10.0	14.0	15.0
7.77	10.0	14.0	16.0
7.87	10.0	13.0	17.0
7.96	10.0	12.0	18.0
8.05	10.0	11.0	19.0
8.14	10.0	10.0	20.0
8.23	10.0	9.0	21.0
8.32	10.0	8.0	22.0
8.41	10.0	7.0	23.0
8.51	10.0	6.0	24.0

续表

pH	0.2 mol/L Tris(mL)	0.2 mol/L HCl(mL)	H_2O(mL)
8.62	10.0	5.0	25.0
8.74	10.0	4.0	26.0
8.92	10.0	3.0	27.0
9.10	10.0	2.0	28.0

注:Tris 分子量为 121.14,0.1 mol/L 溶液为 12.114 g/L。由于 Tris 溶液可从空气中吸收二氧化碳,所以使用时注意将瓶盖盖严。

附表 2-3　磷酸氢二钠-磷酸二氢钠缓冲液(0.2 mol/L)

pH	0.2 mol/L Na_2HPO_4(mL)	0.3 mol/L NaH_2PO_4(mL)	pH	0.2 mol/L Na_2HPO_4(mL)	0.3 mol/L NaH_2PO_4(mL)
5.8	8.0	92.0	7.0	61.0	39.0
5.9	10.0	90.0	7.1	67.0	33.0
6.0	12.3	87.7	7.2	72.0	28.0
6.1	15.0	85.0	7.3	77.0	23.0
6.2	18.5	81.5	7.4	81.0	19.0
6.3	22.5	77.5	7.5	84.0	16.0
6.4	26.5	73.5	7.6	87.0	13.0
6.5	31.5	68.5	7.7	89.5	10.5
6.6	37.5	62.5	7.8	91.5	8.5
6.7	43.5	56.5	7.9	93.0	7.0
6.8	49.5	51.0	8.0	94.7	5.3
6.9	55.0	45.0			

注:$Na_2HPO_4 \cdot 2H_2O$ 分子量为 178.05,0.2 mol/L 溶液为 85.61 g/L。

$NaH_2PO_4 \cdot 2H_2O$ 分子量为 156.03,0.2 mol/L 溶液为 31.21 g/L。

附录3 光学显微镜的操作方法

3.1 科勒照明的原理及调节

在显微成像当中,照明对成像的效果有至关重要的影响,科勒照明(Köhler illumination)是德国的 August Köhler 在 1893 年提出来的一种照明方式。科勒照明能够获得均一的照明效果,如今已经成为了显微镜当中一种通用的照明方式。在科勒照明提出之前,传统的照明方式中聚光镜(condenser)直接将照明光源的像成在样本平面,样本平面与光源发光面共轭,由于光源发出的光并不是均匀的,这导致了物平面上光照不均一、明暗有变化的照明,进而影响观察,而科勒提出的照明方案很好地解决了这一问题。

显微镜系统中的光学元件大概分为两类:光阑(diaphragm)和透镜(lens)。光阑是一个简单元件,光阑的开合能改变进光量,透镜用于汇聚或发散光线。使用平行光照射透镜,透镜会将光线聚焦于一个点,使用点光源则相反。在大多数显微镜中,光源和收集透镜(collector)是固定的,视场光阑可以开合,聚光镜光阑紧贴聚光镜。聚光镜可以左右和上下移动,物镜可以前后移动。

如果将光源放在焦平面上,那么透镜会使光束散焦变成平行光束,使用这一点即可得到均衡的曝光,当显微镜的科勒照明调节好时,光源的图像在聚光镜的焦平面上对焦,聚光镜将产生平行光束均匀照射样品。确保光源成像在聚光镜的焦平面上是实现科勒照明的关键。收集透镜对光源进行成像,因此我们可以移动收集透镜确保光源成像在聚光镜焦平面上。但是收集透镜和光源在显微镜中是不可移动的,因此我们需要移动聚光镜。

由光源的灯丝上任一点发出的光,经反光镜系统和光源的视场光阑把已经放大而且又汇聚了的光源像,投射于聚光镜的孔径光阑所在的平面即聚光镜的前焦平面上,而光源发光体的所有光点汇集起来,便在聚光镜的孔径光阑上形成了发光体的完整像(附图 3-1)。从光学系统的原理来看,就好像把光源的发光体正好摆在聚光镜下方的前焦平面上。而从聚光镜出射的照明光,就是光源上所有发光点从各个方位上汇集起来的一束平行光,它使样品获得充分而又明亮的照明,因而看不到发光体(灯丝)的像,没有灯丝的条纹。

这一束平行的照明光束,实际上包含了光源的灯丝像与孔径光阑的像,由物镜汇聚成像于物镜的后焦平面,把目镜拔出来直接看目镜筒内,就可以看到这两个像。

视场光阑位于显微镜的底座上,其位置正好是在聚光镜的二倍焦距以外。有聚光镜的显微镜,其托架上通常都设有能调节聚光镜高低位置的旋钮,调节聚光镜的高低位置就可把视场光阑成像于样品平面上。在样品调焦清晰的同时也可看到清晰的视场光阑像。视场光阑也位于光源的集光-聚光与反光镜的前方,照明的光束必须穿过视场光阑再投射于聚光镜上,在这里它的主要功能是调控投射到聚光镜的照明光束直径的大小。视场光阑不能影响显微镜光学上的任何分辨率,也不影响物镜或聚光镜的数值孔径。但视场光阑要利用聚光镜的调中装置把它调到视域的中央,而它的大小只能是开大到正好消失在所用某一倍数物镜时的视域边缘上。视场光阑对所观察的成像视域消除眩光的作用较为重要,而对成像反差的影响则较为次要。但对本身就是低反差的样品成像时,用视场光阑来消除过多的照明光就很重要(附图 3-2)。

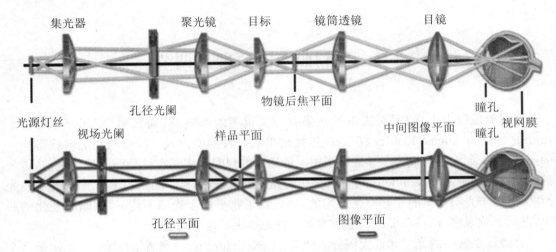

附图 3-1　成像光路里的孔径光阑和视场光阑(参见彩图)

聚光镜的孔径光阑　　　　　　　显微镜底座上的视场光阑

附图 3-2　孔径光阑和视场光阑

孔径光阑:控制聚光镜的数值孔径(NA),当调整孔径光阑时,光的强度和进入物镜的锥形光的角度是变化的。使用时需要让孔径光阑与所用物镜的数值孔径相匹配。这样才能提高图像反差、分辨率及增加焦深。由于显微镜观察样品反差通常较低,把光阑缩小到物镜数值孔径的 70% 或 80%(或者直接对应放大倍数),通常会得到质量满意的像(附图 3-3)。

视场光阑:控制照明区域的大小。根据使用的物镜缩小视场光阑,直到光阑的边缘与视场内接,这样可以减少散射光,从而增加像的清晰度和反差(附图 3-4)。

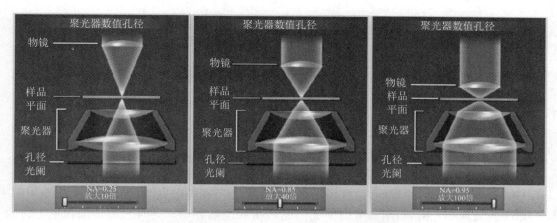

附图 3-3　孔径光阑的调节变化过程(参见彩图)

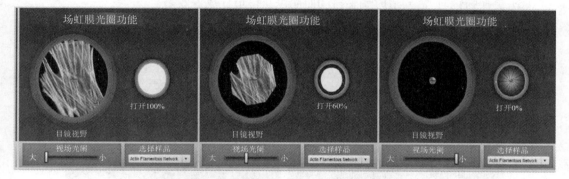

附图 3-4　视场光阑的调节变化过程(参见彩图)

(a) 科勒照明调节后　　　　　　　　　　(b) 科勒照明调节前

附图 3-5　科勒照明调节前后的成像照片(参见彩图)

3.2 科勒照明的调节

(1) 选择需要调整的物镜,在载物台上放置切片样品并找到聚焦平面。

(2) 关闭视场光阑,在视野中看到一个多边形(附图 3-6(a))。

(3) 上下移动聚光镜的调节旋钮,直到视场光阑边缘的像清晰可见(附图 3-6(b))。

(4) 调节聚光镜对中螺丝,使视场光阑边缘的像处于视场中央(附图 3-6(c))。

(5) 放大视场光阑,精细调节以使光阑的边缘和视场外切。此时光源成像在聚光镜的焦平面上,样品将会受到平行光照射,成像效果最佳(附图 3-6(d))。

(6) 更换物镜时,需要适时调整科勒照明以获得最佳成像效果。

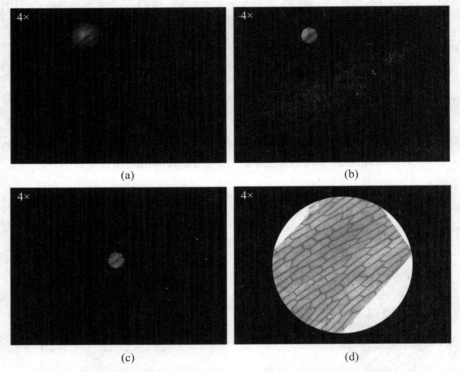

附图 3-6 科勒照明的调节过程对应的视野照片(参见彩图)

3.3 普通光学显微镜的使用规范

(1) 显微镜样本一定要保持干净干燥,以免样本上的试剂污染物镜。

（2）不要用手直接触摸光学部件的表面（如物镜、荧光滤块、目镜等）。

（3）使用时要把显微镜放在镜座距桌沿 7 cm 左右的位置。

（4）打开光源开关，调节光强到合适大小。

（5）转动物镜转换器，使低倍镜头正对载物台上的通光孔。

（6）将所要观察的玻片放在载物台上，使被观察的部分位于通光孔的正中央。

（7）先用低倍镜观察。观察之前，先转动粗动调焦手轮，使载物台上升，物镜逐渐接近玻片。注意不要让物镜触及玻片，然后通过目镜观察，并转动粗调焦手轮，使载物台慢慢下降，直到看清物像。如果像偏离视野，可慢慢调节载物台移动手柄。

（8）瞳距调节：左右推拉目镜，使两目镜距离与自己两眼间距离相等。

（9）屈光度调节（非近视的同学需要把屈光度调节旋至 0，近视的同学保持一个目镜屈光度不变，调节另外一个目镜的屈光度至感觉舒适，错误的屈光度调节可能会影响最终成像的清晰度）。

（10）高倍物镜观察：把物像中需要放大观察的部分移至视野中央。稍微降低载物台后，将高倍物镜转入光路（一般显微镜的低倍物镜和高倍物镜基本齐焦，低倍物镜观察清晰时，换高倍物镜应可以见到物像，但物像不一定很清晰），调节微动调焦旋钮进行观察。

（11）根据需要调节孔径光阑的大小或聚光器的高低，使光线符合要求（一般将低倍物镜换成高倍物镜观察时，视野要稍变暗一些，所以需要调节光线强弱）。

（12）观察完毕后应先将物镜镜头从通光孔处移开，如果使用了油镜必须先用擦镜纸把镜油吸去，然后沾有无水乙醇的擦镜纸清洁镜头上残留的镜油。

（13）如果有溶液滴到镜头上，必须先用擦镜纸把溶液吸干，然后再用沾有蒸馏水的擦镜纸清洁镜头上残留的溶液，最后再用沾有无水乙醇的擦镜纸清洁镜头。

（14）如果光学部件上有较顽固的污迹或灰尘，需要先用洗耳球吹走较大、较硬的灰尘，然后用长纤维脱脂棉签或擦镜纸蘸上无水乙醇擦拭，这样可以避免较大、较硬的灰尘颗粒划伤镜头，影响观察效果。

3.4　生物荧光显微镜的使用规范

（1）生物荧光显微镜的基本操作需要遵循光学显微镜的使用规范。

（2）如果只需要观察荧光，生物荧光显微镜只需要打开荧光的光源（如汞灯、氙灯、LED等），不需要打开显微镜电源。

（3）荧光的亮度很弱，需要关闭所有的室内明亮光源。

（4）将所要观察的载玻片放在载物台上，并把盖玻片调整到通光孔的正中央。

（5）生物荧光显微镜的高倍物镜通常都是短工作距离的物镜，聚焦时，镜头距离盖玻片一般只有不到 1 mm，可以把盖玻片调整到距离镜头一两毫米时再用目镜观察，否则视野中可能会没有光。

（6）调整滤片转轮，以样品中最亮的荧光通道进行调焦，感觉目镜中的亮度越来越亮，表明快接近焦平面，反之则为远离焦平面。

（7）从低倍镜切换到高倍镜时，因为都是短工作距离的物镜，请养成稍微降低载物台的习惯，以免划伤镜头。

（8）CCD 成像时需要把切换拉杆拉出来，用眼睛观察时需要把切换拉杆推进去。

（9）CCD 成像时请先把曝光值调低，以免过度曝光影响 CCD 寿命。

（10）CCD 成像的焦平面和眼睛观察的焦平面一般都有几微米的误差，成像时需要微调焦距。

（11）荧光强度高的时候，把 CCD 的增益调到最低，荧光强度低的时候，可以适当调高 CCD 的增益。

（12）为了避免淬灭，不要长时间对同一个区域进行成像。

（13）为了保证数据的统一，可以记住各个通道最佳的曝光值，然后按照同样的设置对各个通道进行分别成像。

（14）采集完不同的通道的单色图片后，可以用 PS 等软件进行多个通道的合并，获得多色图片。

（15）明场（卤素灯）和荧光的光源同时打开时会非常亮，请务必先调暗明场光源的亮度。

附录4　细胞培养注意事项

4.1　首次培养注意事项

第一次开始培养某种细胞时,可以参照中国科学院细胞库、ATCC(美国模式培养物集存库)、ECACC(欧洲认证细胞培养物收藏中心)网站上列出的相关信息来操作细胞,包括需要使用的培养基、血清、添加剂,通常的消化时间、传代时间等。对于特定的细胞(如原代培养的细胞),需要查阅相关文献来获得更准确的培养方法。

4.2　进入细胞间开始细胞培养时,必须严格遵守的操作步骤

(1) 确定所有的细胞操作用的溶液和耗材都已经消毒并检测没有问题,不确定的溶液和耗材请勿使用,除非特殊情况,不要借用别人的溶液。

(2) 确定衣服的袖口已经卷起或者白大褂的袖口已经扎紧。

(3) 确定酒精灯内的酒精量,需要的话及时进行补充。

(4) 确定所有需要用到的溶液和耗材都放在伸手可及的位置,为了方便单手开启瓶盖,实验开始前可以把所有瓶盖旋松。

(5) 尽量不要直接倾倒溶液,除非瓶口不会被烧坏。如果倾倒失败,溶液沾在瓶口,请用喷过75%乙醇的纸巾仔细清洁瓶口周围(不要接触到瓶口)后在火焰上简单烧灼。

(6) 操作时如果不能肯定所用的耗材是洁净的,必须及时更换。

(7) 实验完毕及时收拾,保持工作区域清洁整齐,最后用75%酒精清洁台面。

4.3 细胞污染的预防

1. 实验用品防止污染

细胞培养所用试剂、耗材、器材的清洗、消毒要彻底,各种溶液灭菌要仔细,并在无菌实验检测阴性后才能使用。操作室及剩余的无菌器材要定期清洁消毒灭菌。

2. 操作过程防止污染

(1) 穿着容易起静电或吸附灰尘的衣物必须更换为白大褂后才能进入细胞间。

(2) 实验开始前需要确定戴的手套没有问题,只要接触过生物安全柜之外的物品,必须及时对手套进行消毒。

(3) 进入细胞培养间后关好门,坐下来尽量少走动以免影响生物安全柜的风帘。工作开始前要先用 75% 酒精棉球擦手和瓶盖。事先要严格检查所用器材、溶液和细胞,不要把污染品或未经消毒的物品带入无菌室内,更不能随便使用,以免造成大规模污染。

(4) 细胞操作时动作要轻,必须在火焰周围无菌区内打开瓶口,并将瓶口放在火焰周围简单转动烧灼,注意不要让火焰把塑料瓶口烧化。

(5) 实验操作时生物安全柜的隔板要尽可能放低,尽量减少谈话,打喷嚏或咳嗽时绝对不能对着工作区,以免造成不必要的污染。

(6) 瓶盖应当倒放在远离自己的地方,以避免瓶盖被误操作所污染。

(7) 不要从敞开的容器口上方经过,以避免衣服上掉落不明物体对细胞的污染。

(8) 实验操作时要注意及时更换巴斯德吸管、枪头和移液管,切勿一根管子做到底。一旦发现接触了非洁净或者无法确定洁净的物品必须直接丢弃。实验完毕应及时收拾,保持实验室清洁整齐,最后用 75% 酒精清洁台面。

3. 防止细胞交叉污染

(1) 在进行多种细胞培养操作时,所用器具要严格区分,最好做上标记便于辨别。并按顺序进行操作,一次只处理一种细胞,多种细胞多种操作一起进行时易发生混乱。

(2) 在进行换液或传代操作时,粘有细胞的枪头和移液管不要触及试剂瓶瓶口,以免把细胞带到培养基中污染其他细胞。

(3) 所有细胞一旦购置、或从别处引入、或自己建立,必须及时保种冻存,一旦发生污染可重新复苏细胞,继续培养。

4.4　细胞裂解液的制备

　　细胞生物学研究中通常需要对细胞进行裂解,破坏细胞膜或细胞壁,使细胞内容物释放出来。不同的生物体或同一生物体的不同部位的组织,其细胞破碎的难易不一,使用的方法也不相同。动物脏器的细胞膜较脆弱,容易破碎,植物和微生物由于具有较坚固的纤维素、半纤维素组成的细胞壁,要采取专门的细胞破碎方法。

1. 裂解方法

　　裂解方法包括化学裂解、酶裂解和物理裂解。化学裂解和酶裂解通常是比较温和的方法,需要去垢剂或者特定的酶,通常很少能使 DNA 断裂。物理裂解可以更均匀的裂解细胞,具有更高的裂解效率,通常会造成 DNA 的断裂。常见的物理裂解法主要是压榨裂解(需要专门的细胞破碎仪,利用高压下的剪切力来裂解)、匀浆裂解(使用 Dounce 匀浆器或搅拌器来裂解)、超声波裂解和热休克裂解。制备细胞裂解液时通常还需要加入一些化合物来稳定裂解处理过程中蛋白的活性。如加入二异丙基氟磷酸(DFP)可以抑制或减慢自溶作用,加入碘乙酸可以抑制那些活性中心需要有疏基的蛋白水解酶的活性,加入苯甲磺酰氟化物(PMSF)可以抑制蛋白水解酶活力,加入硫脲可以提高膜蛋白的融解,为了得到蛋白质单体,有时还需要加入一些还原剂来破坏二硫键等。

　　(1) 热休克裂解:热休克裂解是常用的物理裂解方法,通常由冷冻和解冻两部分组成。主要是通过细胞内冰晶形成和剩余细胞液的盐浓度增高引起溶胀,使细胞结构破碎。冷冻通常在液氮或 $-20\,^{\circ}\mathrm{C}$ 冰上进行,解冻可以在 $37\,^{\circ}\mathrm{C}$、$65\,^{\circ}\mathrm{C}$ 或 $100\,^{\circ}\mathrm{C}$ 水浴中进行。重复三四次就可以得到细胞裂解液。

　　(2) 超声波裂解:超声波裂解是利用超声加热的方法,把细胞破碎。但这种处理会导致 DNA 的断裂,所以功率不宜过大,根据实际的样品类型设定好超声时间和间隙时间,一般超声时间不超过 5 s,间隙时间通常要大于超声时间,重复几十次就可以得到细胞裂解液。样品需要冰浴处理,可以减少高温对细胞成分的破坏。

　　(3) 酶裂解:根据实际的样品类型加入相应的酶,植物细胞可以用纤维素酶和果胶酶,酵母细胞可以用裂解酶,细菌可以用溶菌酶,水浴处理足够的时间就可以得到细胞裂解液。不同的酶有最适温度、最适 pH 和最适离子强度。酶裂解通常可以和物理或者化学裂解法结合使用。

　　(4) 化学裂解法:在细胞中加入去垢剂,可以直接破坏细胞膜的结构来裂解细胞。收集细胞后,直接加入相应的裂解缓冲液处理一段时间就可以得到细胞裂解液。不同的去垢剂适用于不同的研究。全细胞裂解通常用 NP-40 或 RIPA,细胞质可溶性蛋白研究通常用 Tris-HCl,细胞质不溶性蛋白研究通常用 Tris-Triton,细胞膜蛋白研究通常用 NP-40 或 RIPA,细胞核和线粒体蛋白研究通常用 RIPA。

2. 常见裂解缓冲液配方

NP-40：150 mmol/L NaCl、1% NP-40 或 Triton X-100、50 mmol/L Tris，pH 8.0。

RIPA：150 mmol/L NaCl、1% NP-40 或 Triton X-100、0.5% sodium deoxycholate、0.1% SDS、50 mmol/L Tris，pH 8.0。

Tris-HCl：20 mmol/L Tris-HCl，pH 7.5。

CHAPS：150 mmol/L KCl、0.1% CHAPS、50 mmol/L HEPES，pH 7.4。

3. 常用的去垢剂

SDS：是阴离子型去垢剂，强度最高，可以把细胞完全破碎，使蛋白变性并破坏蛋白间非共价相互作用，可以释放出 DNA 让裂解液变得很黏稠。

CHAPS：是两性离子型去垢剂，强度中等。可以用于溶解膜蛋白。

TritonX-100：是非离子型去垢剂，强度中等偏弱。

NP-40：是非离子型去垢剂，强度很温和，1%浓度的 NP-40 基本可以破坏掉细胞膜，对核膜的作用弱。

Tween-20：是非离子型去垢剂，强度很温和。

4. 常用的还原剂

2-Mercaptoethanol（β-巯基乙醇，BME，2BME，2-ME）：该硫醇还原剂用于切割胱氨酸残基之间的二硫键。

Dithiothreitol（二硫苏糖醇，DTT）：是一种蛋白质二硫化物还原剂，通常用作样品上样缓冲液。

TCEP-HCl（三（2-羧乙基）膦盐酸盐，TCEP）：是一种强力无硫醇的还原剂，可破坏蛋白质和肽二硫键。

Cysteine-HCl（盐酸半胱氨酸，Cys-HCl）：用于制备巯基测定标准品或作为蛋白质复性实验的添加剂。

5. 常用的蛋白酶抑制剂

Aprotinin（抑肽酶）：抑制 trypsin（胰蛋白酶）、chymotrypsin（糜蛋白酶）、plasmin（纤溶酶），裂解液中的终浓度为 2 μg/mL。

Leupeptin（亮肽素）：抑制 Lysosomal（溶酶体），裂解液中的终浓度为 1~10 μg/mL。

Pepstatin A（胃抑素 A）：抑制 Aspartic proteases（天冬氨酸蛋白酶），裂解液中的终浓度为 1 μg/mL。

PMSF：抑制 Serine proteases（丝氨酸蛋白酶），裂解液中的终浓度为 1 mmol/L。

EDTA：抑制需 Mg^{2+} 和 Mn^{2+} 的金属蛋白酶，裂解液中的终浓度为 1~5 mmol/L。

EGTA：抑制 Mg^{2+} 和 Mn^{2+} 依赖性蛋白酶，裂解液中的终浓度为 1 nmol/L。

6.常用的磷酸酶抑制剂

氟化钠(sodium fluoride):抑制丝氨酸和苏氨酸磷酸酶(serine and threonine phosphatases),裂解液中的终浓度为 5~10 mmol/L。

钒酸盐(orthovanadate):抑制丝氨酸和苏氨酸磷酸酶(serine & threonine phosphatases),裂解液中的终浓度为 1 mmol/L。

焦磷酸盐(pyrophosphate):抑制丝氨酸和苏氨酸磷酸酶(serine & threonine phosphatases),裂解液中的终浓度为 1~2 mmol/L。

β-甘油磷酸盐(β-glycerophosphate):抑制丝氨酸和苏氨酸磷酸酶(serine & threonine phosphatases),裂解液中的终浓度为 1~2 mmol/L。

Calyculin A:抑制丝氨酸和苏氨酸磷酸酶(serine & threonine phosphatases),裂解液中的终浓度为 1~5 mmol/L。

4.5　秀丽隐杆线虫的培养

1.相关试剂及其制备

1 mol/L 磷酸盐缓冲液:108.3 g KH_2PO_4,35.6 g K_2HPO_4,加水至 1 L,115 ℃灭菌 20 min。

5 mmol/L 胆固醇乙醇溶液。

1 mol/L $CaCl_2$ 溶液:115 ℃灭菌 20 min。

1 mol/L $MgSO_4$ 溶液:115 ℃灭菌 20 min。

NGM(nematode growth medium)培养基:称取 1.5 g NaCl,8.5 g 琼脂粉,1.25 g 胰蛋白胨于 1 L 三角烧瓶中,加蒸馏水 488 mL,混匀,115 ℃灭菌 40 min;冷却至约 55 ℃后,在无菌条件下,分别加入胆固醇溶液 0.5 mL,1 mol/L 磷酸盐缓冲液 12 mL,1 mol/L $CaCl_2$ 和 1 mol/L $MgSO_4$ 各 0.5 mL,混匀后,铺到培养皿中,每 500 mL 培养基可铺直径 9 cm 培养皿 20 个,剩余培养基可用于铺 35 mm 培养皿若干个,作为染色恢复使用。

5 mol/L NaOH 溶液。

次氯酸钠原液。

M9 缓冲液:3 g KH_2PO_4,6 g Na_2HPO_4,5 g NaCl 加水至 1 L,115 ℃灭菌 20 min,冷却后加 1 mL 1 mol/L $MgSO_4$。

M13 缓冲液:1 mol/L Tris 30 mL,NaCl 5.84 g,KCl 0.75 g,溶于蒸馏水中定容至 1 L,搅拌充分后采用过滤灭菌的方式灭菌。

50 μM 盐酸左旋咪唑溶液(可使用市售用盐酸左旋咪唑药片,按每片剂量计算后,在 M9 缓冲液中分散后离心,留上清液使用)。

大肠杆菌 OP50：即尿嘧啶合成缺陷型大肠杆菌 OP50，OP50 突变株不会像正常的大肠杆菌那样生长过于茂盛，由于培养基中尿嘧啶营缺失，它达到一定厚度后停止生长。

2. 线虫冻存

首先用 M13 缓冲液将 L1 时期的线虫冲洗几次，转入 15 mL 离心管中。3000 r/min 离心 3 min，倒去上清液，在离心管中加入 3 mL 的软琼脂缓冲液，上下吹打混匀后分装到 3 个冻存管里，在冻存管上做好标记(主要是虫系和日期)。将冻存管转入程序降温盒中，然后放入 −80 ℃ 的冰箱中保存，24 h 后就可以转入液氮保存。线虫在 −80 ℃ 下可以保存 5 年以上，而在液氮中可以被无限期的保存。能长时间保存的关键因素主要包括：正确的线虫时期(饥饿的 L1～L2 时期)、在冻存液软琼脂中添加甘油、冻存时的程序降温。

3. 线虫复苏

从液氮或 −80 ℃ 冰箱中取出冻存管，等待冻存管里的溶液融化后，加入 0.5 mL M9 缓冲液，3000 r/min 离心 3 min，倒去上清液，吸取下层的沉淀物放入有 OP50 的 NGM 培养皿上，3 h 左右就能观察到有线虫爬行。

4. 线虫传代

使用消毒手术刀或接种针将一块琼脂从旧培养皿移到新的培养皿。琼脂块中通常会有数百条秀丽线虫。线虫会从旧的琼脂块中爬出来，自己移动到新的琼脂块上。1 个 60 mm 培养皿可用于 10 个 60 mm 培养皿的扩大培养。

5. 线虫培养

20 ℃ 下，线虫从产卵到发育至成虫约需 56 h，其中从产卵到孵化出 L1 幼虫约需 10 h，14 h 左右开始第一次蜕皮，进入 L2 幼虫，再经过约 8 h 开始第二次蜕皮，发育至 L3 幼虫，第三次蜕皮发生于约 9 h 后，线虫进入 L4 幼虫期，再经过约 12 h 发育至成虫。

6. 线虫同步化

将已发育至成虫的有卵线虫用 3 mL M9 缓冲液洗一下，并转移到 15 mL 离心管中，3000 r/min 离心 3 min，倒去上清液。加入漂白裂解液(次氯酸钠原液、5M 的 NaOH 和水，按照 NaOH∶NaClO∶H₂O 体积比为 1∶2∶7 配制)重悬沉淀。盖好离心管盖子并不断摇晃振荡。通常裂解时间为 4 min。当观察到离心管中虫体大部分开始消失时，在离心管中迅速加入 10 mL M9 缓冲液，摇晃混匀后离心，4000 r/min 离心 3 min，倒去上清液。加入 10 mL M9 缓冲液重悬沉淀，4000 r/min 离心 3 min，倒去上清液。重复 3 次洗涤步骤。最后一次离心结束后用 4 mL M9 缓冲液重悬沉淀。把虫卵加到 60 mm 培养皿中。20 ℃ 过夜孵化，孵化的线虫由于没有摄取食物，停留在 L1 期。

附录5 动物实验注意事项

动物实验是现代科学技术的重要组成部分,是生命科学研究和发展重要的基础和支撑条件。在医学研究中,实验动物充当着非常重要的安全试验、效果试验、标准试验的角色。在开展动物实验研究时,应按照我国《实验动物福利伦理审查指南(GB/T 35892—2018)》的要求,规范落实实验动物福利伦理。

进行动物实验前,需要通过伦理审查,动物伦理审查的内容主要包括研究者资质、动物的选择、实验目的、方法和条件、动物的处死等方面。审查依据的是"3R"原则:Reduction(减少)、Replacement(代替)和 Refinement(优化)。Reduction 是指尽可能使用较少的动物获得同样多的实验数据;Replacement 是指用其他方法,如细胞实验或计算机模型,来代替动物以达到某一实验的目的;Refinement 是要求研究人员改进和完善实验程序减轻或减少给动物造成的疼痛和不安。"3R"原则反映了实验动物科学由技术上的严格要求转向人道主义管理,提倡实验动物福利与动物保护。国内实验实行许可证准入制度,无论是生产还是使用均需要取得国家或地方颁发的《实验动物生产许可证》《实验动物使用许可证》,进一步规范和严格控制了实验动物市场的实验动物生产和使用。

研究人员需要到所在机构的伦理委员会申请动物伦理审查,经伦理委员会同意并签字,获得一个伦理审查批号。涉及动物的科研论文都必须严格遵守实验动物在医学研究过程中应该遵守的所有伦理原则,并在文中提供批准动物实验的动物伦理委员会机构名称和其批准号,如:本研究经××××大学动物实验伦理委员会批准(批准号:××××;批准时间:××××)。

申请动物伦理审查需要注意的事项包括并不限于以下几点:

(1) 实验动物伦理审查申请一般需要提前一个月或者更长时间提交,以保证伦理审查委员会有足够的时间审查,审核通常经过初审—修改—初审—修改—复审—修改—通过的过程。初审不合格应提供修改意见,申请人修改后再提交,直到初审合格。复审回复意见后,按要求修改直到合格后通过,进行编号。

(2) 申请时需要用科学的语言描述具体科学实验课题,能合并填写的动物实验要合并申请(如实验设计和操作相同,但涉及不同品系、药物的动物实验)。

(3) 实验人员一般需要通过相关动物实验操作培训,具有实验动物操作资格。

(4) 申请时要详细提供实际的动物来源、动物级别、动物年龄、动物性别和数量。

(5) 申请时需要确定实验动物饲养的要求,如是否需要提供屏障设施等。

(6) 申请时需要提供详细的动物实验计划,如动物实验的分组、处理方式、处理时间、处理频率等。处理方式需要提供详细的实验流程(写清楚试剂的量,如体积和浓度)

（7）申请时需要写清楚实验过程对动物健康的影响，如是否有体重下降、肿瘤生长等。

（8）申请时需要写清楚实验操作可能带来的并发症，如感染、药物毒性等。

（9）申请时需要写清楚如何缓解实验动物的疼痛和痛苦。

（10）提供实验动物的生命终结标准，如造瘤实验要写清楚肿瘤的大小等。

（11）申请时需要确定动物的安乐死方法。

（12）申请时需要确定动物的尸体、组织和体液的处理方法（通常是集中无公害化处理）。

参 考 文 献

[1] 辛华.细胞生物学实验[M].北京:科学出版社,2001.

[2] 章静波.组织和细胞培养技术[M].北京:人民卫生出版社,2002.

[3] 费雷谢尼 R I.动物细胞培养[M].章静波,等译.北京:科学出版社,2004.

[4] 章静波,黄东阳,方瑾.细胞生物学实验技术[M].北京:化学工业出版社,2006.

[5] 李素文.细胞生物学实验指导[M].北京:高等教育出版社,2004.

[6] 王金发,何炎明.细胞生物学实验教程[M].北京:科学出版社,2007.

[7] 王玉英,高新一.植物组织培养技术手册[M].北京:金盾出版社,2006.

[8] 刘爱平.细胞生物学荧光技术原理和应用[M].合肥:中国科学技术大学出版社,2007.

[9] 莎姆布鲁克 J.分子克隆实验指南[M].黄培堂,译.北京:科学出版社,2005.

[10] 哈里斯 J R,格雷厄姆 J,赖克伍德 D.细胞生物学实验方案[M].吕社民,等译.北京:化学工业出版社,2009.

[11] 范安然,郑根昌,陈永胜.双分子荧光互补技术及其在蛋白互作研究中的应用[J].内蒙古民族大学学报,2009,24(6):649-653.

[12] 陈菁.双分子荧光互补技术及其在蛋白质相互作用研究中的应用进展[J].生物医学工程研究,2008,27(4):302-306.

[13] 胡小健,陆致晟.荧光蛋白在双分子荧光互补技术中的应用[J].复旦大学学报,2010,49(1):21-28.

[14] 樊晋宇,崔宗强,张先恩.双分子荧光互补技术[J].中国生物化学与分子生物学报,2008,24(8):767-774.

[15] 严晶,霍克克.双分子荧光互补技术及其在蛋白质相互作用研究中的应用[J].生物化学与生物物理进展,2006,33(6):589-595.

[16] 张益珍,幸浩洋,李宜贵.荧光共振能量转移技术及其在医药学中的应用[J].华西药学杂志,2004,19(6):491-492.

[17] 张少华,曹福元,胡茂琼,等.宽场-共振能量转移全内反射荧光的显微技术及其应用[J].微循环学杂志,2005,15(2):67-69.

[18] 蒋林玲,丁立平,房喻,等.荧光共振能量转移技术在生命科学和超分子科学中的应用研究进展[J].自然杂志,2004,26(6):333-338.

[19] 屈军乐,陈丹妮,杨建军,等.二次谐波成像及其在生物医学中的应用[J].深圳大学学报,2006,23(1):1-9.

[20] 吕志坚,陆敬泽,吴雅琼,等.几种超分辨率荧光显微技术的原理和近期进展[J].生物化学与生物物理进展,2009,36(12):1626-1634.

[21] 赵媛媛,蒋国良,高献坤,等.改进的光学表面等离子共振角度光谱分析方法[J].河南农业大学学报,2009,43(5):536-539.

[22] 闫炀.激光扫描共聚焦显微术在生物医学中的研究[J].生命的化学,2003,23(3):233-235.

[23] 张天浩,尹美荣,方哲宇,等.表面等离子体共振技术的一些新应用[J].物理学和高新技术,2005,34

(12):909-914.

[24] 徐培培,王林.显微成像技术在药物发现中的应用[J].国际药学研究杂志,2008,35(4):295-300.

[25] 周璇,王磊.全内反射荧光显微术在活细胞单分子检测中的应用[J].中国细胞生物学学报,2010,32(4):662-667.

[26] 王琛,王桂英,徐至展.全内反射荧光显微术[J].物理学进展.2002,22(4):406-415.

[27] 刘进.全内反射荧光显微术原理及其应用[J].中国现代教育装备,2009,4:52-54.

[28] 何化,任吉存.全内反射荧光成像技术及其在单分子检测中的研究进展[J].分析测试学报,2007,26(3):445-449.

[29] 张志毅,周涛,巩伟丽,等.荧光漂白后恢复技术及其在活细胞分子机制研究中的应用[J].生物技术通讯,2008,19(4):635-637.

[30] 王锋,张春雨,万里川,等.光激活荧光蛋白及其在植物分子细胞生物学研究中的应用[J].植物学报,2010,45(5):530-540.

[31] 王娟,汤乐民.高分辨率光学显微术在生命科学中的应用[J].南通大学学报,2007,27(1):72-74.

[32] Nathan C S, George H P, Michael W D. Advances in fluorescent protein technology[J]. Journal of Cell Science,2007,120:4247-4260.

[33] Schermelleh L, Carlton P M, Haase, et al. Subdiffraction multicolor imaging of the nuclear periphery with 3D structured illumination microscopy[J]. Science,2008,320(5881):1332-1336.

[34] Bewersdorf J, Benneit B T, Knight K L. H2AX chromatin structures and their response to DNA damage revealed by 4Pi microscopy[J]. PNAS,2006,103(48):18137-18142.

[35] Gustafsson M G, Agard D A, Sedat J W. I^5M:3D widefield light microscopy with better than 100 nm axial resolution[J]. Journal of Microscopy,1999,195:10-16.

[36] Kelly R C. Super-resolution microscopy:breaking the limits[J]. Nature Methods,2009,6:15-18.

[37] Huang B, Babcock H, Zhuang X W. Breaking the diffraction barrier:super-resolution imaging of cells[J]. Cell,2010,143(7):1047-1058.

[38] Bates M, Huang B, Dempsey G T, et al. Multicolor super-resolution imaging with photo-switchable fluorescent probes[J]. Science,2007,317(5845):1749-1753.

[39] Hu C D, Kerppola T K. Simultaneous visualization of multiple protein interactions in living cells using multicolor fluorescence complementation analysis[J]. Nature Biotechnology,2003,21(5):539-545.

[40] Hu C D,Grinberg A V,Kerppola T K. Visualization of protein interactions in living cells using bimolecular fluorescence complementation(BiFC)analysis[J]. Current Protocols in Cell Biology. New York:John Wiley & Son,2005,21(3):1-21.

[41] Andresen M, Markus C W, Andre C S, et al. Structure and mechanism of the reversible photoswitch of a fluorescent protein[J]. PNSA,2005,102(37):13070-13074.

[42] Shaner N, Steinbach P A, Tsien R Y. A guide to choosing fluorescent proteins[J]. Nature Methods,2005,2:905-909.

[43] Nguyen A W, Daugherty P S. Evolutionary optimization of fluorescent proteins for intracellular FRET[J]. Nature Biotechnology,2005,23:355-360.

[44] Kerppola T K. Complementary methods for studies of protein interactions in living cells[J]. Nature Methods,2006,3:969-971.

[45] Kerppola T K. Bimolecular fluorescence complementation:visualization of molecular interactions in living cells[J]. Methods Cell Biology,2008,470-85431.

[46] Dombeck D A, Kasischke K A, Vishuasrao H D, et al. Uniform polarity microtubule assemblies imaged in native brain tissue by second-harmonic generation microscopy[J]. PNAS,2003,100:7081-

7086.

[47] Zipfel W R, Williams R M, Christie R, et al. Live tissue intrinsic emission microscopy using mul-tiphoton excited native fluorescence and second harmonic generation[J]. PNAS, 2003, 100(12): 7075-7080.

[48] Bewersdorf J, Schmidt R, Hell S W. Comparison of I⁵M and 4Pi-microscopy[J]. Journal of Microscopy, 2006, 222(2): 105-117.

[49] Demidov V V, Dokholyan N V, Witte-Hoffmann C, et al. Fast complementat ion of split fluores-cent protein triggered by DNA hybridizat ion[J]. PNAS, 2006, 103: 2052-2056.

[50] Kerppola T K. Visualization of molecular interactions by fluorescence complementation[J]. Nat. Rev. Mol. Cell Biol., 2006, 7: 449-456.

[51] Schermelleh L, Heintzmann R, Leonhardt H. A guide to super-resolution fluorescence microscopy [J] J. Cell Biol., 2010, 190(2): 165-175.

[52] Hein B, Willig K I, Hell S W. Stimulated emission depletion (STED) nanoscopy of a fluorescent protein-labeled organelle inside a living cell[J]. PNAS, 2008, 105: 14271-14276.

[53] Campagnola P. Second harmonic generation imaging microscopy: applications to diseases diagnos-tics[J]. Analytical Chemistry, 2011, 83(9): 3224-3231.

[54] Bewersdorf J, Bennett B T, Knight K L. H2AX chromatin structures and their response to DNA damage revealed by 4Pi microscopy[J]. PNAS, 2006, 103: 18137-18142.

[55] Kanchanawong P, Shtengel G, Pasapera A M, et al. Nanoscale architecture of integrin-based cell adhesions[J]. Nature, 2010, 468(7323): 580-586.

[56] Hofkens J, Roeffaers M B J. Single-molecule light absorption[J]. Nature Photonics, 2011, 5(2): 80-81.

[57] Ribeiro S A, Vagnarelli P, Dong Y, et al. A super-resolution map of the vertebrate kinetochore [J]. PNAS, 2010, 107(23): 10484-10489.

[58] Hu C D, Kerppola T K. Simultaneous visualization of multiple protein interactions in living cells using multicolor fluorescence complementation analysis[J]. Nature, 2003, 21(5): 539-545.

[59] Snapp E, Altan N, Lippincott-Schwartz J. Measuring protein mobility by photobleaching GFP chimeras in living cells. Current Protocols in Cell Biology[M]. New York: Wiley, 2003: 1-24.

[60] Ando R, Hama H, Yamamoto-Hino M, et al. An optical marker based on the UV: induced green-to-red photoconversion of a fluorescent protein[J]. PNAS, 2002, 99(2): 12651-12656.

[61] Andresen M, Stiel A C, Folling J, et al. Photoswitchable fluorescent proteins enable monochro-matic multilabel imaging and dual color fluorescence nanoscopy[J]. Nature Biotechnology, 2008, 26(9): 1035-1040.

[62] Betzig E, Patterson G H, Sougrat R, et al. Imaging intracellular fluorescent proteins at nanometer resolution[J]. Science, 2006, 313(5793): 1642-1645.

[63] Lippincott-Schwartz J, Patterson G H. Photoactivatable fluorescent proteins for diffraction: limit-ed and super-resolution imaging[J]. Trends Cell Biol., 2009, 19(11): 555-565.

[64] Patterson G H, Lippincott-Schwartz J. A photoactivatable GFP for selective photolabeling of pro-teins and cells[J]. Science, 2002, 297(5588): 1873-1877.

[65] Rizzo M A, Springer G H, Granada B, et al. An improved cyan fluorescent protein variant useful for FRET[J]. Nature Biotechnology, 2004, 22: 445-449.

[66] Dyba M, Jakobs S, Hell S W. Immunofluorescence stimulated emission depletion microscopy[J]. Nature Biotechnology, 2003, 21(11): 1303-1304.

[67] Subach F V, Patterson G H, Manley S, et al. Photoactivatable mCherry for high-resolution two-

color fluorescence microscopy[J]. Nature Methods, 2009, 6(2): 153-159.

[68] Hell S W, Stelzer E H K. Fundamental improvement of resolution with a 4Pi-confocal fluorescence microscope using two-photon excitation[J]. Opt. Commun., 1992, 93: 277-282.

[69] Schermelleh L, Carlton P M, Haase S, et al. Subdiffraction multicolor imaging of the nuclear periphery with 3D structured illumination microscopy[J]. Science, 2008, 320(5881): 1332-1336.

[70] Datta R, Heaster T M, Sharick J T. Fluorescence lifetime imaging microscopy: fundamentals and advances in instrumentation, analysis, and applications[J]. J. Biomed. Opt., 2020, 25(7): 1-43.

参 考 网 址

http://www.microimage.com.cn
http://www.lifeomics.com
http://zeiss-campus.magnet.fsu.edu
http://www.olympusmicro.com
http://www.microscopyu.com
http://www.microimage.com.cn
http://www.leica-microsystems.com
https://www.bio-rad.com
https://www.zeiss.com
https://www.microscopyu.com

彩　图

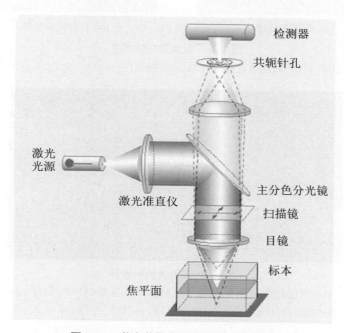

激光光源

检测器

共轭针孔

主分色分光镜

扫描镜

目镜

标本

激光准直仪

焦平面

图 1-19　激光共聚焦显微镜光路示意图

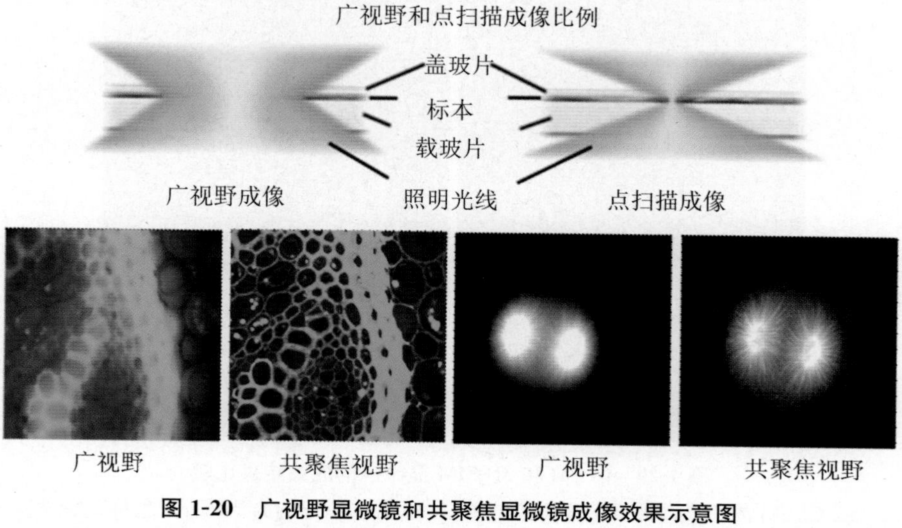

广视野和点扫描成像比例

盖玻片

标本

载玻片

广视野成像　　照明光线　　点扫描成像

广视野　　　共聚焦视野　　　广视野　　　共聚焦视野

图 1-20　广视野显微镜和共聚焦显微镜成像效果示意图

 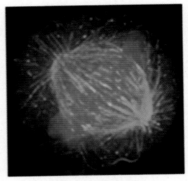

(a) 普通荧光显微镜　　　　　　　(b) 去卷积显微镜

图 1-26　显微镜成像照片

图中绿色标记的是微管,蓝色标记的是染色体,红色标记的是动点蛋白

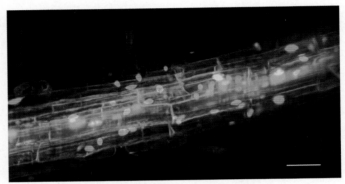

图 1-28　7 天大的拟南芥

图中绿色的为 GFP 融合的质膜(Wave131Y)和 GFP 融合的侧
根细胞核,红色为细胞核(H2B-RFP);比例尺为 50 μm

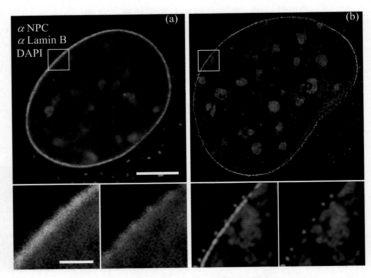

图 1-29　CLSM 和 3D-SIM 显微镜的成像结果比较

(a) CLSM 的结果,(b) 3D-SIM 的结果,其中红色标记的为 NPC,绿色标记的为
LaminB,蓝色为 DAPI,上面两幅图的标尺为 5 μm,下面四幅图的标尺为 1 μm

图 1-30　3D-SIM 的小鼠细胞核三维重建图像

图中为早期的细胞核,红色标记的为染色质(已经开始凝集),绿色标记的为核膜

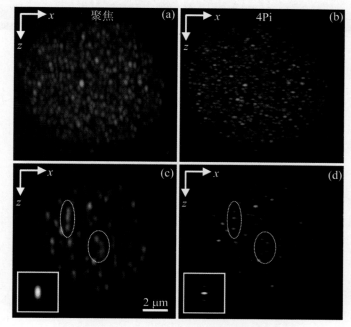

图 1-31　CLSM 和 4Pi 显微镜的成像结果比较

图中绿色标记的为 HeLa 细胞中的内源性组蛋白 H2AX,(a)和(b)
分别为 CLSM 和 4Pi 三维投影的图像。(c)和(d)分别为 X、Z 轴的
光学切片,左下角为 CLSM 和 4Pi 的 PSF 的比较

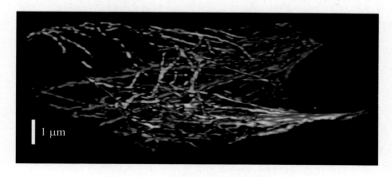

图 1-32　I^5M 显微镜的成像结果

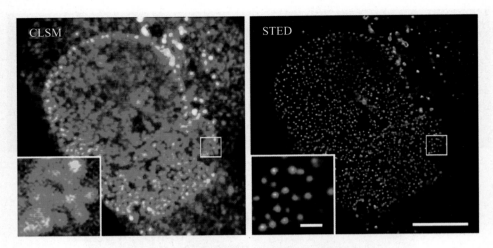

图 1-33　CLSM 和 STED 显微镜的成像结果比较

图中红色标记的为 HeLa 细胞中核孔复合体蛋白 Nup153,标尺为 5 μm 和 0.5 μm(小图)

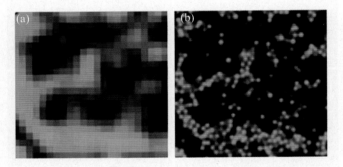

图 1-34　普通荧光显微镜和 SSIM 显微镜的成像结果比较

图中标记的为 50 nm 的荧光小球;(a)为普通荧光显微镜;
(b)为 SSIM 显微镜成像结果

图 1-35　SHG 显微镜的成像结果

图中为小鼠真皮中的横纹肌和单根胶原纤维的活体成像的结果,不
同的颜色代表扫描时不同的穿透深度

图 1-36 PALM 和 STORM 显微镜的成像结果

（a）为 PALM 显微镜观察到的哺乳动物细胞内的黏附复合物；（b）为利用 STORM 显微镜观察到的哺乳动物细胞内的线粒体网状系统，其中左边为传统荧光成像，中间为重建过的三维 STORM 图像，右边是三维 STORM 图像中的 X、Y 轴部分

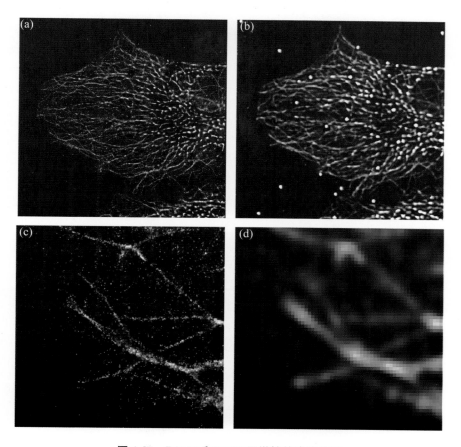

图 1-37 PALM 和 TIRF 显微镜的成像结果

（a）为 PALM 显微镜观察到的哺乳动物细胞内的微管；（b）为利用 TIRF 显微镜观察到的哺乳动物细胞内的微管；（c）为部分区域放大的 PALM 显微镜成像结果；（d）为部分区域放大的 TIRF 显微镜成像结果

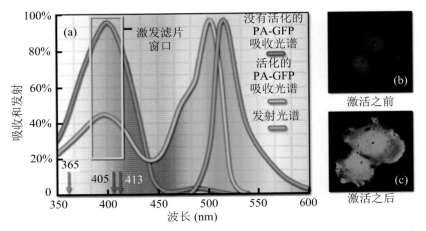

图 1-38　PA-GFP 谱线和光活化特性

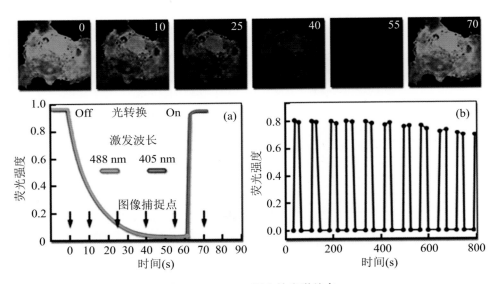

图 1-39　Dranpa 蛋白的光学特点

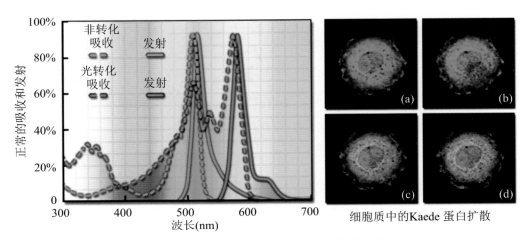

图 1-40　Keade 蛋白的光谱特征和光转换特点

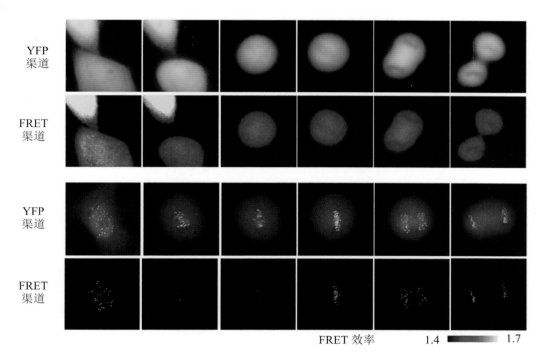

YFP 渠道

FRET 渠道

YFP 渠道

FRET 渠道

FRET 效率　　1.4 ▬▬▬ 1.7

图 1-48　FRET 探针实时监测细胞内激酶活性的动态变化

把 FRET 探针转入细胞中,FRET 效率的高低对应细胞内激酶活性的高低,结果可以表明在细胞分裂的不同时相,激酶的活性是有变化的

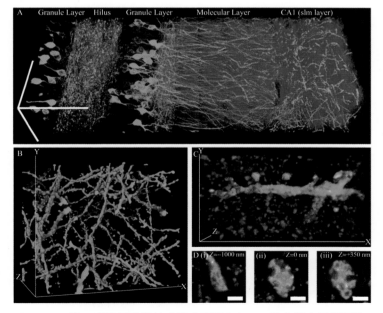

图 1-54　基于膨胀显微镜技术的小鼠脑组织 3D 超分辨率显微图像

引自 Chen F,Tillberg P W,Boyden E S. Optical imaging. Expansion microscopy[J]. Science,2015,347(6221):543-548.

图 2-1　游离叶绿体的火红色自发荧光

图 2-2　徒手切片的吖啶橙染色照片,叶绿体为橘红色,细胞核为绿色

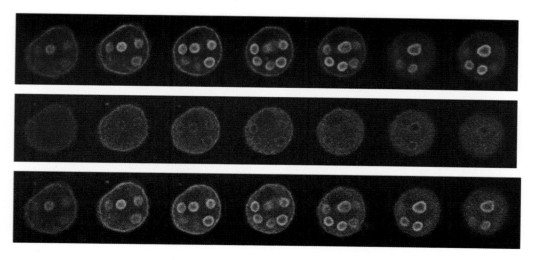

图 5-1　静息期的胃壁细胞,用西咪替丁维持细胞的静息状态

绿色标记的为微丝,红色标记的为 H,K-ATPase。从左到右是胃壁细胞 Z 轴扫描所得到的不同光学层面的图像(每两幅图像之间的间隔为 1.6 μm)

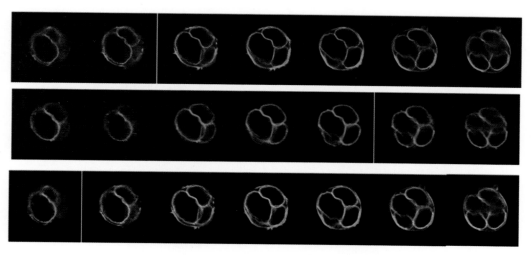

图 5-2　刺激期的胃壁细胞,用组胺维持细胞的刺激状态

绿色标记的为微丝,红色标记的为 H,K-ATPase。从左到右是胃壁细胞 Z 轴扫描所得到的不同光学层面的图像(每两幅图像之间的间隔为 1.6 μm)

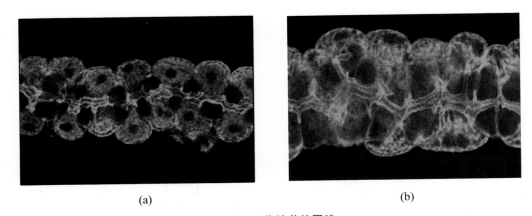

图 5-3　原代培养的胃腺

绿色标记的为微丝,(a)是用西咪替丁维持的静息期胃腺,(b)是用组胺刺激维持的刺激期胃腺

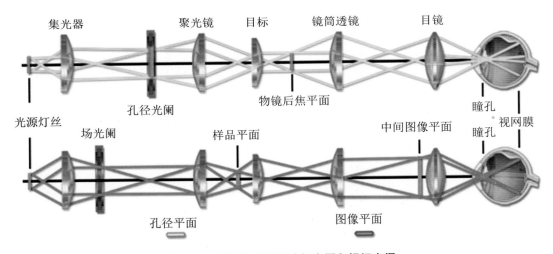

附图 3-1　成像光路里的孔径光阑和视场光阑

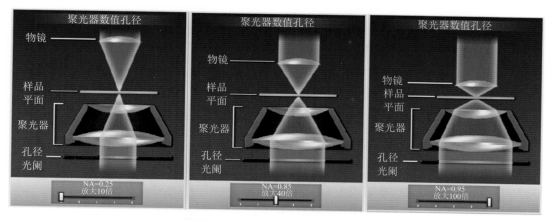

附图 3-3　孔径光阑的调节变化过程

附图 3-4　视场光阑的调节变化过程

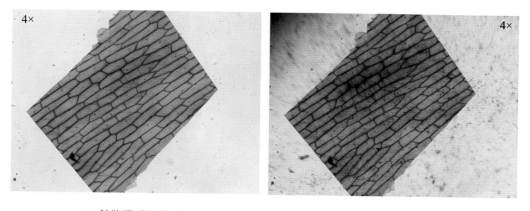

(a) 科勒照明调节后　　　　　　　　　　　　(b) 科勒照明调节前

附图 3-5　科勒照明调节前后的成像照片

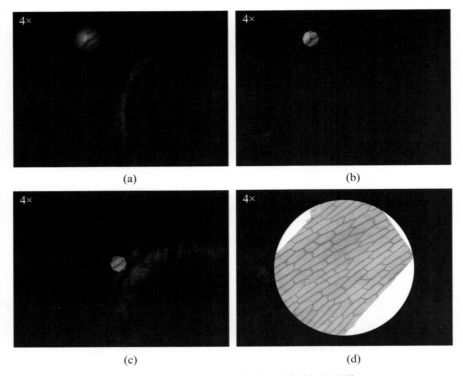

附图 3-6　科勒照明的调节过程对应的视野照片